計算力がぐんぐんのびる！

このふろくは
すべての教科書に対応した
全教科書版です。

ねん　くみ	なまえ

「計算れんしゅうノート」はとりはずして使用できます。

1 たしざん (1)

とくてん　/100てん

たしざんを　しましょう。　1つ6〔90てん〕

❶ 3+2　❷ 4+3　❸ 1+2

❹ 5+4　❺ 7+3　❻ 8+1

❼ 6+4　❽ 9+1　❾ 4+4

❿ 7+2　⓫ 5+5　⓬ 6+2

⓭ 1+9　⓮ 3+6　⓯ 2+8

あかい　ふうせんが　5こ、あおい　ふうせんが　2こ　あります。ふうせんは、あわせて　なんこ　ありますか。　1つ5〔10てん〕

しき

こたえ（　　　　）

2 たしざん (2)

とくてん

/100てん

たしざんを　しましょう。　1つ6〔90てん〕

❶ 3＋4　❷ 2＋2　❸ 3＋7

❹ 5＋3　❺ 8＋2　❻ 1＋8

❼ 2＋4　❽ 3＋1　❾ 4＋5

❿ 1＋7　⓫ 6＋3　⓬ 5＋1

⓭ 4＋2　⓮ 9＋1　⓯ 2＋5

こどもが　6にん　います。4にん　きました。
みんなで　なんにんに　なりましたか。　1つ5〔10てん〕

しき

こたえ（　　　　）

3 たしざん(3)

とくてん
/100てん

たしざんを　しましょう。 1つ6〔90てん〕

❶ 2＋3　❷ 1＋5　❸ 7＋1

❹ 4＋1　❺ 3＋3　❻ 6＋3

❼ 2＋6　❽ 1＋6　❾ 8＋2

❿ 1＋3　⓫ 5＋2　⓬ 4＋6

⓭ 6＋1　⓮ 2＋7　⓯ 3＋5

いちごの　けえきが　4こ　あります。めろんの けえきが　5こ　あります。けえきは、ぜんぶで なんこ　ありますか。 1つ5〔10てん〕

しき

こたえ（　　　）

4 たしざん（4）

とくてん
/100てん

たしざんを　しましょう。　1つ6〔90てん〕

① 3＋1　② 3＋7　③ 4＋4

④ 6＋2　⑤ 1＋9　⑥ 3＋2

⑦ 2＋2　⑧ 1＋7　⑨ 5＋1

⑩ 7＋2　⑪ 4＋2　⑫ 5＋5

⑬ 8＋1　⑭ 6＋4　⑮ 5＋3

とんぼが　4ひき　います。6ぴき　とんで　くると、ぜんぶで　なんびきに　なりますか。　1つ5〔10てん〕

しき

こたえ（　　　　）

5 ひきざん (1)

とくてん　　/100てん

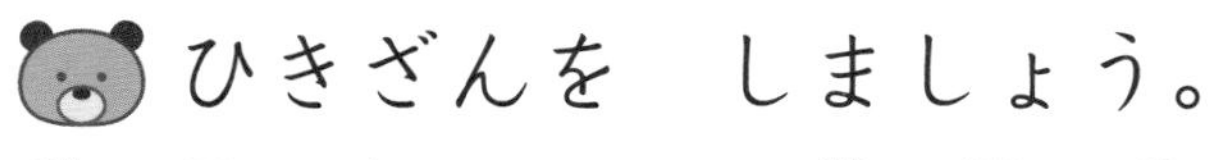

ひきざんを　しましょう。　1つ6〔90てん〕

❶ 5−1　❷ 7−3　❸ 9−2

❹ 10−4　❺ 6−4　❻ 4−3

❼ 9−1　❽ 8−3　❾ 10−5

❿ 2−1　⓫ 9−6　⓬ 8−7

⓭ 7−4　⓮ 10−9　⓯ 3−2

くるまが　6だい　とまって　います。3だい　でて　いきました。のこりは　なんだいですか。　1つ5〔10てん〕

しき

こたえ（　　　　）

6 ひきざん（2）

とくてん

/100てん

ひきざんを　しましょう。　1つ6〔90てん〕

① 3－1　② 9－8　③ 8－1

④ 9－5　⑤ 7－6　⑥ 10－2

⑦ 10－6　⑧ 4－2　⑨ 5－4

⑩ 6－3　⑪ 7－1　⑫ 8－5

⑬ 8－2　⑭ 9－4　⑮ 10－8

あめが　7こ　あります。4こ　たべました。
のこりは　なんこですか。　1つ5〔10てん〕

しき

こたえ（　　　）

7 ひきざん(3)

とくてん

/100てん

ひきざん を　しましょう。 1つ6〔90てん〕

❶ 4−1　❷ 9−7　❸ 10−1

❹ 7−5　❺ 6−2　❻ 8−4

❼ 10−3　❽ 5−2　❾ 6−5

❿ 7−2　⓫ 6−1　⓬ 5−3

⓭ 8−2　⓮ 10−7　⓯ 2−1

しろい　うさぎが　9ひき、くろい　うさぎが　6ぴき　います。しろい　うさぎは　なんびき　おおいですか。 1つ5〔10てん〕

しき

こたえ（　　　）

8 ひきざん (4)

とくてん

/100てん

ひきざんを　しましょう。　1つ6〔90てん〕

❶ 7－1　❷ 5－4　❸ 9－6

❹ 10－2　❺ 8－7　❻ 7－4

❼ 10－4　❽ 8－2　❾ 9－8

❿ 10－5　⓫ 7－5　⓬ 3－2

⓭ 8－5　⓮ 10－8　⓯ 9－2

わたあめが　7こ、ちょこばななが　3こ　あります。ちがいは　なんこですか。　1つ5〔10てん〕

しき

こたえ（　　　）

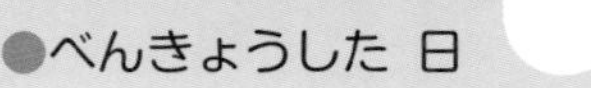

9 おおきい　かずの　けいさん(1)

とくてん　/100てん

けいさんを　しましょう。　1つ6〔90てん〕

❶ 10+4　❷ 10+2　❸ 10+8

❹ 10+1　❺ 10+7　❻ 10+9

❼ 10+6　❽ 13−3　❾ 15−5

❿ 19−9　⓫ 17−7　⓬ 14−4

⓭ 11−1　⓮ 18−8　⓯ 16−6

えんぴつが　12ほん　あります。2ほん　けずりました。けずって　いない　えんぴつは、なんぼんですか。　1つ5〔10てん〕

しき

こたえ（　　　）

10 おおきい　かずの　けいさん⑵

とくてん
/100てん

けいさんを　しましょう。　1つ6〔90てん〕

① $13+2$　② $14+3$　③ $15+2$

④ $13+6$　⑤ $15+1$　⑥ $11+6$

⑦ $12+5$　⑧ $18-2$　⑨ $19-5$

⑩ $17-3$　⑪ $15-4$　⑫ $16-3$

⑬ $14-1$　⑭ $13-2$　⑮ $19-7$

ちょこれえとが　はこに　12こ、ばらで　3こ　ありますか。あわせて　なんこ　ありますか。　1つ5〔10てん〕

しき

こたえ（　　　）

11 3つの かずの けいさん(1)

とくてん /100てん

けいさんを しましょう。 1つ10〔90てん〕

❶ 3+4+1

❷ 1+2+5

❸ 2+3+4

❹ 9+1+2

❺ 6+4+5

❻ 9−3−2

❼ 7−2−1

❽ 13−3−2

❾ 16−6−5

あめが 12こ あります。2こ たべました。いもうとに 2こ あげました。あめは、なんこ のこって いますか。 1つ5〔10てん〕

しき

こたえ（　　　　）

12 3つの　かずの　けいさん(2)

とくてん
/100てん

けいさんを　しましょう。　1つ10〔90てん〕

❶ 7−2+3　❷ 5−1+4

❸ 8−4+5　❹ 10−8+4

❺ 10−6+3　❻ 5+3−2

❼ 2+3−1　❽ 5+5−3

❾ 1+9−5

りんごが　4こ　あります。6こ　もらいました。3こ　たべました。りんごは、なんこ　のこって　いますか。　1つ5〔10てん〕

しき

こたえ（　　　　）

13 たしざん(5)

とくてん

/100てん

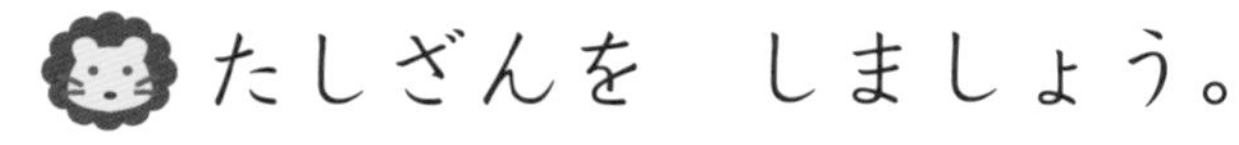

たしざんを　しましょう。　1つ6〔90てん〕

❶ $9+3$	❷ $5+6$	❸ $7+4$
❹ $6+5$	❺ $8+5$	❻ $3+9$
❼ $7+7$	❽ $9+6$	❾ $5+8$
❿ $2+9$	⓫ $8+3$	⓬ $6+7$
⓭ $8+7$	⓮ $4+8$	⓯ $9+9$

おすの　らいおんが　8とう、めすの　らいおんが　4とう　います。らいおんは　みんなで　なんとう　いますか。　1つ5〔10てん〕

しき

こたえ（　　　　）

14 たしざん (6)

とくてん

/100てん

たしざんを　しましょう。

1つ6〔90てん〕

❶ $4+8$　❷ $7+5$　❸ $6+8$

❹ $4+9$　❺ $3+8$　❻ $9+8$

❼ $9+2$　❽ $6+7$　❾ $6+9$

❿ $5+7$　⓫ $9+5$　⓬ $6+6$

⓭ $8+6$　⓮ $7+8$　⓯ $7+9$

はとが　7わ　います。あとから　6わ　とんで
きました。はとは　あわせて　なんわに　なりましたか。

しき

1つ5〔10てん〕

こたえ（　　　　）

15 たしざん (7)

とくてん

/100てん

たしざんを　しましょう。　1つ6〔90てん〕

❶ $6+9$　❷ $5+6$　❸ $3+8$

❹ $9+4$　❺ $7+5$　❻ $4+7$

❼ $8+8$　❽ $5+9$　❾ $7+8$

❿ $9+7$　⓫ $7+7$　⓬ $7+6$

⓭ $2+9$　⓮ $6+7$　⓯ $8+9$

きんぎょを　5ひき　かって　います。7ひき　もらいました。きんぎょは、ぜんぶで　なんびきに　なりましたか。　1つ5〔10てん〕

しき

こたえ（　　　　）

16 たしざん(8)

とくてん
/100てん

たしざんを　しましょう。　1つ6〔90てん〕

❶ 5＋8　❷ 8＋7　❸ 9＋9

❹ 6＋6　❺ 3＋9　❻ 8＋4

❼ 7＋9　❽ 4＋8　❾ 4＋9

❿ 9＋3　⓫ 6＋8　⓬ 6＋5

⓭ 8＋9　⓮ 5＋7　⓯ 9＋6

みかんが　おおきい　かごに　9こ、ちいさい　かごに　5こ　あります。あわせて　なんこですか。　1つ5〔10てん〕

しき

こたえ（　　　　）

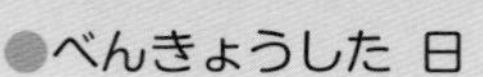

17 たしざん（9）

とくてん

/100てん

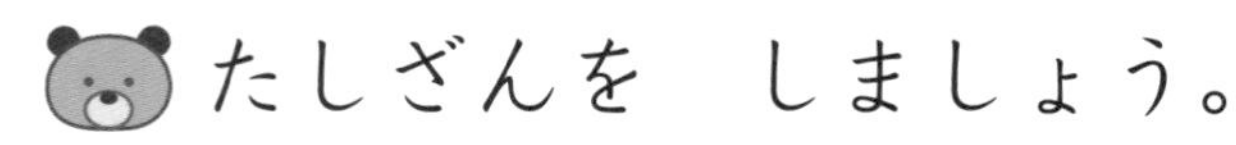

1つ6〔90てん〕

❶ 9＋5　　❷ 6＋8　　❸ 8＋8

❹ 5＋7　　❺ 9＋2　　❻ 4＋8

❼ 3＋9　　❽ 9＋8　　❾ 7＋9

❿ 9＋4　　⓫ 8＋3　　⓬ 6＋9

⓭ 7＋4　　⓮ 9＋7　　⓯ 7＋6

にわとりが　きのう　たまごを　5こ　うみました。きょうは　8こ　うみました。あわせて　なんこ　うみましたか。

1つ5〔10てん〕

しき

こたえ（　　　　）

18 ひきざん(5)

とくてん　/100てん

ひきざんを　しましょう。　1つ6〔90てん〕

❶ 11−4　❷ 17−8　❸ 13−5

❹ 16−7　❺ 14−6　❻ 11−2

❼ 18−9　❽ 11−7　❾ 15−6

❿ 14−5　⓫ 13−9　⓬ 12−6

⓭ 15−9　⓮ 12−8　⓯ 13−4

たまごが　12こ　あります。けえきを　つくるのに　7こ　つかいました。たまごは、なんこ　のこって　いますか。　1つ5〔10てん〕

しき

こたえ（　　　　）

19 ひきざん（6）

とくてん
/100てん

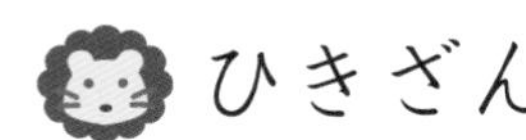

ひきざんを　しましょう。　1つ6〔90てん〕

❶ 17−9　❷ 12−3　❸ 14−7

❹ 11−6　❺ 16−8　❻ 12−4

❼ 15−8　❽ 13−8　❾ 13−7

❿ 14−9　⓫ 14−8　⓬ 12−5

⓭ 15−7　⓮ 11−9　⓯ 13−6

おかしが　13こ　あります。4こ　たべると、のこりは　なんこですか。　1つ5〔10てん〕

しき

こたえ（　　　　）

20 ひきざん (7)

とくてん

/100てん

ひきざん を　しましょう。 1つ6〔90てん〕

❶ 17−8　❷ 14−6　❸ 13−9

❹ 12−7　❺ 11−3　❻ 16−9

❼ 18−9　❽ 14−5　❾ 15−6

❿ 11−5　⓫ 12−9　⓬ 13−4

⓭ 15−9　⓮ 11−8　⓯ 16−7

おやの　しまうまが　14とう、こどもの　しまうまが　9とう　います。おやの　しまうまは　なんとう　おおいですか。 1つ5〔10てん〕

しき

こたえ（　　　　）

21 ひきざん(8)

とくてん

/100てん

ひきざんを　しましょう。

1つ6〔90てん〕

❶ 13−7　❷ 11−8　❸ 12−5

❹ 11−2　❺ 15−6　❻ 16−7

❼ 12−8　❽ 13−6　❾ 11−4

❿ 12−9　⓫ 16−8　⓬ 14−7

⓭ 11−5　⓮ 14−9　⓯ 12−4

はがきが　15まい、ふうとうが　7まい　あります。
はがきは　ふうとうより　なんまい　おおいですか。

しき

1つ5〔10てん〕

こたえ（　　　）

22 ひきざん(9)

とくてん　/100てん

ひきざんを　しましょう。　1つ6〔90てん〕

① 11−7　② 16−9　③ 12−3

④ 14−5　⑤ 12−7　⑥ 11−9

⑦ 17−8　⑧ 15−8　⑨ 13−9

⑩ 12−6　⑪ 17−9　⑫ 11−6

⑬ 11−3　⑭ 12−4　⑮ 14−8

さつきさんは　えんぴつを　13ぼん　もって　います。おとうとに　5ほん　あげると、なんぼん　のこりますか。　1つ5〔10てん〕

しき

こたえ（　　　）

●べんきょうした 日　　月　　日

23 おおきい　かずの　けいさん（3）

とくてん

/100てん

けいさんを　しましょう。　1つ6〔90てん〕

❶ 10＋50　❷ 20＋30　❸ 50＋40

❹ 10＋90　❺ 30＋60　❻ 40＋60

❼ 20＋80　❽ 40－10　❾ 60－20

❿ 90－50　⓫ 90－30　⓬ 70－40

⓭ 100－30　⓮ 100－50　⓯ 100－80

いろがみが　80まい　あります。20まい　つかいました。のこりは　なんまいですか。　1つ5〔10てん〕

しき

こたえ（　　　　）

24 おおきい　かずの　けいさん(4)

とくてん　/100てん

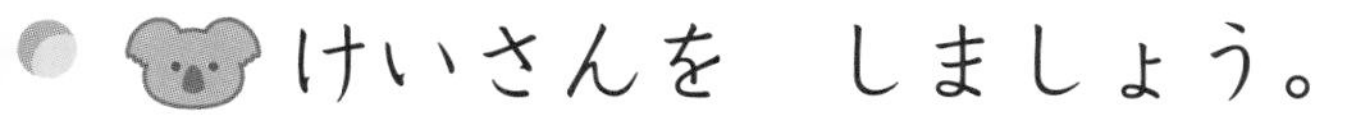

けいさんを　しましょう。　1つ6〔90てん〕

❶ 30＋7　　❷ 60＋3　　❸ 40＋8

❹ 54－4　　❺ 83－3　　❻ 76－6

❼ 37－7　　❽ 94＋4　　❾ 55＋3

❿ 43＋4　　⓫ 32＋5　　⓬ 98－3

⓭ 56－1　　⓮ 47－4　　⓯ 39－6

あかい　いろがみが　30まい、あおい　いろがみが　8まい　あります。いろがみは　あわせて　なんまい　ありますか。　1つ5〔10てん〕

しき

こたえ（　　　）

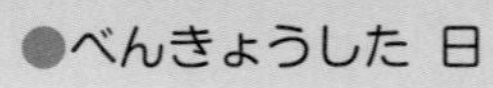

25 とけい (1)

とくてん
/100てん

とけいを　よみましょう。 1つ10〔100てん〕

①

②

③

④

⑤

⑥

⑦

⑧

⑨

⑩

26 とけい (2)

とくてん

/100てん

 とけいを　よみましょう。

1つ10〔100てん〕

❶

❷

❸

❹

❺

❻

❼

❽

❾

❿

27 たしざんと　ひきざんの　ふくしゅう(1)

とくてん　/100てん

けいさんを　しましょう。　1つ6〔90てん〕

① 8+6　② 5+4　③ 9+3

④ 7+5　⑤ 4+8　⑥ 6+6

⑦ 11−3　⑧ 15−7　⑨ 10−5

⑩ 9−6　⑪ 13−8　⑫ 14−6

⑬ 3+7−5　⑭ 4−2+6　⑮ 13−3−1

こどもが　7にん　います。おとなが　6にん　います。あわせて　なんにん　いますか。　1つ5〔10てん〕

しき

こたえ（　　　　）

●べんきょうした 日　月　日

28 たしざんと　ひきざんの　ふくしゅう(2)

とくてん

/100てん

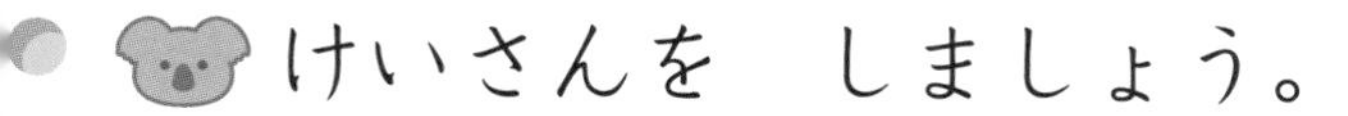

けいさんを　しましょう。　1つ6〔90てん〕

❶ 80＋2　❷ 70＋9　❸ 40＋3

❹ 86－6　❺ 63－3　❻ 52－2

❼ 100－30　❽ 100－50　❾ 100－90

❿ 26＋1　⓫ 53＋5　⓬ 23＋4

⓭ 57－3　⓮ 68－5　⓯ 77－4

みかんを　12こ　かいました。りんごは
みかんより　3こ　すくなく　かいました。りんごは
なんこ　かいましたか。　1つ5〔10てん〕

しき

こたえ（　　　　）

こたえ

1
①5 ②7 ③3
④9 ⑤10 ⑥9
⑦10 ⑧10 ⑨8
⑩9 ⑪10 ⑫8
⑬10 ⑭9 ⑮10
しき 5＋2＝7　こたえ 7こ

2
①7 ②4 ③10
④8 ⑤10 ⑥9
⑦6 ⑧4 ⑨9
⑩8 ⑪9 ⑫6
⑬6 ⑭10 ⑮7
しき 6＋4＝10　こたえ 10にん

3
①5 ②6 ③8
④5 ⑤6 ⑥9
⑦8 ⑧7 ⑨10
⑩4 ⑪7 ⑫10
⑬7 ⑭9 ⑮8
しき 4＋5＝9　こたえ 9こ

4
①4 ②10 ③8
④8 ⑤10 ⑥5
⑦4 ⑧8 ⑨6
⑩9 ⑪6 ⑫10
⑬9 ⑭10 ⑮8
しき 4＋6＝10　こたえ 10ぴき

5
①4 ②4 ③7
④6 ⑤2 ⑥1
⑦8 ⑧5 ⑨5
⑩1 ⑪3 ⑫1
⑬3 ⑭1 ⑮1
しき 6－3＝3　こたえ 3だい

6
①2 ②1 ③7
④4 ⑤1 ⑥8
⑦4 ⑧2 ⑨1
⑩3 ⑪6 ⑫3
⑬6 ⑭5 ⑮2
しき 7－4＝3　こたえ 3こ

7
①3 ②2 ③9
④2 ⑤4 ⑥4
⑦7 ⑧3 ⑨1
⑩5 ⑪5 ⑫2
⑬6 ⑭3 ⑮1
しき 9－6＝3　こたえ 3びき

8
①6 ②1 ③3
④8 ⑤1 ⑥3
⑦6 ⑧6 ⑨1
⑩5 ⑪2 ⑫1
⑬3 ⑭2 ⑮7
しき 7－3＝4　こたえ 4こ

9
①14 ②12 ③18
④11 ⑤17 ⑥19
⑦16 ⑧10 ⑨10
⑩10 ⑪10 ⑫10
⑬10 ⑭10 ⑮10
しき 12－2＝10　こたえ 10ぽん

10
①15 ②17 ③17
④19 ⑤16 ⑥17
⑦17 ⑧16 ⑨14
⑩14 ⑪11 ⑫13
⑬13 ⑭11 ⑮12
しき 12＋3＝15　こたえ 15こ

11
① 8　② 8
③ 9　④ 12
⑤ 15　⑥ 4
⑦ 4　⑧ 8
⑨ 5
しき 12−2−2=8　こたえ 8 こ

12
① 8　② 8
③ 9　④ 6
⑤ 7　⑥ 6
⑦ 4　⑧ 7
⑨ 5
しき 4+6−3=7　こたえ 7 こ

13
① 12　② 11　③ 11
④ 11　⑤ 13　⑥ 12
⑦ 14　⑧ 15　⑨ 13
⑩ 11　⑪ 11　⑫ 13
⑬ 15　⑭ 12　⑮ 18
しき 8+4=12　こたえ 12 とう

14
① 12　② 12　③ 14
④ 13　⑤ 11　⑥ 17
⑦ 11　⑧ 13　⑨ 15
⑩ 12　⑪ 14　⑫ 12
⑬ 14　⑭ 15　⑮ 16
しき 7+6=13　こたえ 13 わ

15
① 15　② 11　③ 11
④ 13　⑤ 12　⑥ 11
⑦ 16　⑧ 14　⑨ 15
⑩ 16　⑪ 14　⑫ 13
⑬ 11　⑭ 13　⑮ 17
しき 5+7=12　こたえ 12 ひき

16
① 13　② 15　③ 18
④ 12　⑤ 12　⑥ 12
⑦ 16　⑧ 12　⑨ 13
⑩ 12　⑪ 14　⑫ 11
⑬ 17　⑭ 12　⑮ 15
しき 9+5=14　こたえ 14 こ

17
① 14　② 14　③ 16
④ 12　⑤ 11　⑥ 12
⑦ 12　⑧ 17　⑨ 16
⑩ 13　⑪ 11　⑫ 15
⑬ 11　⑭ 16　⑮ 13
しき 5+8=13　こたえ 13 こ

18
① 7　② 9　③ 8
④ 9　⑤ 8　⑥ 9
⑦ 9　⑧ 4　⑨ 9
⑩ 9　⑪ 4　⑫ 6
⑬ 6　⑭ 4　⑮ 9
しき 12−7=5　こたえ 5 こ

19
① 8　② 9　③ 7
④ 5　⑤ 8　⑥ 8
⑦ 7　⑧ 5　⑨ 6
⑩ 5　⑪ 6　⑫ 7
⑬ 8　⑭ 2　⑮ 7
しき 13−4=9　こたえ 9 こ

20
① 9　② 8　③ 4
④ 5　⑤ 8　⑥ 7
⑦ 9　⑧ 9　⑨ 9
⑩ 6　⑪ 3　⑫ 9
⑬ 6　⑭ 3　⑮ 9
しき 14−9=5　こたえ 5 とう

21 ❶ 6 ❷ 3 ❸ 7
❹ 9 ❺ 9 ❻ 9
❼ 4 ❽ 7 ❾ 7
❿ 3 ⓫ 8 ⓬ 7
⓭ 6 ⓮ 5 ⓯ 8
しき 15−7=8 こたえ 8まい

22 ❶ 4 ❷ 7 ❸ 9
❹ 9 ❺ 5 ❻ 2
❼ 9 ❽ 7 ❾ 4
❿ 6 ⓫ 8 ⓬ 5
⓭ 8 ⓮ 8 ⓯ 6
しき 13−5=8 こたえ 8ほん

23 ❶ 60 ❷ 50 ❸ 90
❹ 100 ❺ 90 ❻ 100
❼ 100 ❽ 30 ❾ 40
❿ 40 ⓫ 60 ⓬ 30
⓭ 70 ⓮ 50 ⓯ 20
しき 80−20=60 こたえ 60まい

24 ❶ 37 ❷ 63 ❸ 48
❹ 50 ❺ 80 ❻ 70
❼ 30 ❽ 98 ❾ 58
❿ 47 ⓫ 37 ⓬ 95
⓭ 55 ⓮ 43 ⓯ 33
しき 30+8=38 こたえ 38まい

25 ❶3じ ❷4じ
❸2じはん(2じ30ぷん) ❹1じ
❺11じはん(11じ30ぷん) ❻10じ
❼6じ ❽9じはん(9じ30ぷん)
❾8じ ❿5じはん(5じ30ぷん)

26 ❶6じ10ぷん ❷4じ45ふん
❸1じ12ふん ❹8じ55ふん
❺10じ20ぷん ❻2じ35ふん
❼11じ32ふん ❽7じ50ぷん
❾3じ3ぷん ❿9じ24ぷん

27 ❶ 14 ❷ 9 ❸ 12
❹ 12 ❺ 12 ❻ 12
❼ 8 ❽ 8 ❾ 5
❿ 3 ⓫ 5 ⓬ 8
⓭ 5 ⓮ 8 ⓯ 9
しき 7+6=13 こたえ 13にん

28 ❶ 82 ❷ 79 ❸ 43
❹ 80 ❺ 60 ❻ 50
❼ 70 ❽ 50 ❾ 10
❿ 27 ⓫ 58 ⓬ 27
⓭ 54 ⓮ 63 ⓯ 73
しき 12−3=9 こたえ 9こ

「小学教科書ワーク・
数と計算」で、
さらに れんしゅうしよう!

わくわくシール

まんてんシール

★1日の学習がおわったら、チャレンジシールをはろう。
★実力はんていテストがおわったら、まんてんシールをはろう。

チャレンジシール

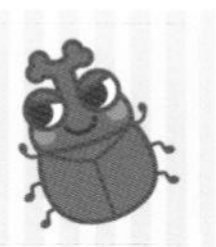

わくわくポスター さんすう 1ねん

たしざん

教科書ワーク

こたえが　1から　20の　かずに　なる　たしざん

こたえ												こたえ
1	1+0		1+10	2+9	3+8	4+7	5+6	6+5	7+4	8+3	9+2	10+1	11
2	1+1	2+0		2+10	3+9	4+8	5+7	6+6	7+5	8+4	9+3	10+2	12
3	1+2	2+1	3+0		3+10	4+9	5+8	6+7	7+6	8+5	9+4	10+3	13
4	1+3	2+2	3+1	4+0	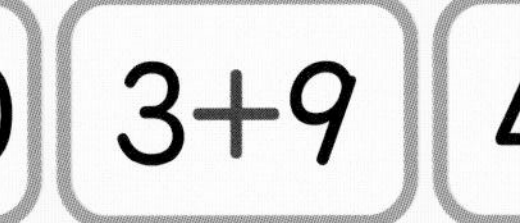	4+10	5+9	6+8	7+7	8+6	9+5	10+4	14
5	1+4	2+3	3+2	4+1	5+0	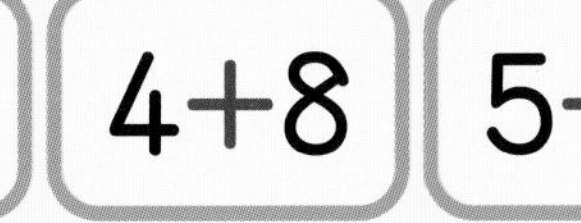	5+10	6+9	7+8	8+7	9+6	10+5	15
6	1+5	2+4	3+3	4+2	5+1	6+0		6+10	7+9	8+8	9+7	10+6	16
7	1+6	2+5	3+4	4+3	5+2	6+1	7+0		7+10	8+9	9+8	10+7	17
8	1+7	2+6	3+5	4+4	5+3	6+2	7+1	8+0		8+10	9+9	10+8	18
9	1+8	2+7	3+6	4+5	5+4	6+3	7+2	8+1	9+0		9+10	10+9	19
10	1+9	2+8	3+7	4+6	5+5	6+4	7+3	8+2	9+1	10+0		10+10	20

た し ざ ん を し よ う

わくわくポスター さんすう 1ねん

ひきざん

教科書ワーク

こたえが　0から　10の　かずに　なる　ひきざん

こたえ													こたえ
10	10−0	11−1	12−2	13−3	14−4	15−5	16−6	17−7	18−8	19−9		9−0	9
9	10−1	11−2	12−3	13−4	14−5	15−6	16−7	17−8	18−9		8−0	9−1	8
8	10−2	11−3	12−4	13−5	14−6	15−7	16−8	17−9		7−0	8−1	9−2	7
7	10−3	11−4	12−5	13−6	14−7	15−8	16−9		6−0	7−1	8−2	9−3	6
6	10−4	11−5	12−6	13−7	14−8	15−9		5−0	6−1	7−2	8−3	9−4	5
5	10−5	11−6	12−7	13−8	14−9		4−0	5−1	6−2	7−3	8−4	9−5	4
4	10−6	11−7	12−8	13−9		3−0	4−1	5−2	6−3	7−4	8−5	9−6	3
3	10−7	11−8	12−9		2−0	3−1	4−2	5−3	6−4	7−5	8−6	9−7	2
2	10−8	11−9		1−0	2−1	3−2	4−3	5−4	6−5	7−6	8−7	9−8	1
1	10−9		0−0	1−1	2−2	3−3	4−4	5−5	6−6	7−7	8−8	9−9	0

動画　コードを読みとって、下の番号の動画を見てみよう。

＊がついている動画は、一部他の単元の内容を含みます。

べんきょうした 日　　月　　日

なかよし　あつまれ

きほんのワーク

もくひょう
なかまで　わけたり、
どちらが　おおいかを
くらべたりしよう。

おわったら
シールを
はろう

きょうかしょ　2～8 ページ　こたえ　1 ページ

きほん 1　おなじ　なかまを　みつける　ことが　できますか。

☆ のはらに　なかまが　あつまりました。
おなじ　なかまを　⬭で　かこみましょう。

1 おなじ　なかまを　⬭で　かこみましょう。 きょうかしょ 2～5ページ

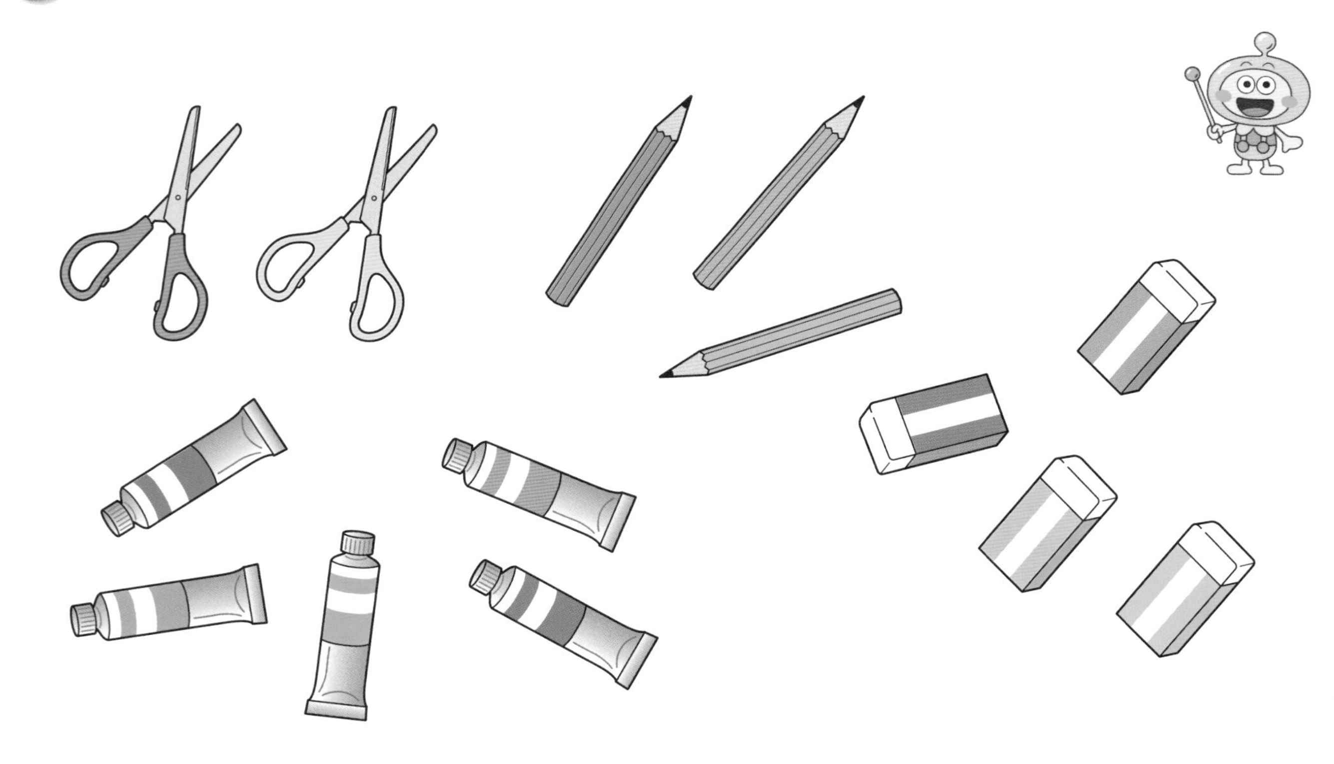

さんすうはかせ　なかまを　○で　かこんだら、かずを　かぞえてみよう。どちらが　おおいか
すくないかを　くらべるときは、せんで　むすんで　しらべて　いくと　いいんだ。

きほん2 どちらが おおいか くらべる ことが できますか。

☆ あめが ふって きました。くまさんは 1ぽんずつ かさを さす ことが できるかどうか しらべましょう。

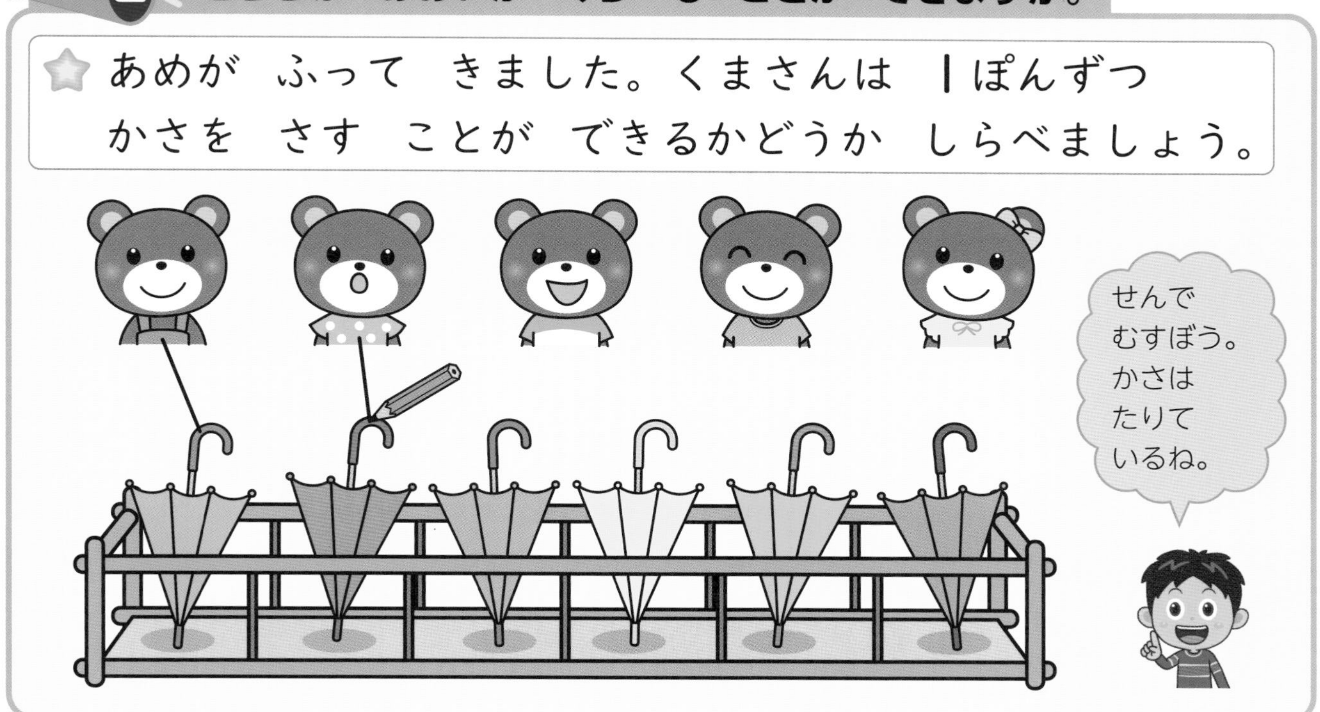

2 どちらが おおいか、せんで むすんで くらべましょう。おおい ほうに ○(まる)を つけましょう。

きょうかしょ 6〜7ページ

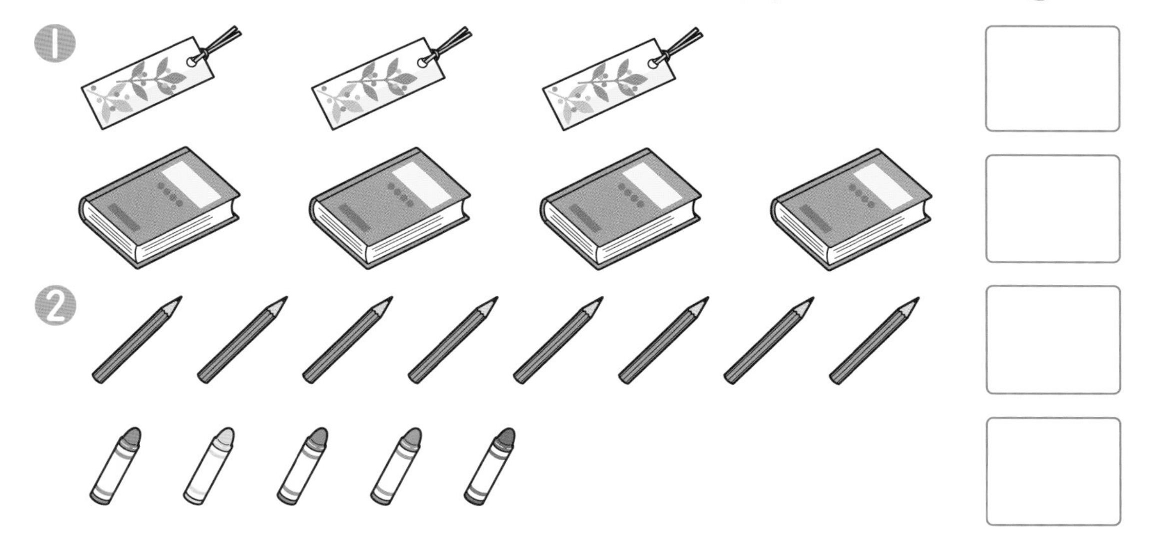

3 かずだけ ○に いろを ぬって、おおい ほうに ○を つけましょう。

きょうかしょ 6〜7ページ

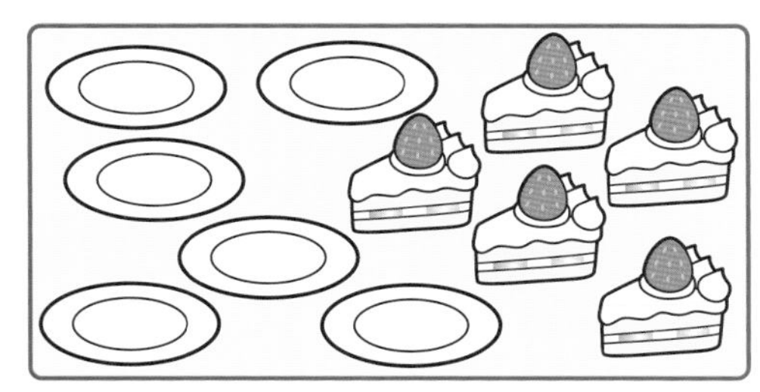

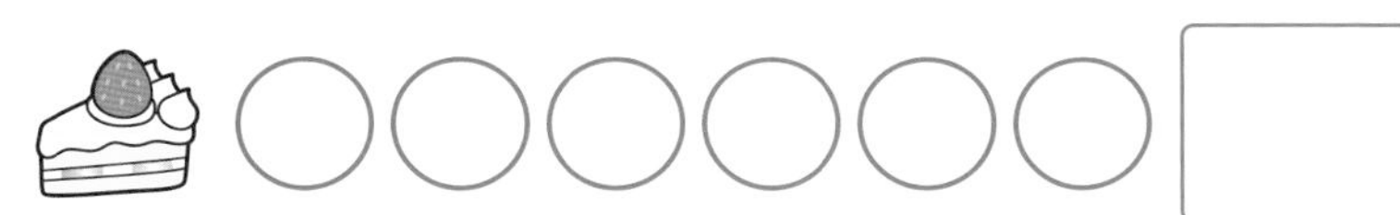

おうちのかたへ ここで「仲間をつくる」「多い・少ないを比べる」ことを学び、数の学習に進んでいきます。

いくつかな ［その1］

きほんのワーク

もくひょう
10までの　かずの　かぞえかた、よみかた　かきかたを　しろう。

おわったら　シールを　はろう

きょうかしょ　9～17ページ　こたえ　1ページ

きほん1　1から　5までの　かずが　わかりますか。

☆かずだけ　○に　いろを　ぬり、□に　すうじを　かきましょう。

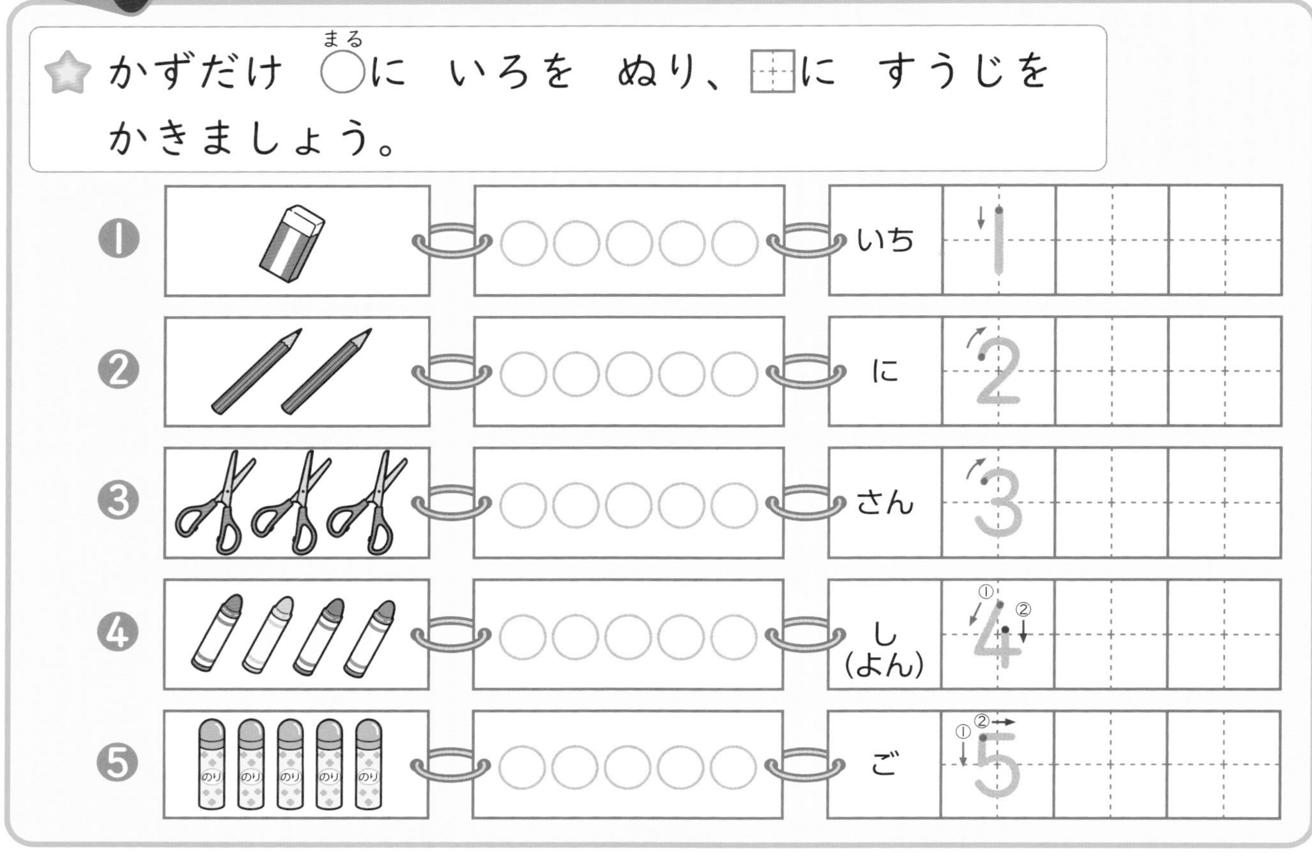

1　おなじ　かずの　ものを　せんで　むすびましょう。

きょうかしょ　10～13ページ

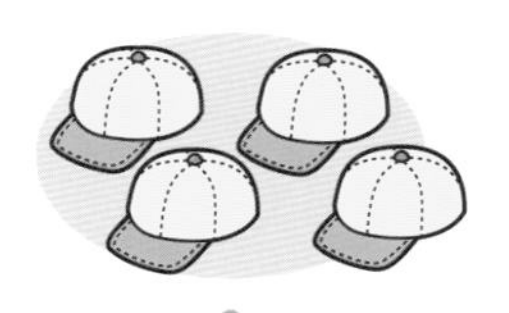

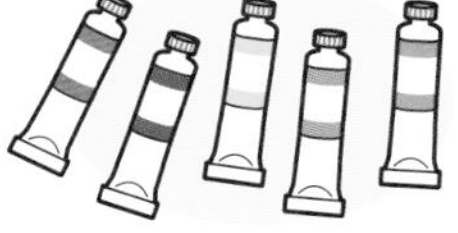

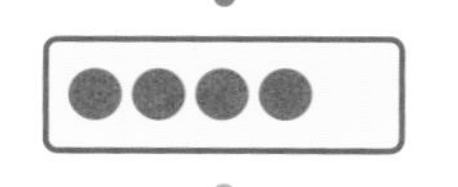
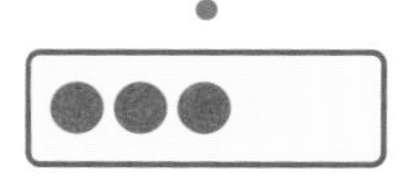

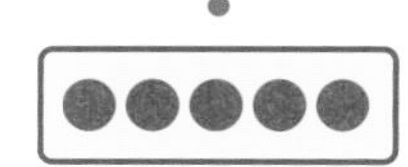

1	3	4	5	2

さんすうはかせ　ものを　かぞえる　ときは、しるしを　つけて　おこう。そうすると、なんかいも　かぞえたり、かぞえわすれたりする　ことが　なくなるよ。

きほん2 6から 10までの かずが わかりますか。

☆ かずだけ ◯に いろを ぬり、□に すうじを かきましょう。

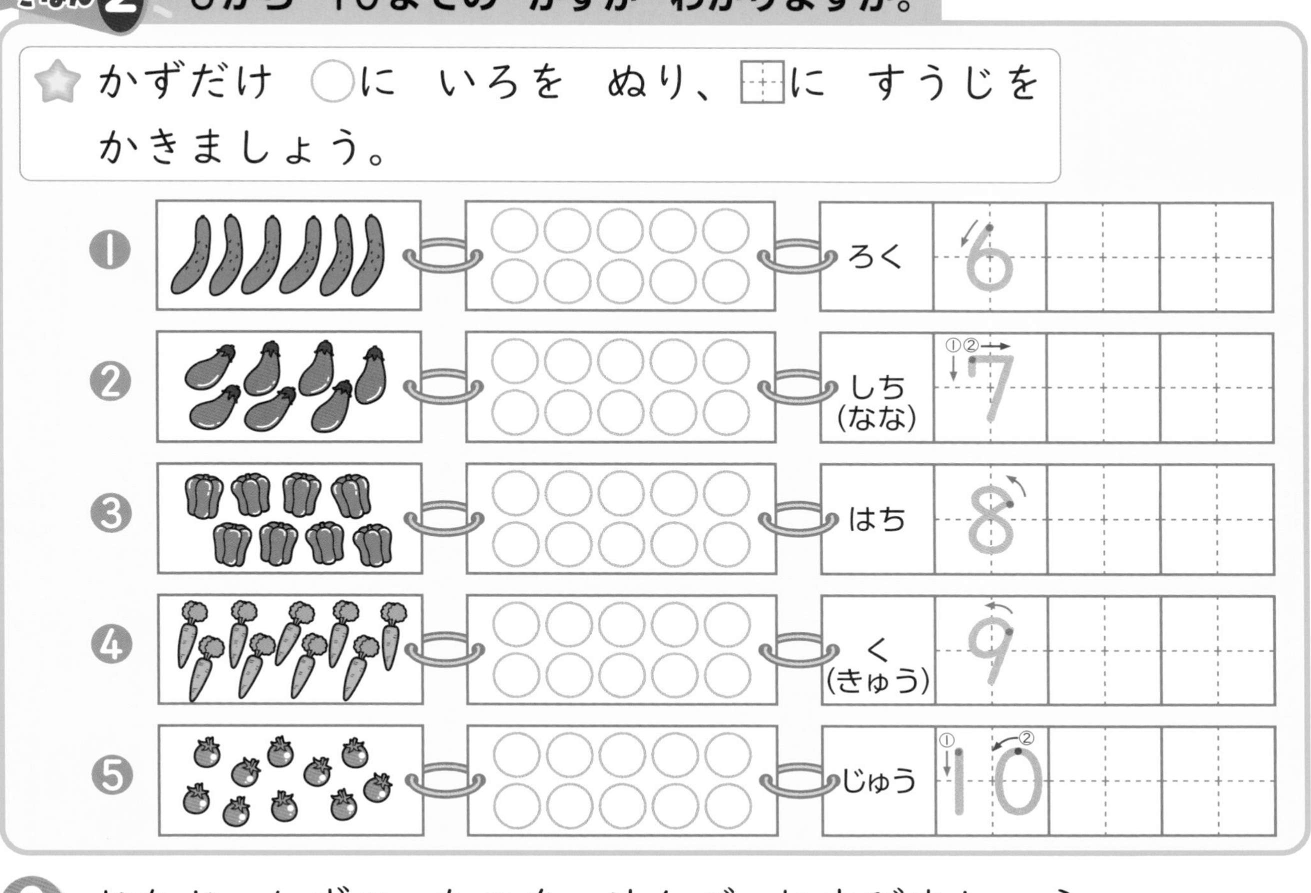

2 おなじ かずの ものを せんで むすびましょう。

きょうかしょ 14〜17ページ

6　9　7　10　8

3 よみかたに あう すうじを かきましょう。

きょうかしょ 14〜17ページ

❶ しち □　❷ はち □　❸ ろく □

おうちのかたへ
10までの数の教え方、読み方、書き方を練習します。また数字と物の数を対応させる練習も行います。声に出して数を数えたり、数字を書いたりする練習を見守ってください。

いくつかな ［その2］

きほんのワーク

きほん1 10までの かずの ならびかたが わかりますか。

☆ □(しかく)に あてはまる かずを かきましょう。

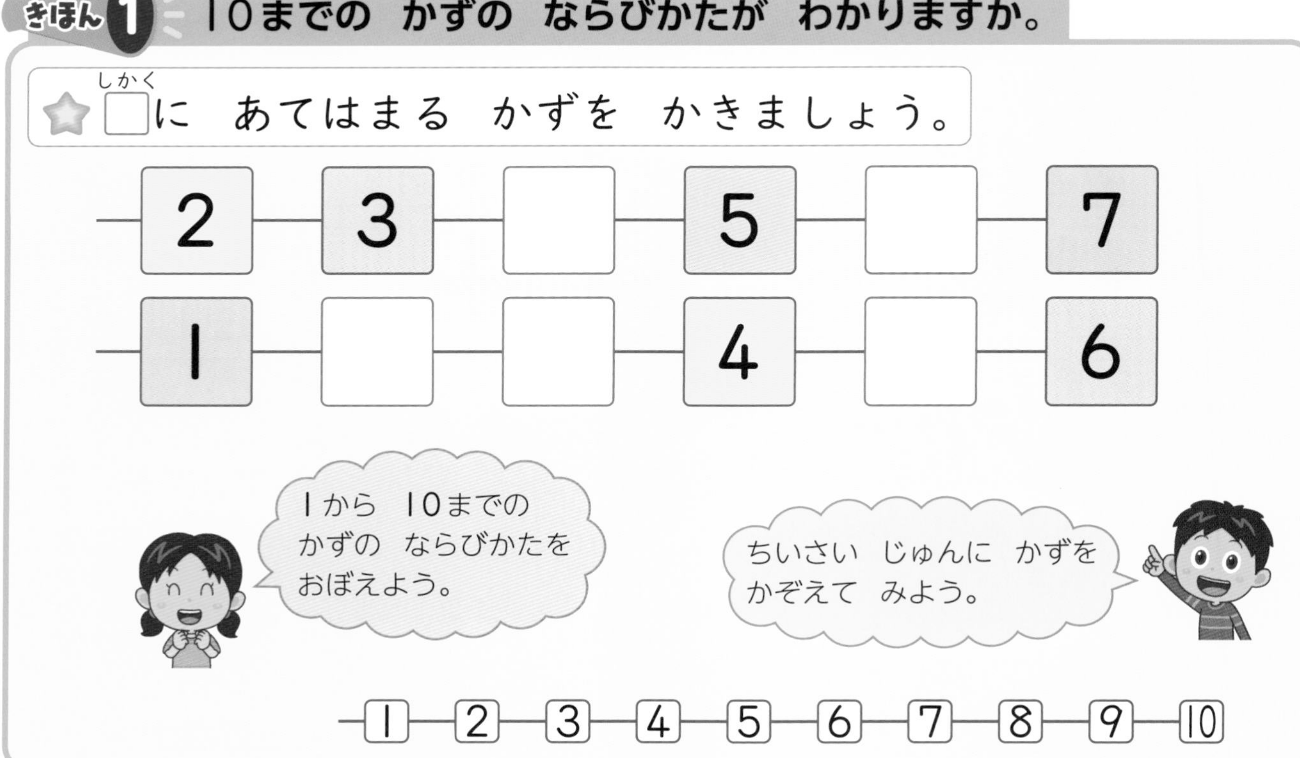

1 かずの おおきい ほうに ○(まる)を つけましょう。

きょうかしょ 18〜19ページ

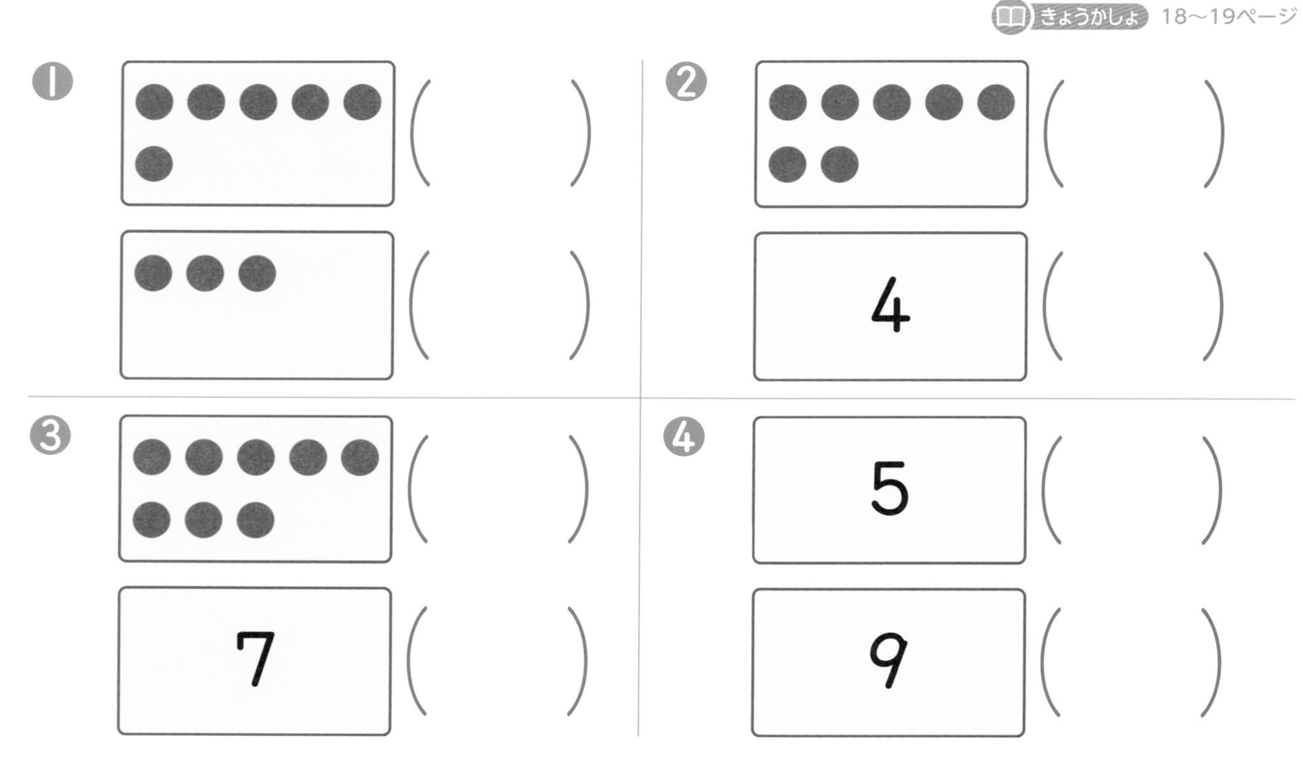

さんすうはかせ 10までの かずの ならびかたを おぼえよう。ちいさい じゅんに いえたら、こんどは 10、9、8、7、…と おおきい じゅんに いって みよう。

きほん2 0と いう かずが わかりますか。

☆ はいった わの かずを かきましょう。

2 すずめの かずを かきましょう。 きょうかしょ 20ページ

❶ ❷ ❸ ❹

3 りんごの かずを かきましょう。 きょうかしょ 20ページ

❶ ❷ ❸ ❹

おうちのかたへ
10までの数の並び方を学習します。また、0という数について学びます。1年生にとって、何もない数＝0は、理解しにくいようです。具体的な物を使って考えましょう。

1 10までの かず　かずが おなじ ものを せんで むすびましょう。

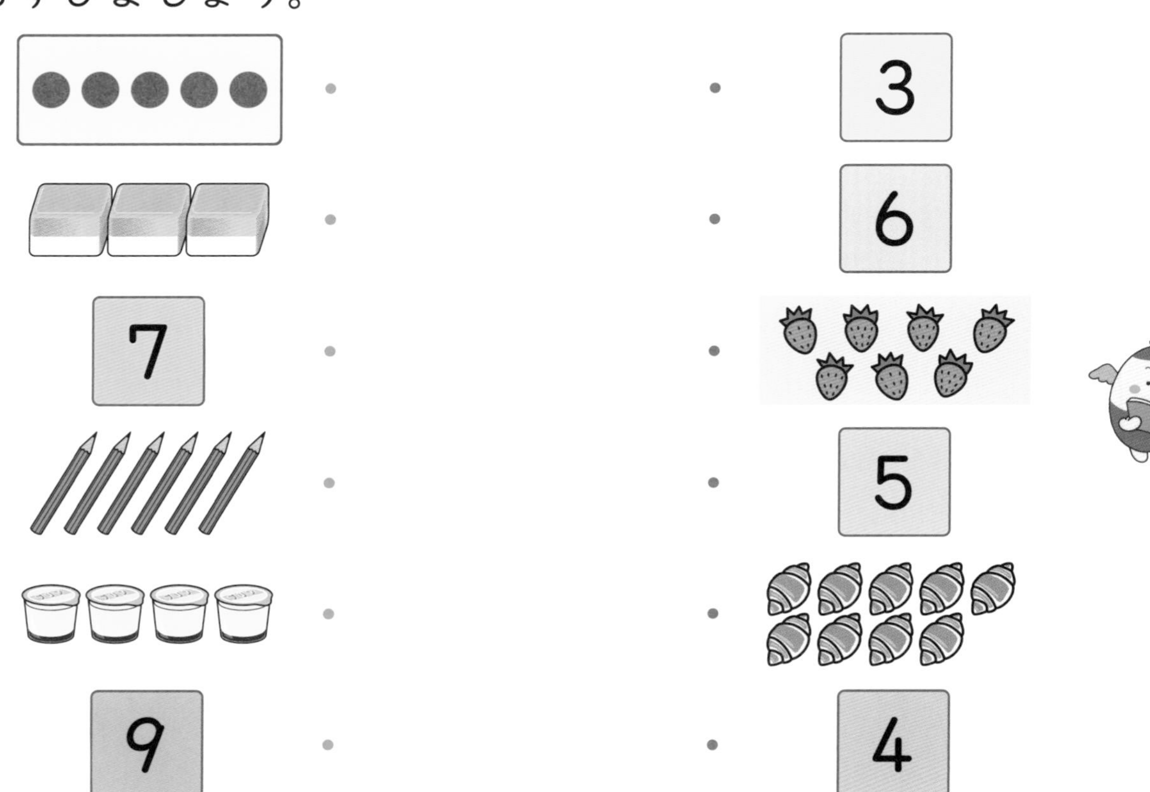

2 かずの ならびかた　□(しかく)に あてはまる かずを かきましょう。

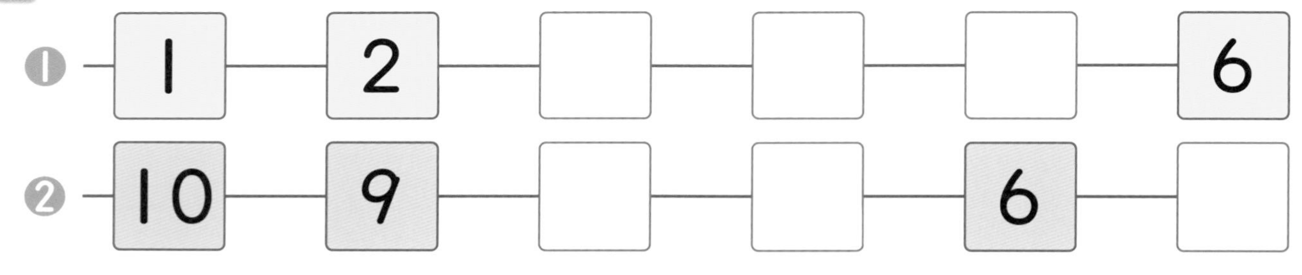

3 0と いう かず　かびんの はなの かずを かきましょう。

できるナビ　10までの かずが ただしく いえるかな？ 10、9、8、7、…のように おおきい じゅんに いって みよう。

じかん 20 ぷん

とくてん /100てん

おわったら シールを はろう

1 かずを かきましょう。

1つ10〔30てん〕

くま  

うさぎ  

ねこ  

2 かずの おおきい ほうに ◯(まる)を つけましょう。

1つ10〔20てん〕

❶ 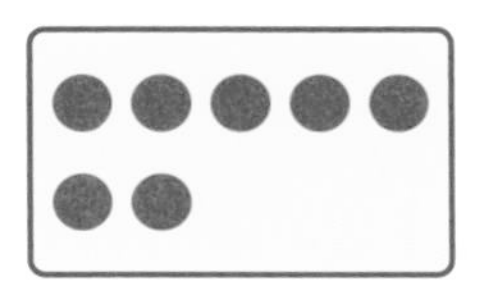 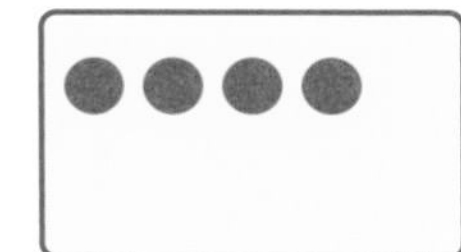

❷   

3 よくでる □に あてはまる かずを かきましょう。

1つ10〔20てん〕

5 — 6 — □ — 8 — □ — 10

4 かえるの かずを すうじで かきましょう。

1つ10〔30てん〕

□10までの かずを かぞえる ことが できたかな？
□0と いう かずが わかったかな？

べんきょうした 日　　月　　日

なんばんめ

もくひょう

まえから　4にんと
まえから　4ばんめの
ちがいを　しろう。

おわったら
シールを
はろう

きょうかしょ 25〜30ページ　こたえ 2ページ

きほん1 4にんと　4ばんめの　ちがいが　わかりますか。

☆ ⬭で　かこみましょう。

❶ まえから　4にん

❷ まえから　4ばんめ

❸ うしろから　5ばんめ

1 いろを　ぬりましょう。

きょうかしょ 25〜27ページ

❶ まえから　3だい

❷ まえから　3ばんめ

❸ うしろから　4だい

❹ うしろから　4ばんめ

まえから　なんばんめと　いう　ときの　まえは、かおが　むいて　いる　ほうだよ。
かけっこで　はしって　いく　ほうが　まえだ。その　はんたいが　うしろに　なるよ。

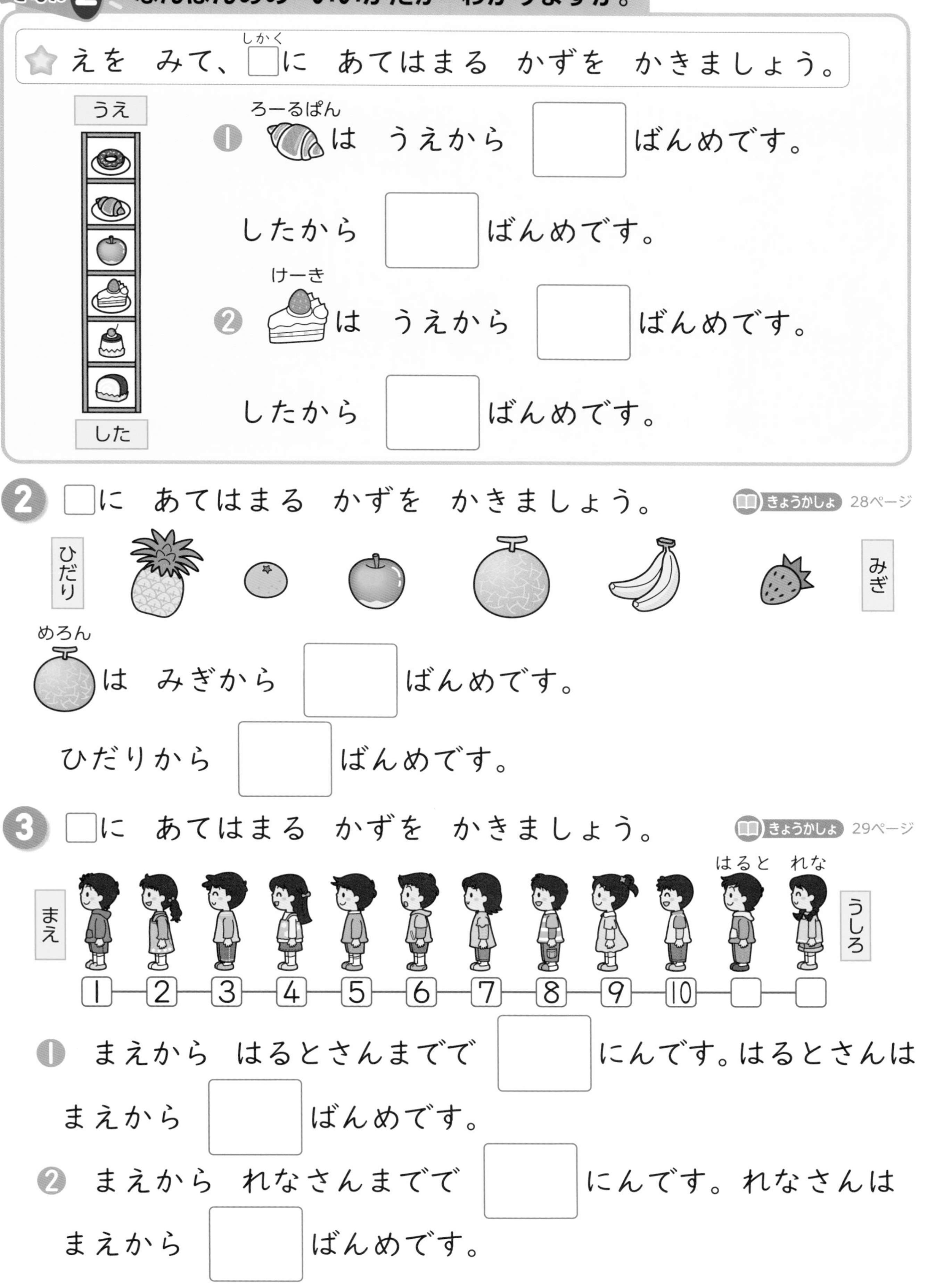

きほん2 なんばんめの いいかたが わかりますか。

☆ えを みて、□に あてはまる かずを かきましょう。

うえ

した

❶ ろーるぱんは うえから □ ばんめです。

したから □ ばんめです。

❷ けーきは うえから □ ばんめです。

したから □ ばんめです。

2 □に あてはまる かずを かきましょう。 きょうかしょ 28ページ

ひだり　みぎ

めろんは みぎから □ ばんめです。

ひだりから □ ばんめです。

3 □に あてはまる かずを かきましょう。 きょうかしょ 29ページ

まえ　うしろ

はると　れな

1　2　3　4　5　6　7　8　9　10　□　□

❶ まえから はるとさんまでで □ にんです。はるとさんは まえから □ ばんめです。

❷ まえから れなさんまでで □ にんです。れなさんは まえから □ ばんめです。

おうちのかたへ

集合の要素の個数を表す集合数（しゅうごうすう）と、順番を表す順序数（じゅんじょすう）の違いを取り上げます。「前から４人」と「前から４番目（人目）」の違いを理解しましょう。

べんきょうした 日　　月　　日

れんしゅうのワーク

きょうかしょ 25～30ページ　こたえ 3ページ

できた かず　/8もん 中

おわったら シールを はろう

1 ○で かこもう　◯で かこみましょう。

❶ うえから 2ばんめの ちょう

❷ したから 2ひきの

❸ みぎから 5ばんめの はな

❹ ひだりから 4つの

うえ

した

ひだり

みぎ

2 まえと うしろ　えを みて こたえましょう。

まえ

みお　はると

うしろ

❶ みおさんは まえから □ ばんめです。

❷ みおさんは うしろから □ ばんめです。

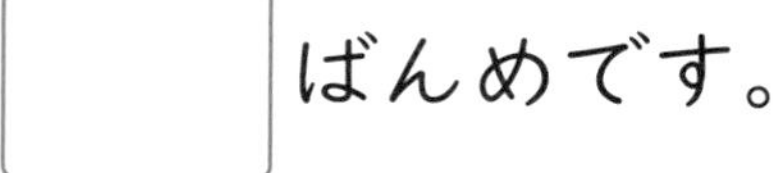

❸ まえから はるとさんまでで □ にんです。

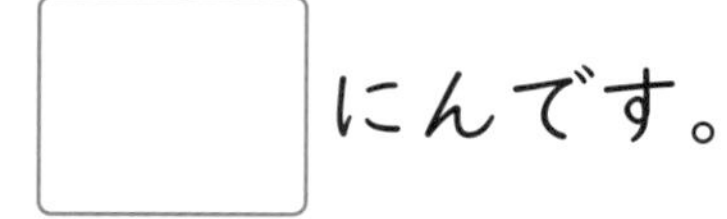

❹ はるとさんは まえから □ ばんめです。

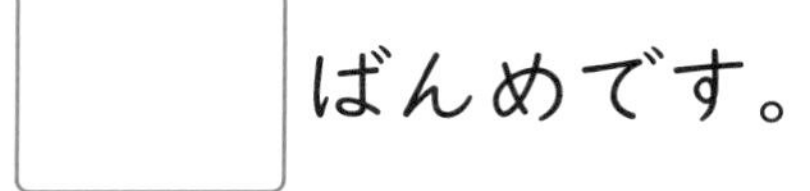

できるナビ　うえから 2ひきと うえから 2ばんめは いみが ちがうよ。ちゅうい しようね。

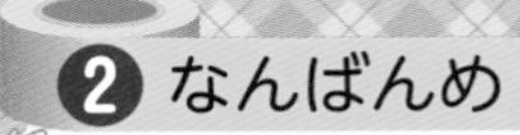

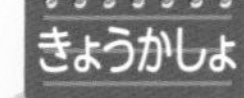

まとめのテスト

きょうかしょ 25～30ページ　こたえ 3ページ

じかん 20ぷん　とくてん /100てん　おわったら シールを はろう

1 よくでる なんばんめでしょう。　1つ15〔30てん〕

まえ　　うしろ

 りく　 れな　 けんと　 まみ　 そうた　 みづき

❶ けんとさんは　まえから　□　ばんめです。

❷ れなさんは　うしろから　□　ばんめです。

2 みぎから　3ばんめに　いろを　ぬりましょう。　〔15てん〕

ひだり　       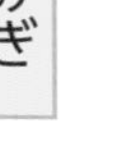　みぎ

3 ひだりから　4こに　いろを　ぬりましょう。　〔15てん〕

ひだり　       　みぎ

4 なんばんめでしょう。　1つ20〔40てん〕

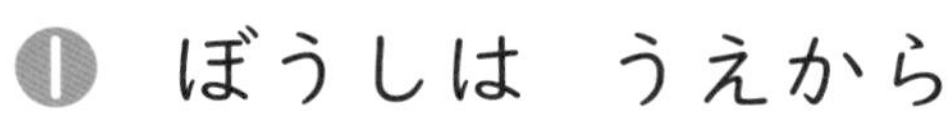

うえ

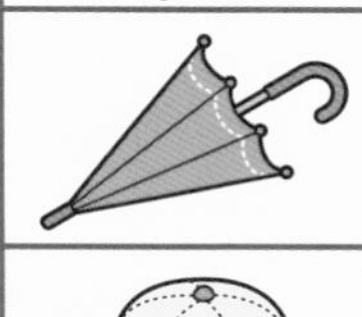
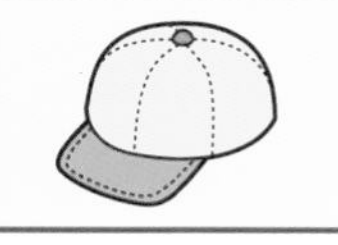

した

❶ ぼうしは　うえから

□　ばんめです。

❷ かさは　したから

□　ばんめです。

□なんばんめと　なんこの　ちがいが　わかったかな？
□まえと　うしろの　ように、はんたいの　いいかたが　できたかな？

月 日

いま なんじ

きほんのワーク

もくひょう
なんじ なんじはんが よめるように しよう。

おわったら シールを はろう

31〜33ページ

こたえ 3ページ

きほん 1 とけいの よみかたが わかりますか。

☆ とけいを よみましょう。

あは [　　じ] です。

みじかい はりを みると なんじか わかるね。

い

いは [　　じはん] です。

みじかい はりは 2と 3の あいだ、ながい はりは 6を さして いるよ。

1 せんで むすびましょう。

きょうかしょ 32〜33ページ

❶

❷

❸

6じはん　　5じはん　　7じ

2 とけいを よみましょう。

きょうかしょ 33ページ

❶

(　　　　)

❷

(　　　　)

❸

(　　　　)

はってん さんすうはかせ

ごぜん・ごごって きいたことが あるよね。おひるの 12じの まえと あとと いう いみだよ。2ねんせいで べんきょうするよ。

きほん 2 とけいの　はりを　かくことが　できますか。

☆ ながい　はりを　かきましょう。

❶ 10じ

❷ 4じはん

みじかい　はりが　10、
ながい　はりは　12を
させば　いいね。

みじかい　はりが　4と　5の
あいだに　あるよ。
ながい　はりは　6を　させば
いいね。

3 ながい　はりを　かきましょう。

きょうかしょ 33ページ

❶ 9じ

❷ 2じ

❸ 8じはん

❹ 11じはん

4 1じはんの　とけいは、あ、いの　どちらですか。

きょうかしょ 33ページ

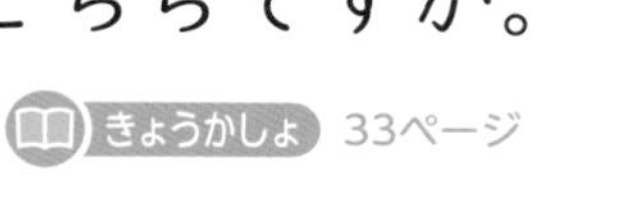

（　　　　）

あ

い

みじかい　はりに
ちゅうい　しよう。

おうちのかたへ　何時、何時半の時計を読めるようにします。時計の読み方がわからないお子さんが多く見られます。ご家庭でも、おりにふれて、時計を見るように促しましょう。

べんきょうした 日　月　日

きょうかしょ 31〜33ページ　こたえ 4ページ

できた かず　/9もん 中

おわったら シールを はろう

1 とけいの よみかた　とけいを よみましょう。

❶
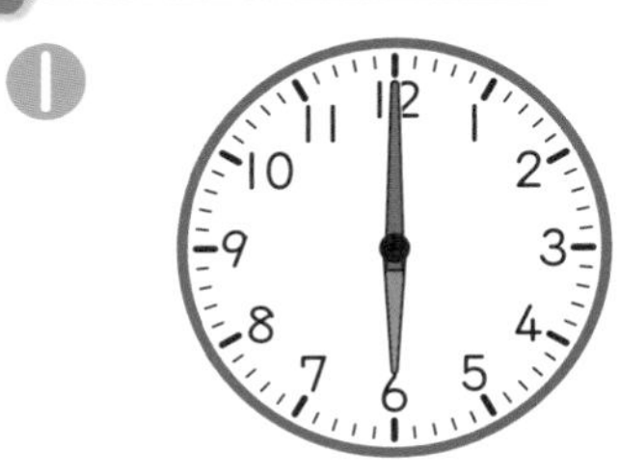
〔おきる〕
(　　　　)

❷
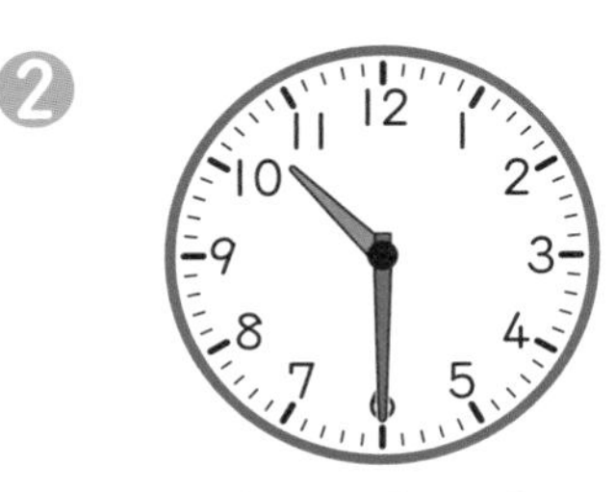
〔じゅぎょう〕
(　　　　)

❸

〔あそぶ〕
(　　　　)

2 なんじ なんじはん　とけいの はりを かきましょう。

❶ 5じ

❷ 1じ

❸ 3じはん

❹ 7じはん

チャレンジ! ❺ 8じ

チャレンジ! ❻ 9じはん

できるナビ　ながい はりが 12の ときは 「なんじ」、ながい はりが 6の ときは 「なんじはん」に なって いるね。

まとめのテスト

きょうかしょ 31～33ページ こたえ 4ページ

じかん 20ぷん

とくてん /100てん

おわったら シールを はろう

1 よくでる とけいを よみましょう。

1つ15〔60てん〕

❶

（　　　）

❷

（　　　）

❸

（　　　）

❹

（　　　）

2 ながい はりを かきましょう。

1つ15〔30てん〕

❶ 4じ

❷ 10じはん

3 9じはんの とけいは、あ、いの どちらですか。

〔10てん〕

あ

い

（　　　）

チェック

□ なんじ　なんじはんの　よみかたが　わかったかな？
□ とけいの　はりを　かく　ことが　できたかな？

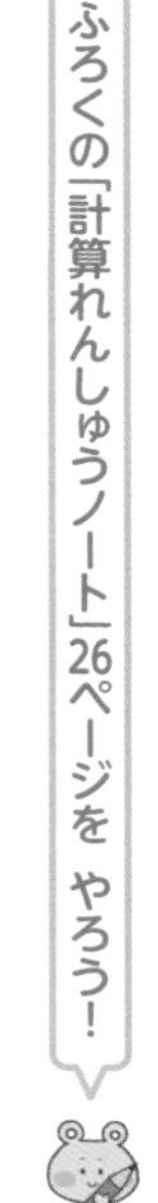

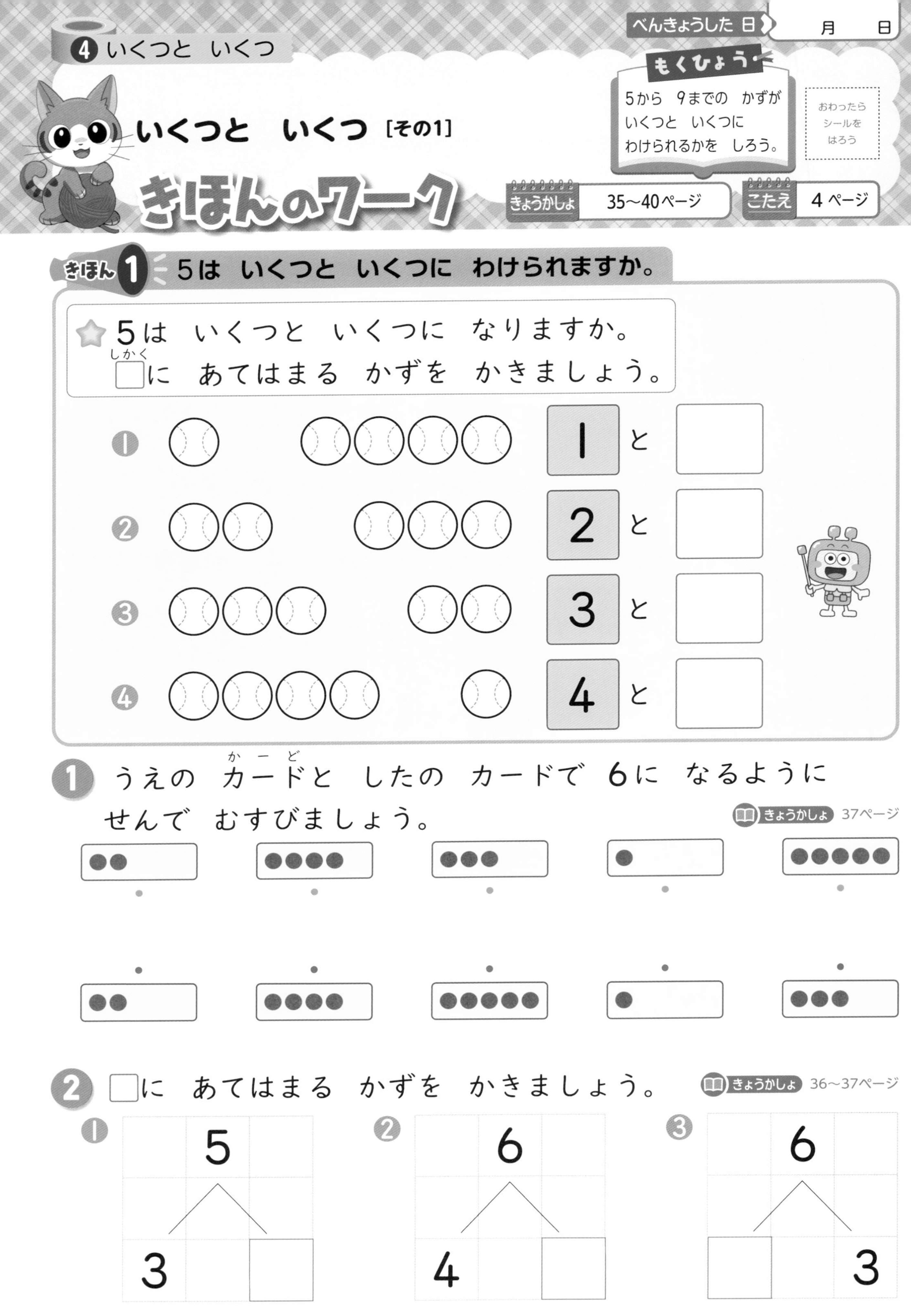

いくつと　いくつ ［その1］

きほんのワーク

もくひょう
5から　9までの　かずが いくつと　いくつに わけられるかを　しろう。

おわったら シールを はろう

きょうかしょ 35〜40ページ　こたえ 4ページ

きほん 1　5は　いくつと　いくつに　わけられますか。

☆ 5は　いくつと　いくつに　なりますか。
□（しかく）に　あてはまる　かずを　かきましょう。

❶ 1 と □

❷ 2 と □

❸ 3 と □

❹ 4 と □

1　うえの　カード（かーど）と　したの　カードで　6に　なるように　せんで　むすびましょう。

きょうかしょ 37ページ

うえ: ●●　●●●●　●●●　●　●●●●●

した: ●●　●●●●　●●●●●　●　●●●

2　□に　あてはまる　かずを　かきましょう。

きょうかしょ 36〜37ページ

❶ 5 → 3 と □

❷ 6 → 4 と □

❸ 6 → □ と 3

さんすうはかせ
「5は　2と　いくつかな？」のように　ふたりで　かずあてゲーム（げーむ）を　して　みよう。
いろいろな　かずで　やって　みてね。

きほん2 7は いくつと いくつに わけられますか。

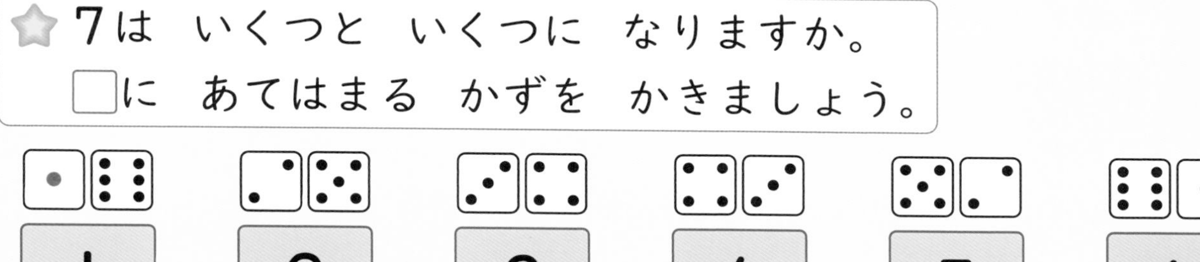

☆7は いくつと いくつに なりますか。
□に あてはまる かずを かきましょう。

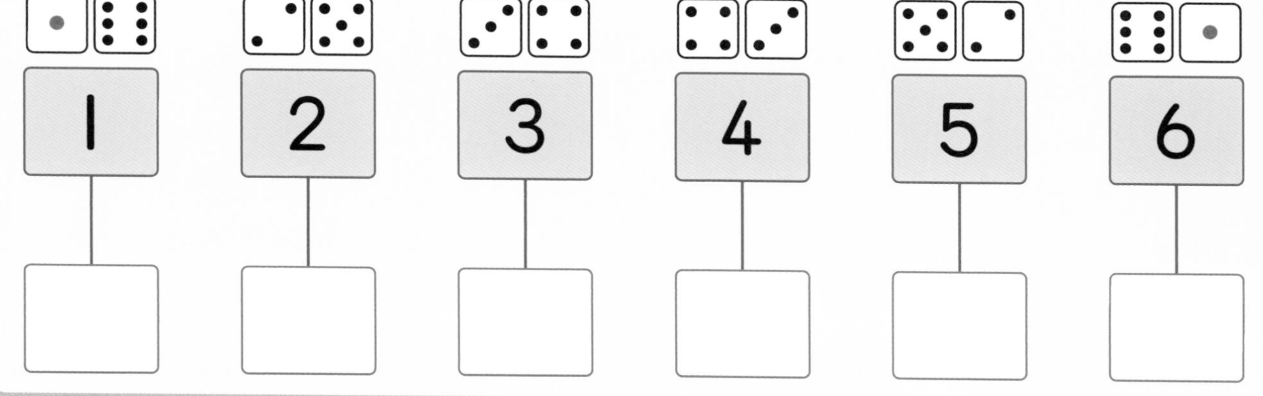

3 8は いくつと いくつに なりますか。□に あてはまる かずを かきましょう。

きょうかしょ 39ページ

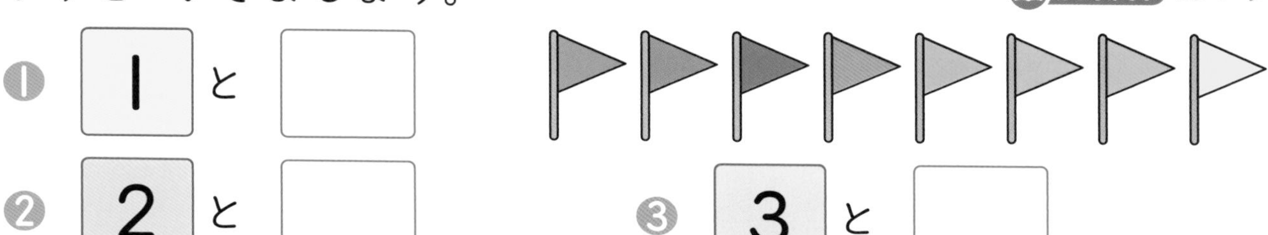

① 1と □
② 2と □
③ 3と □
④ 4と □
⑤ 5と □
⑥ 6と □
⑦ 7と □

4 せんで むすんで 9に しましょう。

きょうかしょ 40ページ

1　3　6　7　8　2　5　4

6　8　2　3　1　4　5　7

おうちのかたへ
6という数を1と5を合わせた数と見るような場合を**合成**(ごうせい)、逆に6を1と5に分けて見るような場合を**分解**(ぶんかい)といいます。加法・減法の計算のもとになる大切な考え方です。

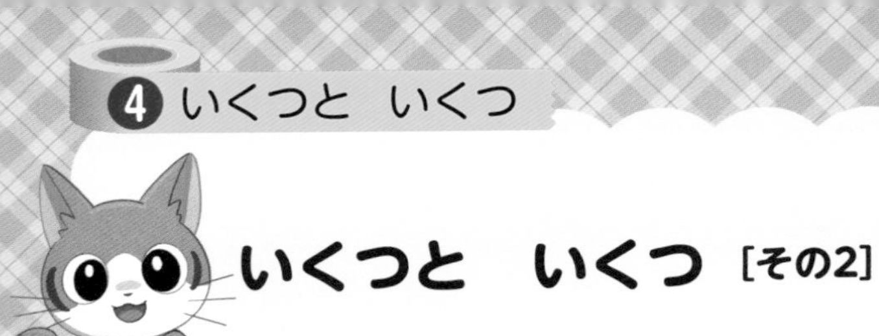

いくつと いくつ [その2]

きほんのワーク

もくひょう
10は いくつと いくつに わけられるかを しろう。

おわったら シールを はろう

きょうかしょ 41～43ページ　こたえ 5ページ

きほん 1　10は いくつと いくつに わけられますか。

☆ 10は いくつと いくつですか。10に なるように ○(まる)に いろを ぬりましょう。

❶ ●●○○○ ○○○○○ と ○○○○○ ○○○○○

❷ ●●●●● ●●○○○ と ○○○○○ ○○○○○

❸ ●●●●● ○○○○○ と ○○○○○ ○○○○○

❹ ●●●●○ ○○○○○ と ○○○○○ ○○○○○

1 10は いくつと いくつですか。□(しかく)に かずを かきましょう。

📖 きょうかしょ 41～43ページ

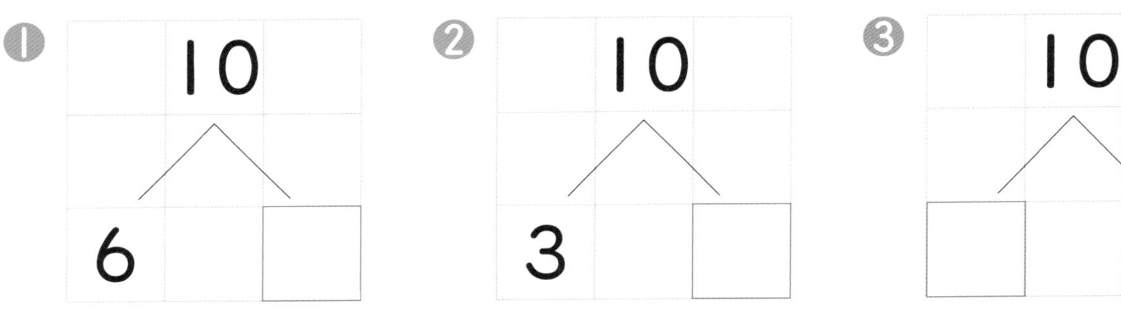

❶ 10 → 6 と □

❷ 10 → 3 と □

❸ 10 → □ と 9

❹ 1と □

❺ 5と □

❻ 8と □

2 🧊が 10こ あります。かくれて いる かずは いくつですか。

📖 きょうかしょ 41～43ページ

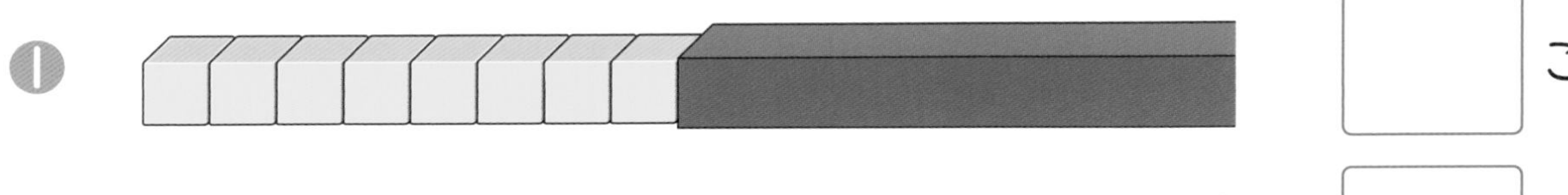

❶ □ こ

❷ □ こ

❸ □ こ

おうちのかたへ
10までの数の合成・分解は、これからの算数の学習の基礎となります。計算の基本をしっかりさせるために、十分に練習しましょう。

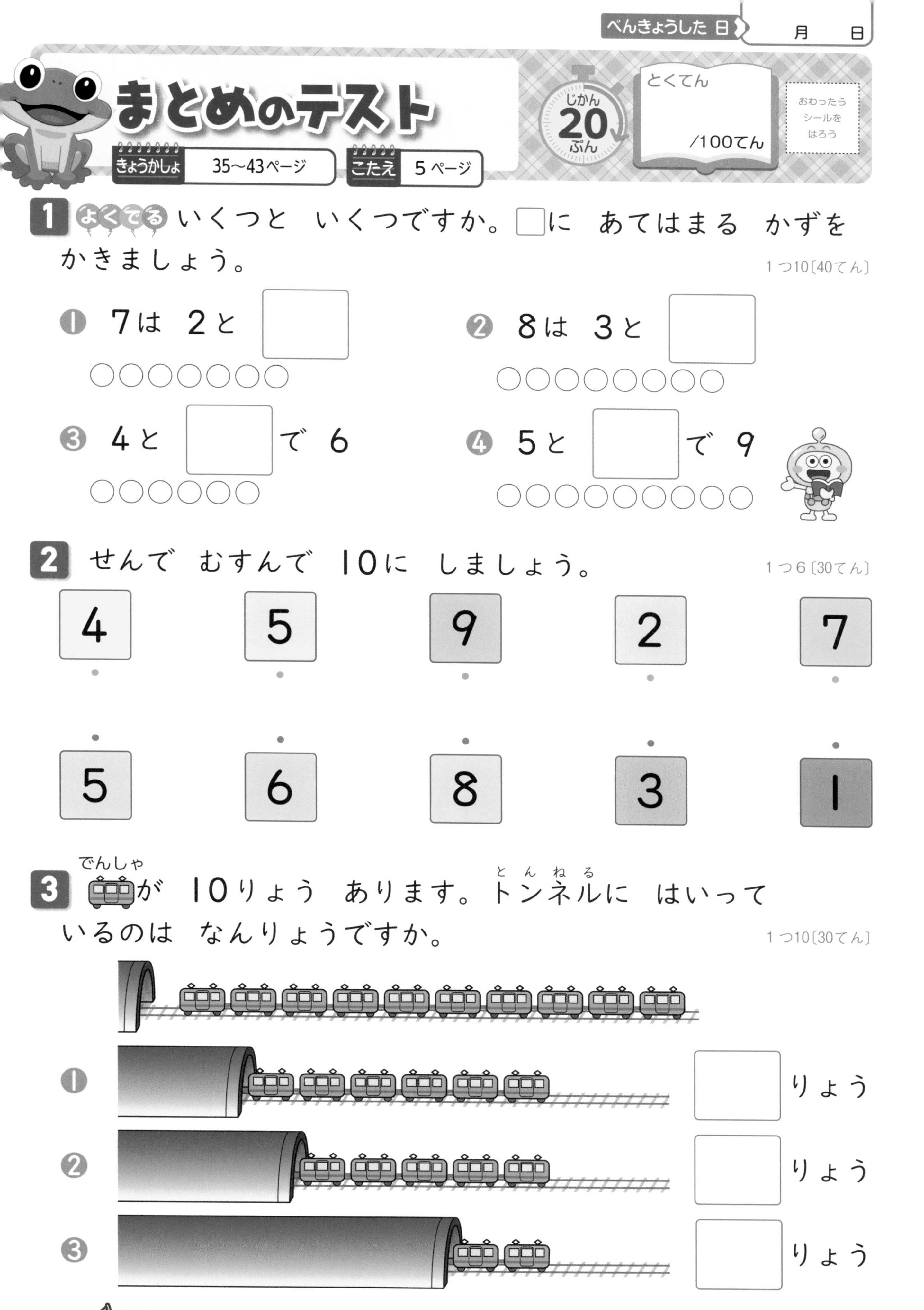

まとめのテスト

じかん 20ぷん

とくてん　/100てん

おわったら シールを はろう

きょうかしょ 35〜43ページ　こたえ 5ページ

1 よくでる いくつと いくつですか。□に あてはまる かずを かきましょう。　1つ10〔40てん〕

❶ 7は 2と □

❷ 8は 3と □

❸ 4と □ で 6

❹ 5と □ で 9

2 せんで むすんで 10に しましょう。　1つ6〔30てん〕

4	5	9	2	7
5	6	8	3	1

3 🚃（でんしゃ）が 10りょう あります。トンネル（とんねる）に はいって いるのは なんりょうですか。　1つ10〔30てん〕

❶ □ りょう

❷ □ りょう

❸ □ りょう

チェック✓

□かずを いくつと いくつに わける ことが できたかな？

□あと いくつで 10に なるか わかったかな？

べんきょうした 日　　月　　日

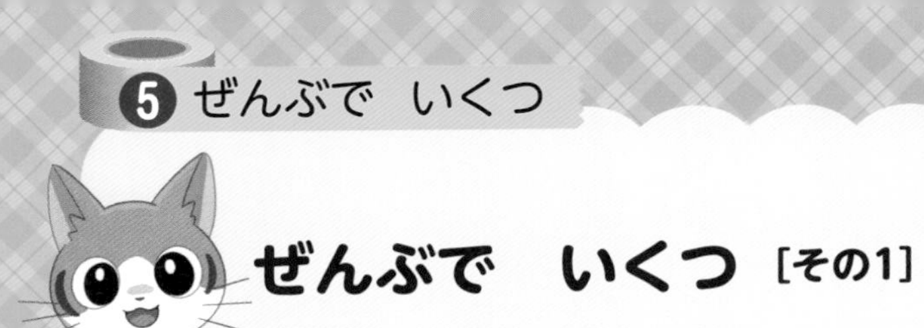

ぜんぶで　いくつ ［その1］

きほんのワーク

もくひょう
ふえると　いくつに
なるかを
かんがえよう。

おわったら
シールを
はろう

きょうかしょ 45～48ページ　こたえ 6ページ

きほん 1　ふえると　いくつに　なるか　わかりますか。

☆ ふえると　いくつに　なるでしょうか。

❶ いれると □ びき

2 あって
1 ふえると、
3に なるよ。

❷ ふえると □ わ

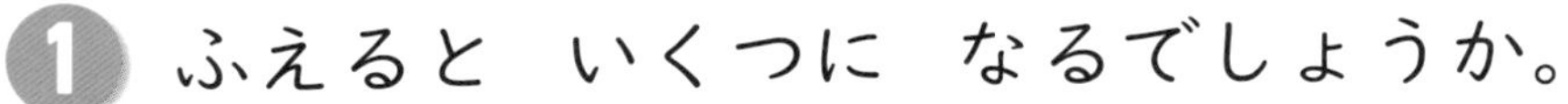

1　ふえると　いくつに　なるでしょうか。

きょうかしょ 46ページ 1

❶

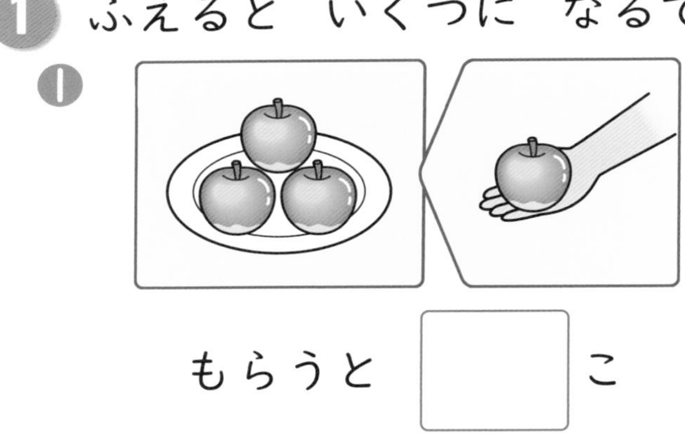

もらうと □ こ

❷

ふえると □ わ

❸

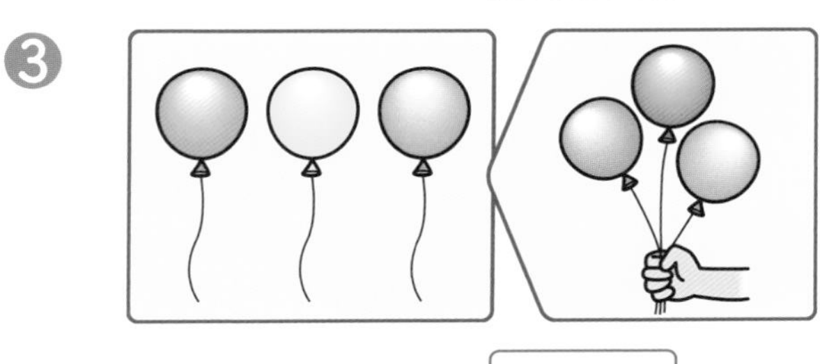

もらうと □ こ

❹

ふえると □ ひき

さんすうはかせ
「えんぴつが　3ぼん　ありました。あとから　1ぽん　もらったら　4ほんに　なりました。」と　いうように、きみも　たしざんの　おはなしを　たくさん　つくって　ごらん。

きほん2 たしざんの しきに かく ことが できますか。

☆ くるまが 4だい とまって います。
3だい ふえると、なんだいに
なるでしょうか。

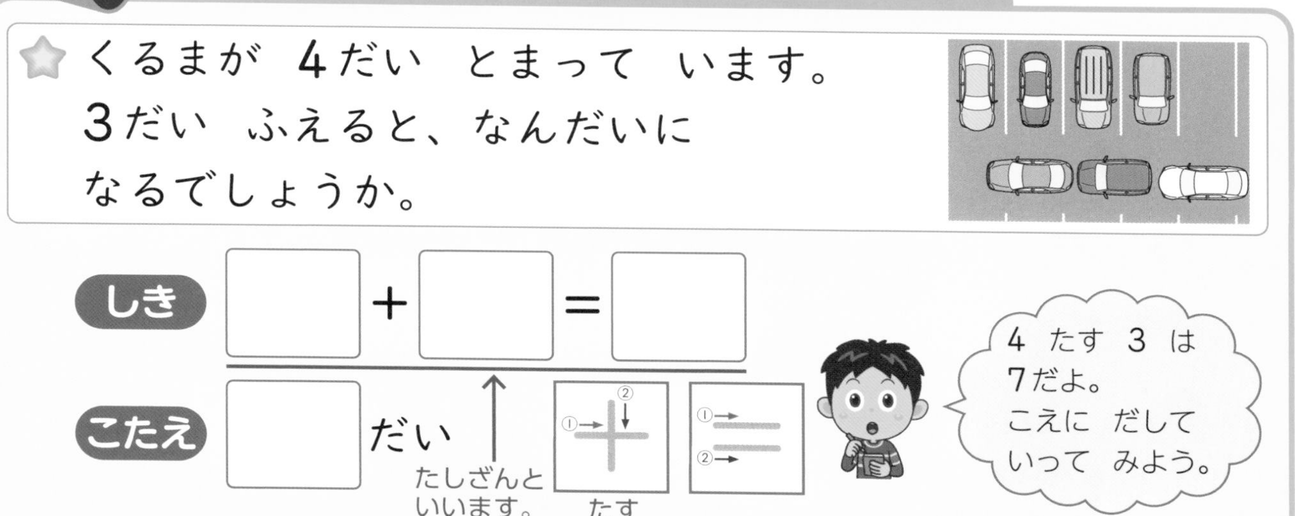

2 ふえると いくつに なるでしょうか。たしざんの しきに かきましょう。

きょうかしょ 47ページ 1

1 はじめに 2こ

3こ もらうと

しき ＿ ＋ ＿ ＝ ＿

こたえ ＿ こ

2 はじめに 4ひき

3 ボール(ぼーる)は なんこに なるでしょうか。

きょうかしょ 48ページ 2 3

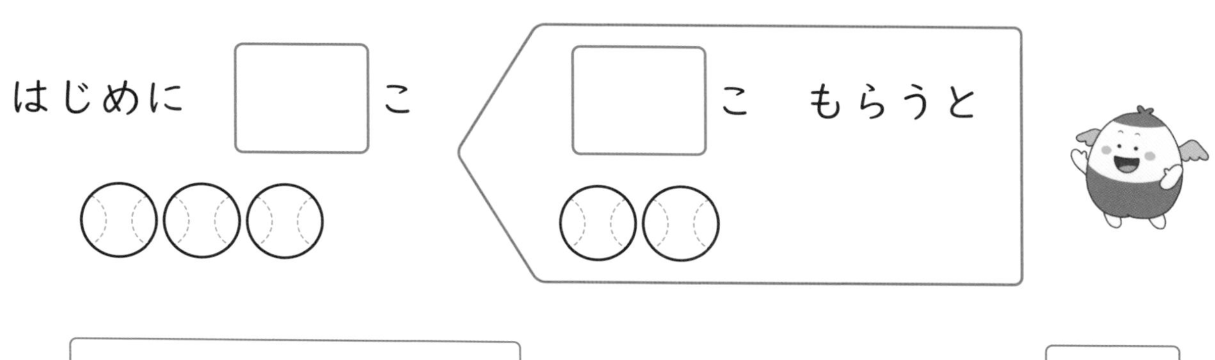

しき

こたえ ＿ こ

おうちのかたへ 「ふえると」いくつになるかを式に表すことを学習します。「はじめにいくつあって、あとからいくつふえたのか」を、きちんと押さえることが大切です。

ぜんぶで いくつ [その2]

きほんのワーク

きほん1 あわせて いくつに なるか わかりますか。

☆ あわせると いくつに なるでしょうか。

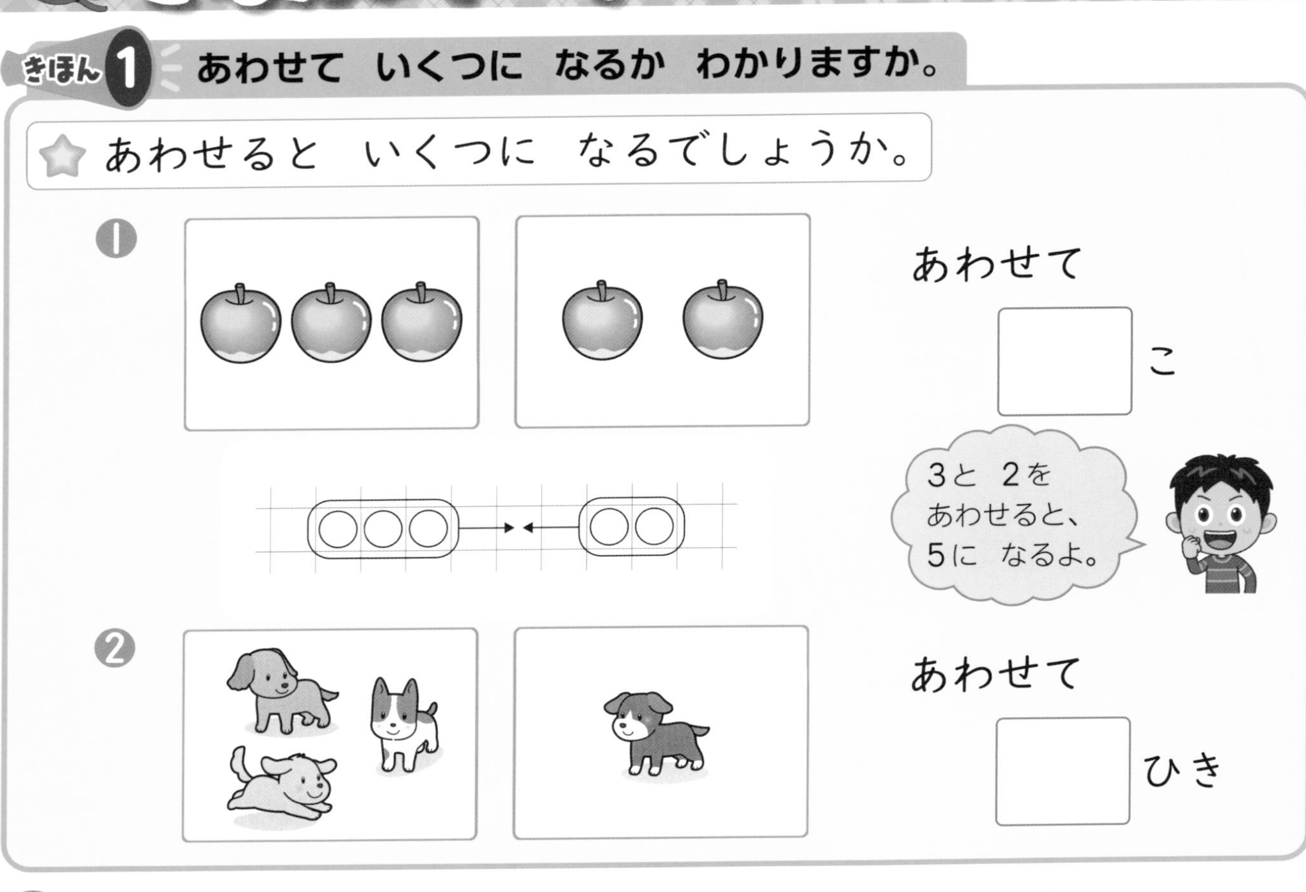

❶ あわせて □ こ

❷ あわせて □ ひき

1 あわせると いくつに なるでしょうか。

きょうかしょ 49ページ2

❶ あわせて □ ほん

❷ あわせて □ ほん

❸ あわせて □ ひき

❹ あわせて □ わ

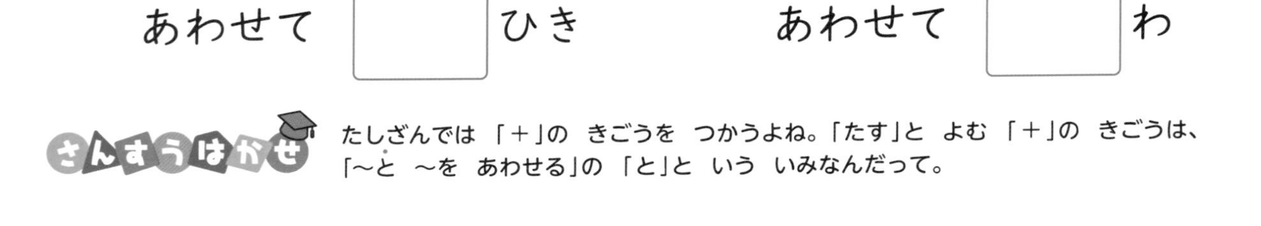

さんすうはかせ たしざんでは 「＋」の きごうを つかうよね。「たす」と よむ 「＋」の きごうは、「～と ～を あわせる」の 「と」と いう いみなんだって。

きほん2 たしざんの しきに かく ことが できますか。

☆ あわせると いくつに なるでしょうか。
しきと こたえを かきましょう。

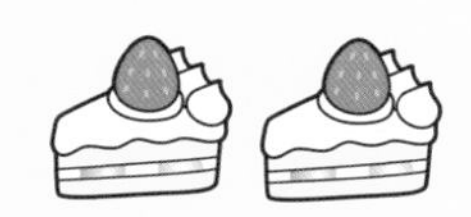

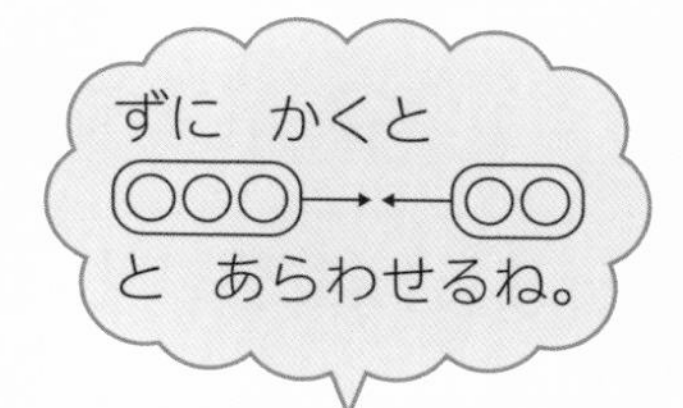

しき □ ＋ □ ＝ □

こたえ □ こ

2 あわせると いくつに なるでしょうか。

きょうかしょ 50ページ 5

❶

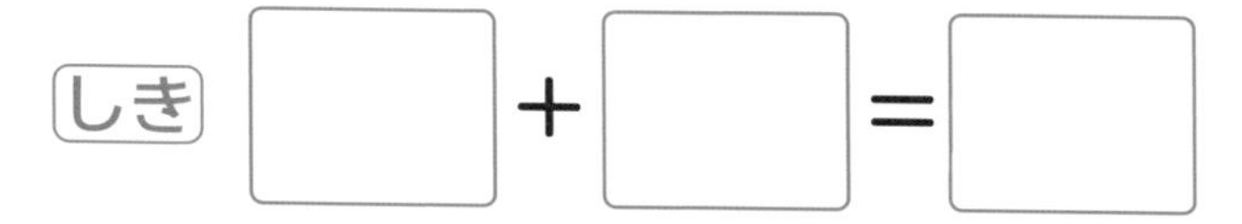

しき □ ＋ □ ＝ □

こたえ □ わ

❷

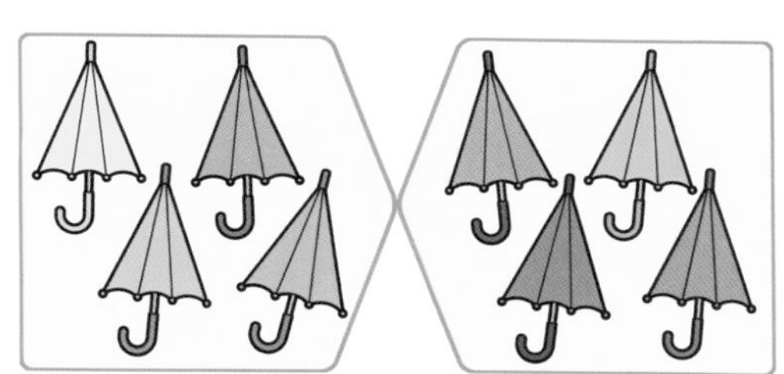

しき □ ＋ □ ＝ □

こたえ □ ほん

3 けいさんを しましょう。

きょうかしょ 52ページ 10

❶ 2＋1＝□　　❷ 1＋4＝□

❸ 4＋2＝□　　❹ 5＋3＝□

❺ 1＋9＝□　　❻ 3＋4＝□

❼ 5＋5＝□　　❽ 3＋6＝□

おうちのかたへ　たして10までのたし算です。「合わせて」の意味を理解します。つまずいたら、おはじきやみかんなど、具体的な物を動かしながら考えてみましょう。

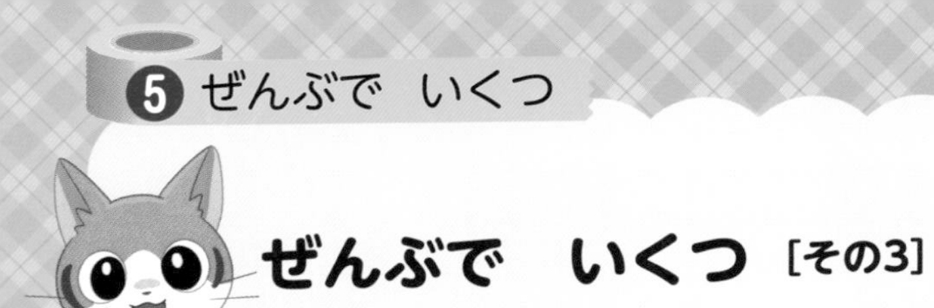

べんきょうした 日　　月　　日

ぜんぶで　いくつ ［その3］

きほんのワーク

もくひょう
0の　たしざんを　しよう。たしざんの　カードで　まなぼう。

おわったら　シールを　はろう

きょうかしょ　53〜56ページ　こたえ　6ページ

きほん1　0の　たしざんの　いみが　わかりますか。

☆ たまいれを　して　います。1かいめと　2かいめに　はいった　たまの　かずを　あわせましょう。

❶

1＋2＝□

❷
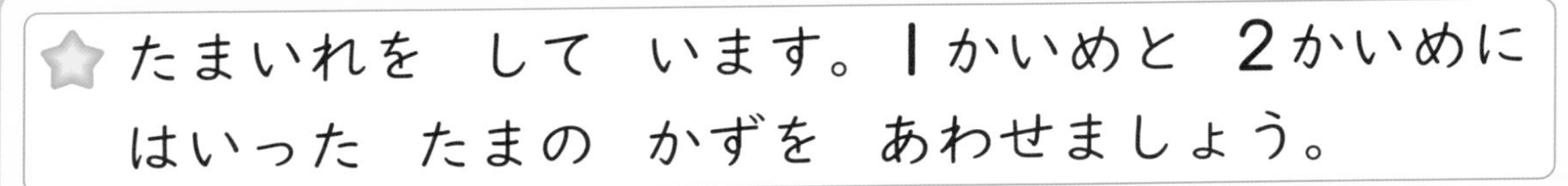
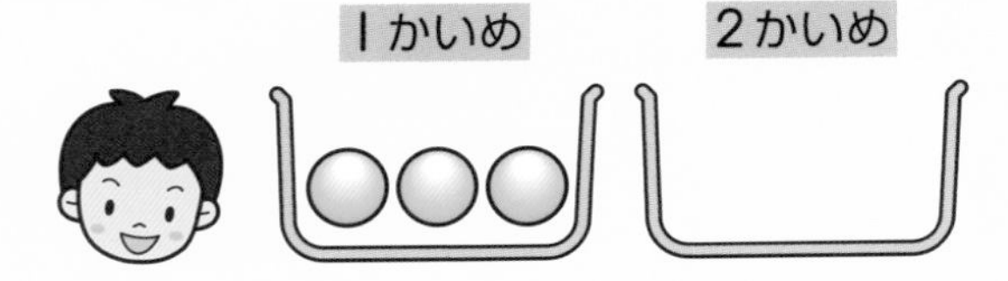

3＋□＝□

1 まなさんが　いれた　たまの　かずは、0＋2の　しきに　なります。たまは　どのように　はいったでしょうか。かごの　なかに　●を　かいて　あらわしましょう。　きょうかしょ　53ページ4

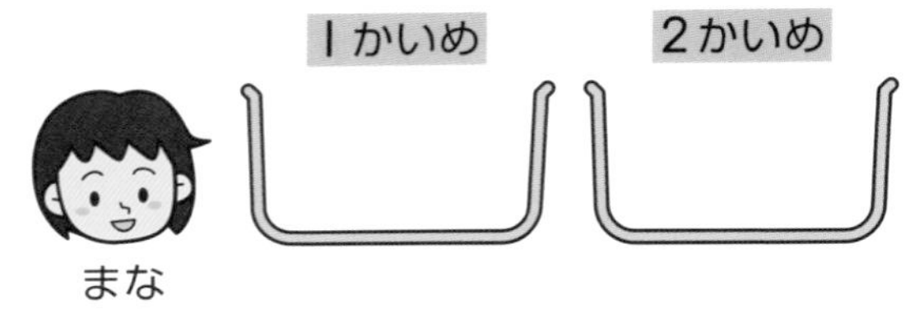

0＋2＝□　（こたえを　かこう。）

2 たまは　どのように　はいったでしょうか。かごの　なかに　●を　かいて　あらわしましょう。　きょうかしょ　53ページ4

❶ 2＋0

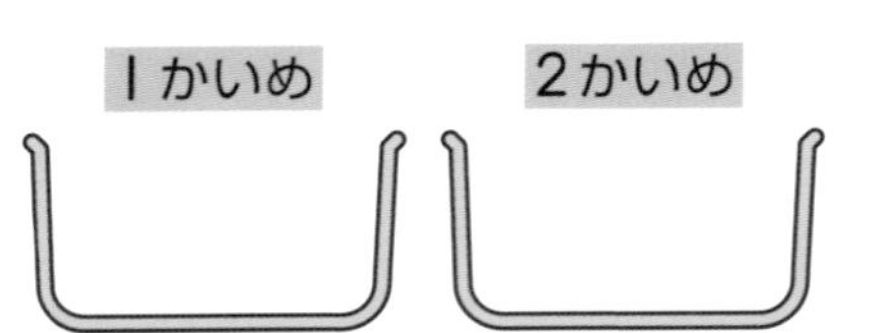

❷ 0＋0

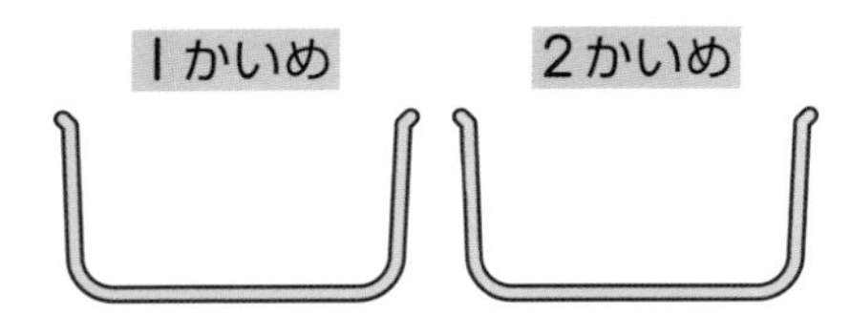

さんすうはかせ
0の　ことを　「れい」では　なく　「ぜろ」とも　いうよね。
がいこくでも　「ぜろ」と　いう　くにが　たくさん　あるんだって。おもしろいね。

きほん2 おなじ こたえの しきが わかりますか。

☆ こたえが おなじに なる カード(かーど)を あつめて います。
あいて いる カードに はいる しきを かきましょう。

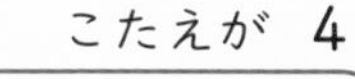

こたえが 4	こたえが 5	こたえが 6
1+3	1+4	
	2+3	2+4
3+1		3+3
	4+1 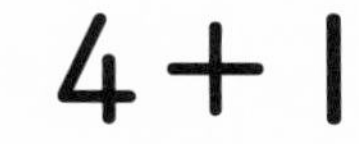	
		5+1 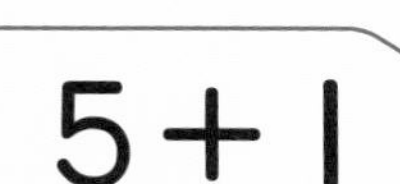

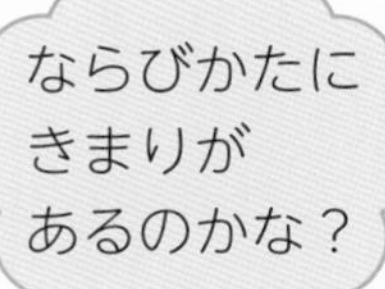

3 カードの こたえを かきましょう。 きょうかしょ 54～55ページ

❶ 2+7（おもて） □（うら）

❷ 3+4 □
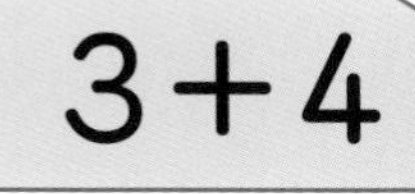

❸ 5+1 □

❹ 5+3 □

❺ 3+6 □

❻ 1+9 □

4 □(しかく)に あてはまる かずを いれて、こたえが 10に なる カードを つくりましょう。 きょうかしょ 54～55ページ

❶ 3+□

❷ □+5

❸ □+2

❹ □+6

0のたし算を学びます。0にたしたり、0をたしたりするイメージがつかみにくいお子さんが多いので、具体的な物を使って、0のたし算をイメージしてみましょう。

べんきょうした 日 月 日

れんしゅうのワーク

きょうかしょ 45〜56ページ　こたえ 7ページ

できた かず /7もん 中

おわったら シールを はろう

1 たしざん　おなじ たしざんに なる ものを せんで むすびましょう。

えんぴつが ふでばこに 4ほん はいって います。そこへ 2ほん いれます。ぜんぶで なんぼんに なるでしょうか。	おおきな すいそうに きんぎょが 4ひき います。ちいさな すいそうに 3びき います。あわせて なんびき いるでしょうか。

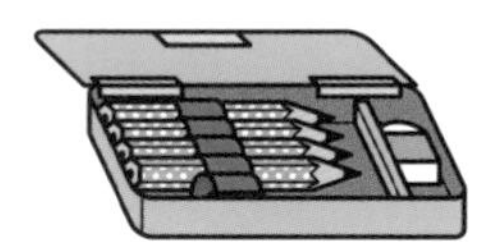
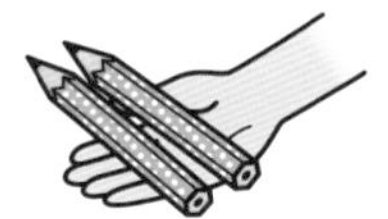
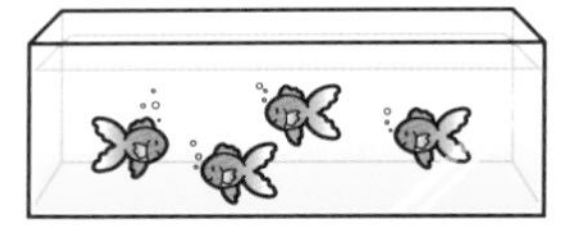

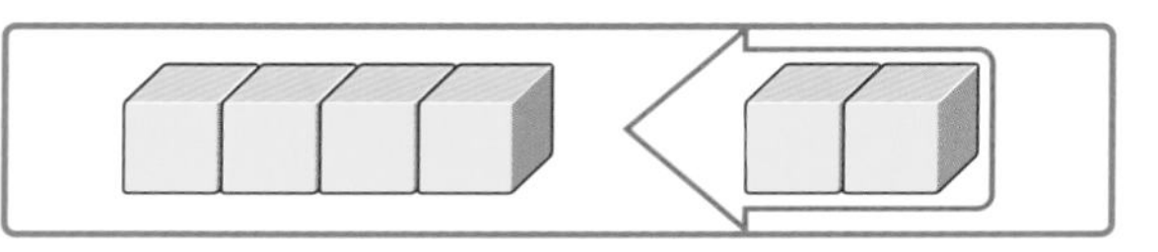
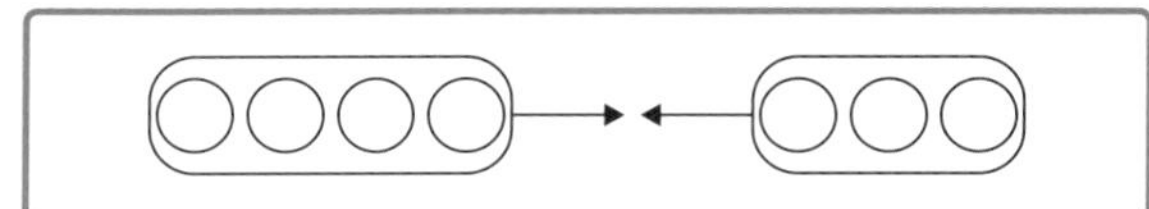

2 たしざんの カード　おなじ こたえに なる しきを せんで むすびましょう。

3+4	6+3	0+8	5+5
4+4	7+0	7+3	4+5

3 たしざん　5+3の しきに なる もんだいを つくりましょう。

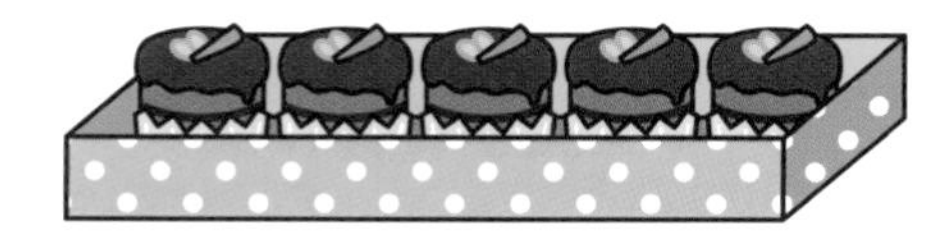

（　　　　　　　　　　　　　　）

できるナビ　たしざんの もんだいを よんだら、その もんだいの ばめんを かんがえて みよう。カードで、こたえが おなじに なる しきを とって あそぶと いいね。

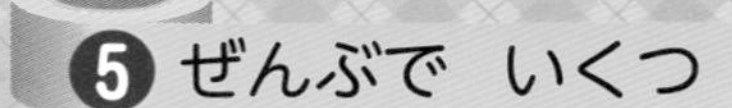

べんきょうした 日　　月　　日

まとめのテスト

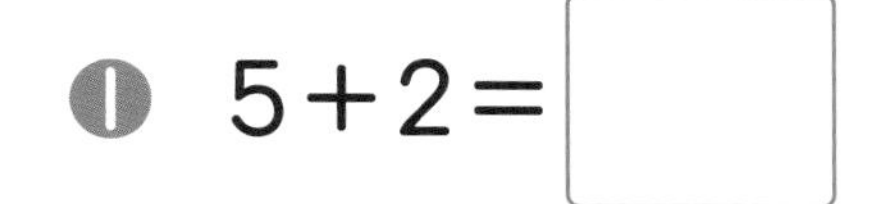

きょうかしょ 45～56ページ　こたえ 7ページ

じかん 20ぷん　とくてん /100てん　おわったら シールを はろう

1 よくでる けいさんを しましょう。　1つ5〔50てん〕

❶ $5+2=$ □　❷ $1+8=$ □

❸ $2+4=$ □　❹ $6+4=$ □

❺ $3+7=$ □　❻ $3+6=$ □

❼ $7+2=$ □　❽ $2+0=$ □

❾ $0+9=$ □　❿ $0+0=$ □

2 よくでる こたえが 7に なる カード(かーど)に ○(まる)を つけましょう。　〔10てん〕

3+3　2+5　5+1　1+6

3 いちごケーキ(けーき)が 4こ あります。チョコレートケーキ(ちょこれーと)が 3こ あります。ケーキは ぜんぶで なんこ ありますか。　1つ10〔20てん〕

しき □

こたえ □ こ

4 くるまが 2だい とまって います。あとから 7だい きました。くるまは ぜんぶで なんだいに なりましたか。　1つ10〔20てん〕

しき □

こたえ □ だい

ふろくの「計算れんしゅうノート」2～5ページを やろう！

チェック
□たしざんの しきに かく ことが できたかな？
□たしざんの けいさんが できたかな？

べんきょうした 日　　月　　日

のこりは　いくつ ［その1］

きほんのワーク

もくひょう
のこりは　いくつに
なるかを
かんがえよう。

おわったら シールを はろう

きょうかしょ 59〜64ページ　こたえ 7ページ

きほん 1 のこりは　いくつに　なるか　わかりますか。

☆ のこりは　いくつに　なるでしょうか。

❶ のこりは □ こ

❷ のこりは □ ぼん

1 のこりは　いくつに　なるでしょうか。

きょうかしょ 60ページ 1

❶ 3にん　かえると □ にん

❷ 2こ　たべると □ こ

❸ 4まい　つかうと □ まい

❹ 3わ　とんで　いくと □ わ

むかし　たるに　はいった　みずを　つかった　とき、「ここまで　つかったよ」と　いう　しるしとして　たるに　よこぼうを　ひいたのが　「－」の　きごうの　はじめなんだって。

きほん 2 ひきざんの　しきに　かく　ことが　できますか。

☆ くるまが　5だい　とまって　います。2だい　でて　いくと、のこりは　なんだいに　なるでしょうか。

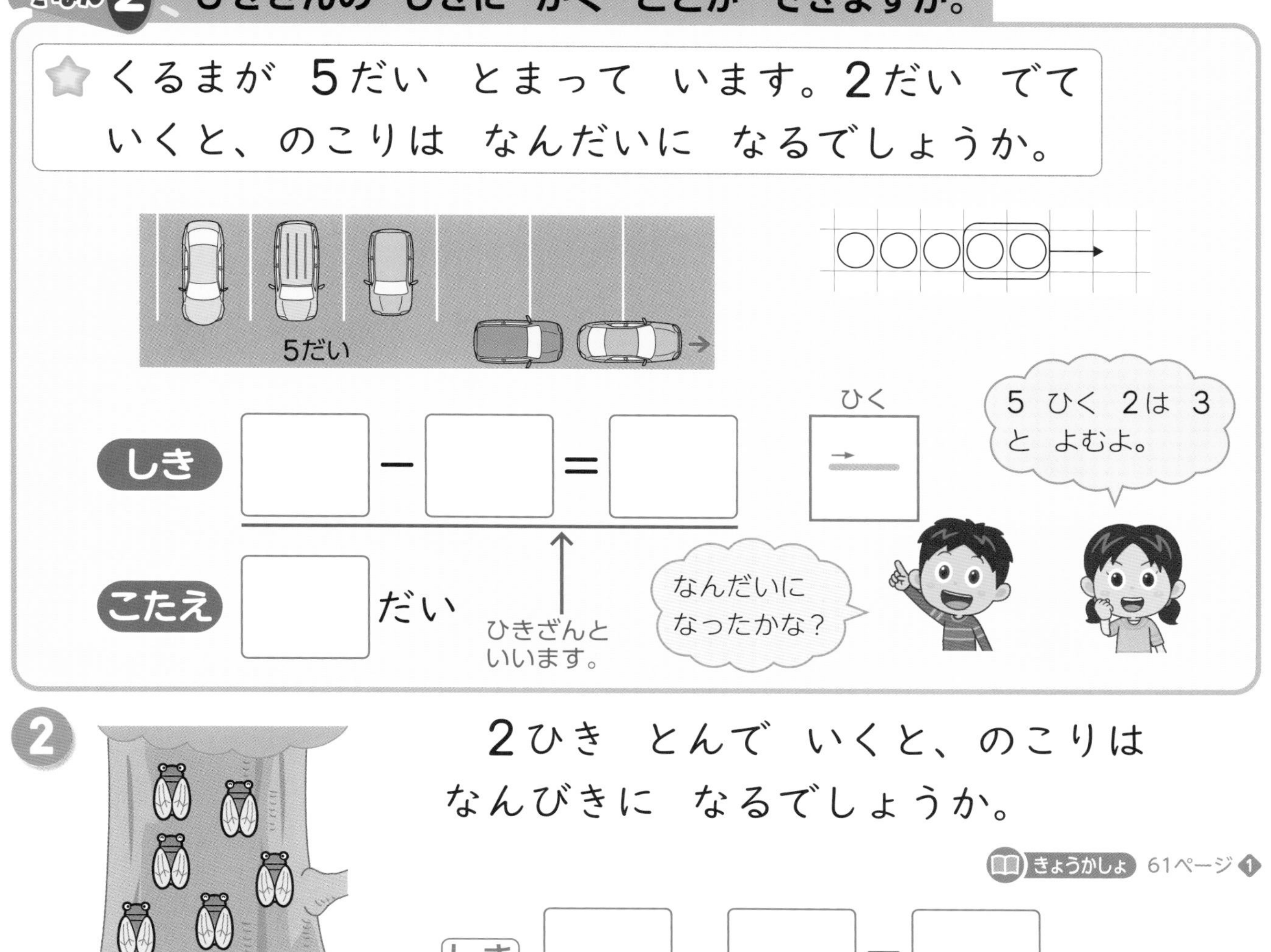

しき　□ − □ ＝ □

こたえ　□ だい

2 2ひき　とんで　いくと、のこりは　なんびきに　なるでしょうか。

6ぴき

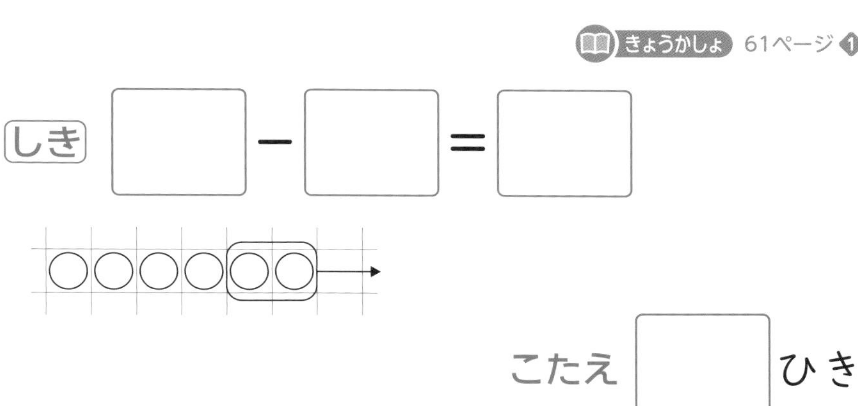

きょうかしょ　61ページ ❶

しき　□ − □ ＝ □

こたえ　□ ひき

3 8にんで　どうじに　○(まる)か　×(ばつ)を　だしました。

○の　ひとは　3にんでした。

×の　ひとは　なんにんだったでしょうか。

きょうかしょ　63ページ ❺

しき　□ ＝ □

こたえ　□ にん

おうちのかたへ　初めの数量から取りさったり、減少したときの残りの大きさを求めたりします（求残(きゅうざん)）。また、全体とその一部分がわかっているとき、他の部分を求めることを学習します（求補(きゅうほ)）。

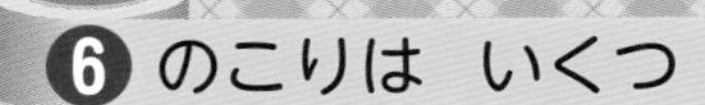

べんきょうした 日　月　日

もくひょう
0の ひきざんを しよう。ひきざんの カードで まなぼう。

おわったら シールを はろう

のこりは いくつ ［その2］

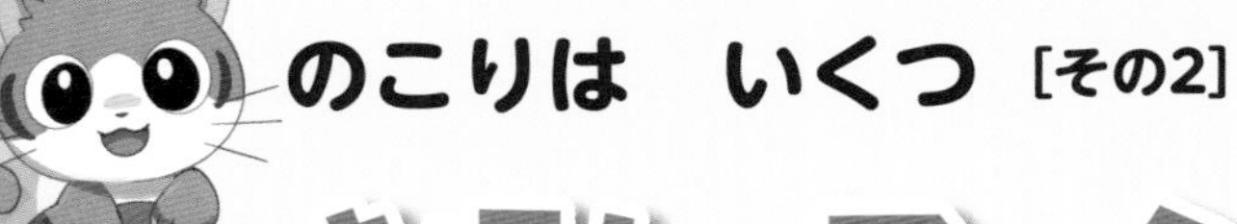

きほんのワーク

きょうかしょ 65～68ページ　こたえ 7ページ

きほん1 0の ひきざんの いみが わかりますか。

☆ トランプ(とらんぷ)あそびを して います。のこりの  は なんまいに なるでしょうか。

1まい だすと

$4-1=\square$

2まい だすと

$4-\square=\square$

4まい だすと

$4-\square=\square$

1まいも だせないと

$4-\square=\square$

パス(ぱす)…。

1 のこりの 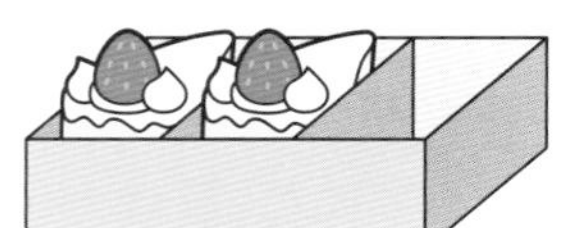 は なんこでしょうか。 きょうかしょ 65ページ3

① 1こ たべると　② 3こ たべると　③ 1こも たべないと

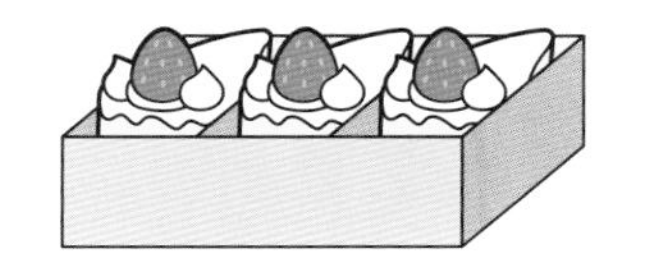

$3-1=\square$　　$3-3=\square$　　$3-0=\square$

2 けいさんを しましょう。 きょうかしょ 65ページ9

① $5-5=\square$　② $7-0=\square$　③ $0-0=\square$

さんすうはかせ　おおむかし かずが はつめいされた ときには 「0」と いう かずは なかったんだって。0を はつめいしたのは いんどじんと いわれているよ。

きほん2 おなじ こたえの しきが わかりますか。

☆ こたえが おなじに なる カード（かーど）を あつめて います。
あいて いる カードに はいる しきを かきましょう。

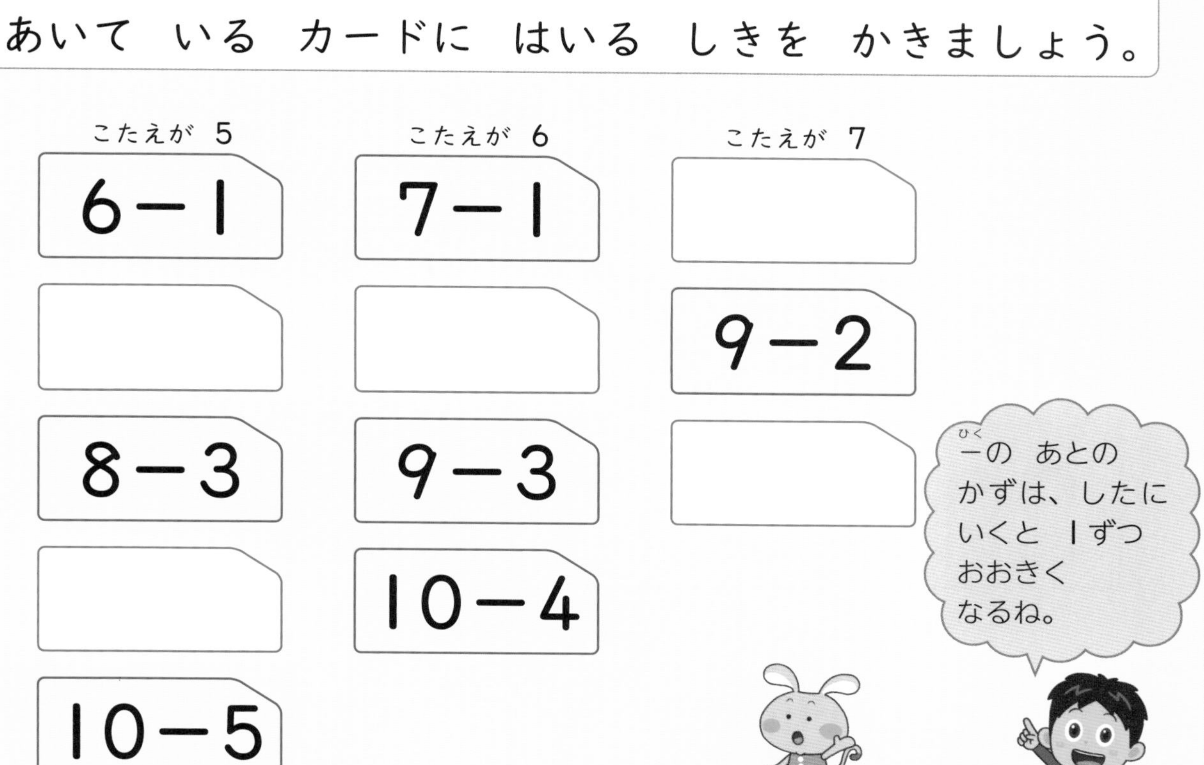

3 カードの こたえを かきましょう。

きょうかしょ 66～67ページ

1. 4－2（おもて） □（うら）
2. 7－5 □
3. 9－6 □
4. 6－3 □
5. 3－1 □
6. 10－6 □

4 □（しかく）に あてはまる かずを いれて、こたえが 2に なる カードを つくりましょう。

きょうかしょ 66～67ページ

1. 5－□
2. 10－□
3. □－4
4. □－6

おうちのかたへ　答えが同じになるひき算を見つけます。カード遊びを通して、数に親しみ、数に対する感覚を養うことをねらっています。

れんしゅうのワーク

きょうかしょ 59〜68ページ　こたえ 8ページ

できた かず　/7もん 中

おわったら シールを はろう

1 ひきざん　おなじ ひきざんに なる ものを せんで むすびましょう。

ひろばに 5にん います。その うち 2人(ふたり)は こどもです。おとなは なんにん いるでしょうか。

おかしが 7こ ありました。2こ たべました。のこりは なんこに なったでしょうか。

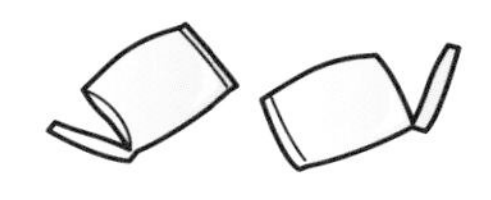

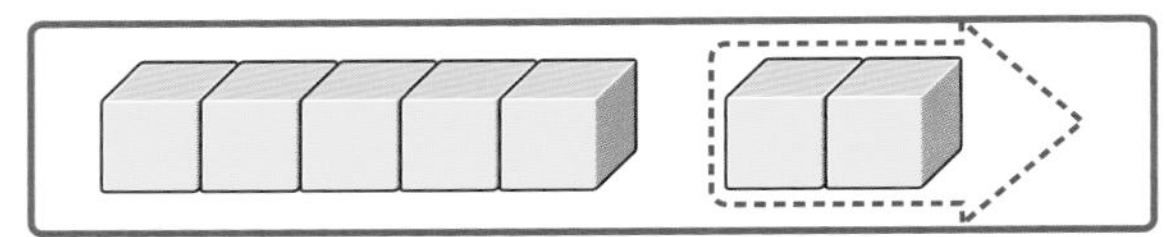

2 ひきざんの カード(かーど)　おなじ こたえに なる しきを せんで むすびましょう。

9−3	10−6	5−0	8−7
9−5	7−1	2−1	9−4

3 ひきざん　8−3の しきに なる もんだいを つくりましょう。

(　　　　　　　　　　　　　　　　　　　　)

できるナビ　ひきざんの もんだいを よんだら、その もんだいの ばめんを かんがえて みよう。
カードで、こたえが おなじに なる しきの カードを とって あそぶと いいね。

べんきょうした 日　　月　　日

まとめのテスト

きょうかしょ 59〜68ページ　こたえ 8ページ

じかん 20ぷん　とくてん /100てん　おわったら シールを はろう

1 よくでる けいさんを しましょう。　1つ5〔50てん〕

❶ 3−1=□　❷ 7−4=□

❸ 0−0=□　❹ 9−7=□

❺ 4−3=□　❻ 5−4=□

❼ 8−4=□　❽ 10−3=□

❾ 7−6=□　❿ 10−8=□

2 よくでる こたえが 4に なる カード(かーど)に ○(まる)を つけましょう。　〔10てん〕

6−2	9−4	7−3	10−7

3 あめが 8こ ありました。2こ たべました。のこりは なんこに なったでしょうか。　1つ10〔20てん〕

しき □

こたえ □ こ

4 ふうせんが 6こ ありました。4にんの こどもが ひとり ずつ もちます。ふうせんは なんこ あまるでしょうか。　1つ10〔20てん〕

しき □

こたえ □ こ

ふろくの「計算れんしゅうノート」6〜7ページを やろう！

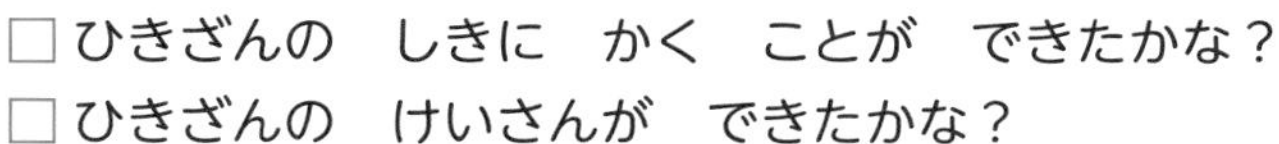

べんきょうした 日　　月　　日

どれだけ　おおい ［その1］

きほんのワーク

もくひょう
どちらが　いくつ
おおいか
かんがえよう。

おわったら シールを はろう

きょうかしょ 71～73ページ　こたえ 8ページ

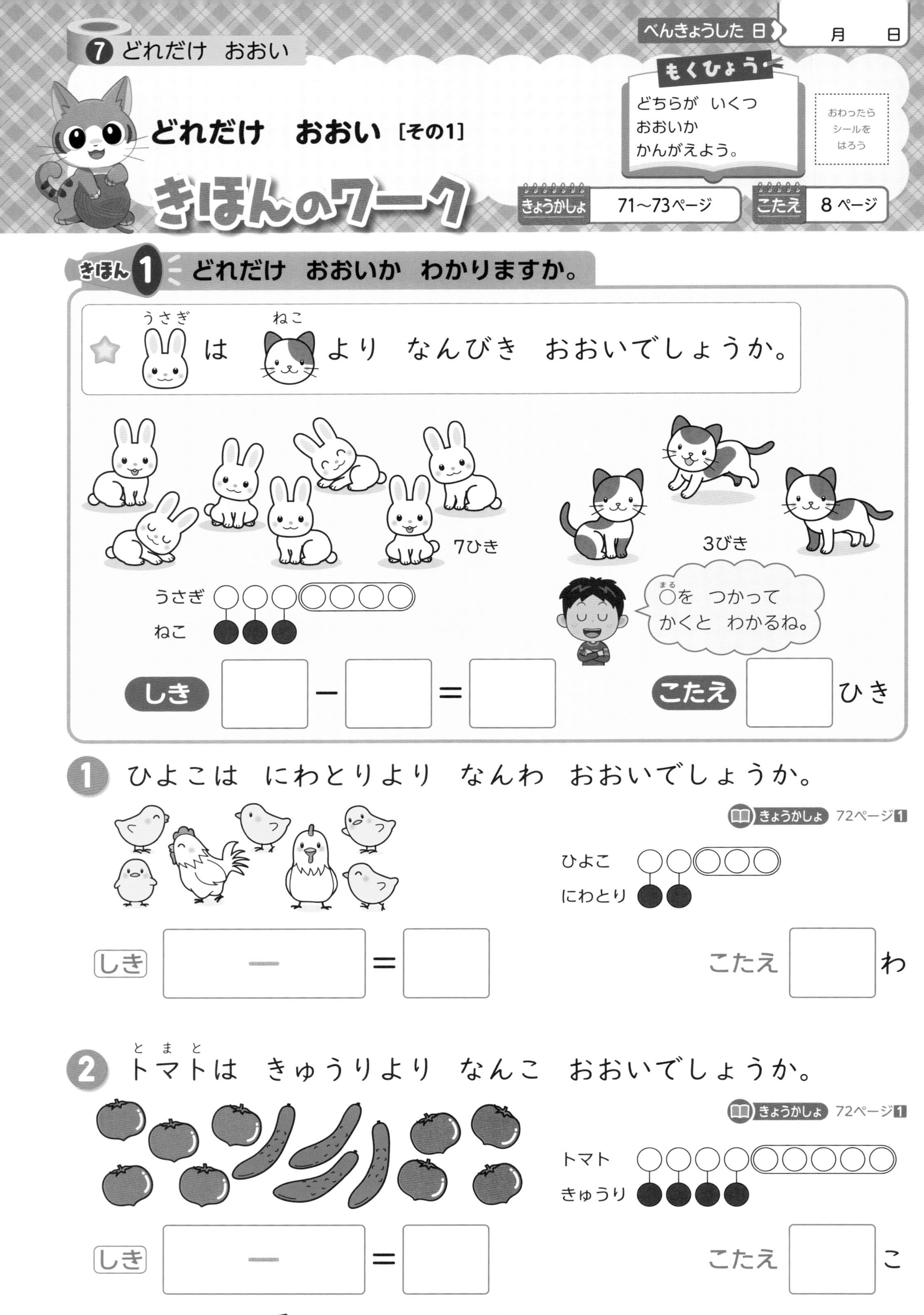

きほん 1　どれだけ　おおいか　わかりますか。

☆ うさぎは　ねこより　なんびき　おおいでしょうか。

しき □ － □ ＝ □　　こたえ □ ひき

1 ひよこは　にわとりより　なんわ　おおいでしょうか。

きょうかしょ 72ページ 1

しき □－□ ＝ □　　こたえ □ わ

2 トマトは　きゅうりより　なんこ　おおいでしょうか。

きょうかしょ 72ページ 1

しき □－□ ＝ □　　こたえ □ こ

さんすうはかせ
「＝」と　いう　きごうは　イギリスの　レコードと　いう　ひとが
つかいはじめたんだ。はじめ、2ほんの　せんは　いまより　もっと　ながかったよ。

きほん2 どちらが いくつ おおいか わかりますか。

☆ トラック（とらっく）と バス（ばす）は どちらが なんだい おおいでしょうか。

トラック ○○○○○○○
バ ス ●●●●●

「どちらが」と「なんだい」、2つの ことを きいて いるよ。

しき □ − □ = □

こたえ □ が □ だい おおい。

3 りんごと みかんは どちらが なんこ おおいでしょうか。

きょうかしょ 73ページ2

りんご ○○○○○○
みかん ●●●●

しき □ = □

こたえ □ が □ こ おおい。

4 あかい はなが 6こ さいて います。きいろい はなは 8こ さいて います。どちらが なんこ おおいでしょうか。

きょうかしょ 73ページ2

しき □

こたえ □い はなが □ こ おおい。

おうちのかたへ 2つの数量の差を求める「求差（きゅうさ）」を学習します。求差は、2つの数量が同時に存在するとき、その差を求めるひき算です。

べんきょうした 日　　月　　日

どれだけ　おおい［その2］

きほんのワーク

もくひょう　かずの　ちがいを　もとめて　みよう。

おわったら　シールを　はろう

きょうかしょ　74ページ　　こたえ　8 ページ

きほん 1　ちがいが　いくつか　わかりますか。

☆ いちりんしゃと　こどもの　かずの　ちがいは　いくつでしょうか。

しき □ − □ ＝ □　　こたえ □

1 かずの　ちがいは　いくつでしょうか。　きょうかしょ 74ページ 3

しき □ ＝ □

こたえ □

2 プリン（ぷりん）が　7こ　あります。スプーン（すぷーん）は　9ほん　あります。かずの　ちがいは　いくつでしょうか。　きょうかしょ 74ページ 3

しき □

こたえ □

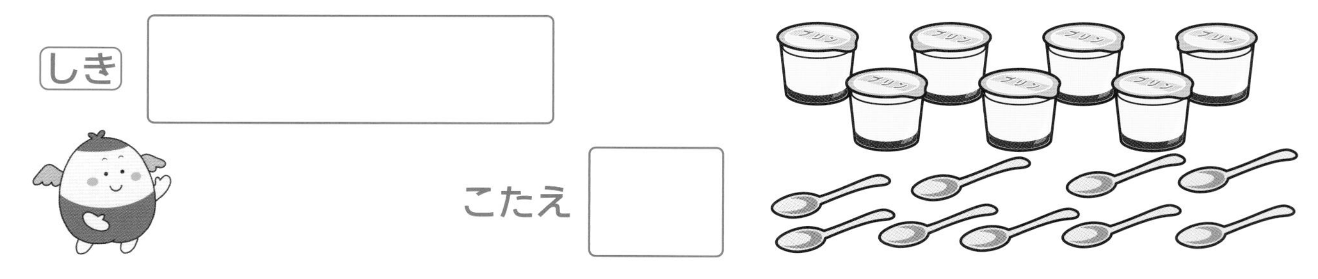

さんすうはかせ　きみは　ラッキー7（らっきーせぶん）という　ことばを　きいた　ことが　あるかな？　7は　せかいの　いろいろな　くにで　「せいなる　すうじ」として　たいせつに　されて　いるんだって。

まとめのテスト

きょうかしょ 71〜74ページ　こたえ 9ページ

じかん 20ぷん　とくてん /100てん　おわったら シールを はろう

1 よくでる あかい　はなが　4こ、あおい　はなが　3こ　さいて　います。あかい　はなは　あおい　はなより　なんこ　おおいでしょうか。

1つ15〔30てん〕

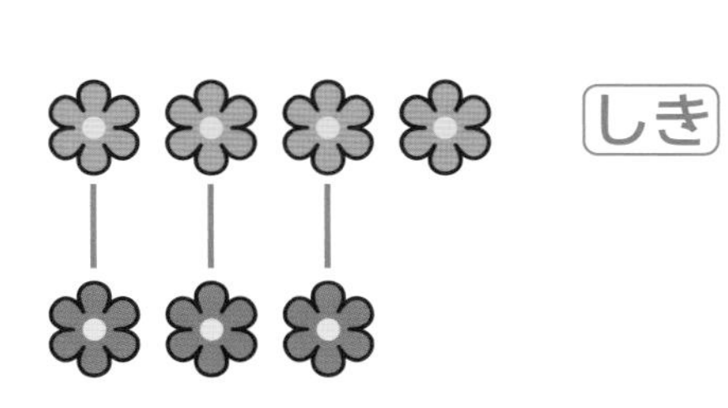

しき □ ＝ □

こたえ □ こ

2 クレヨン（くれよん）と　えんぴつは　どちらが　なんぼん　おおいでしょうか。

1つ20〔40てん〕

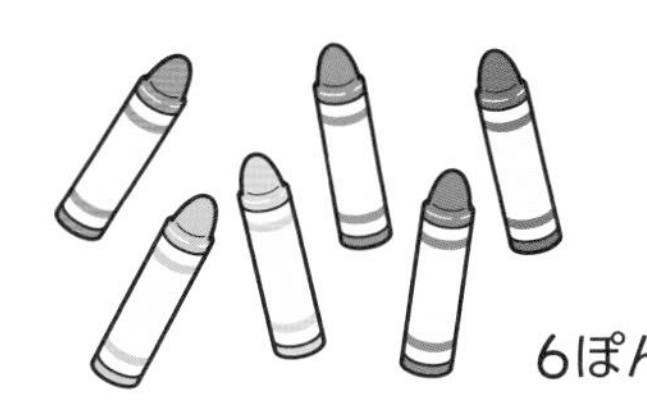

9ほん

しき □

こたえ □ が □ ぼん　おおい。

3 あめと　こどもの　かずの　ちがいは　いくつでしょうか。

1つ15〔30てん〕

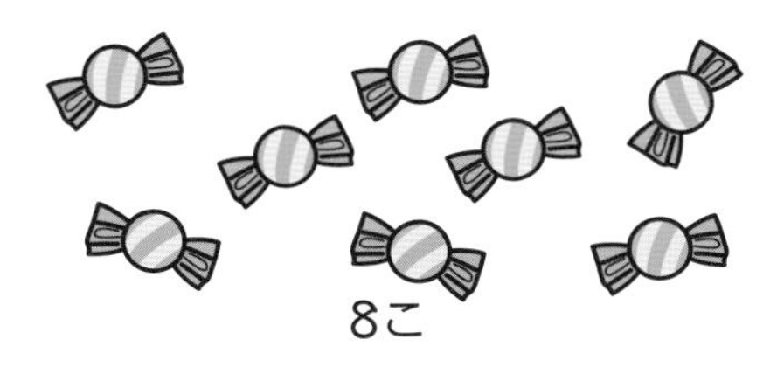

しき □　こたえ □

ふろくの「計算れんしゅうノート」8・9ページを　やろう！

□かずの　ちがいを　しきに　かいて　かんがえられたかな？
□しきや　ずに　かいて　かんがえる　ことが　できたかな？

べんきょうした 日　月　日

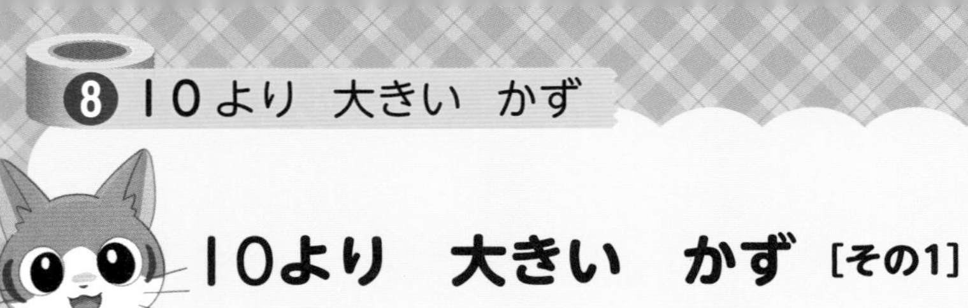

10より 大きい かず [その1]

もくひょう
10より 大(おお)きい 20までの かずを しろう。

おわったら シールを はろう

きほんのワーク

きょうかしょ 77～83ページ　こたえ 9ページ

きほん1 20までの かずの かきかたが わかりますか。

☆ かずを すうじで かきましょう。

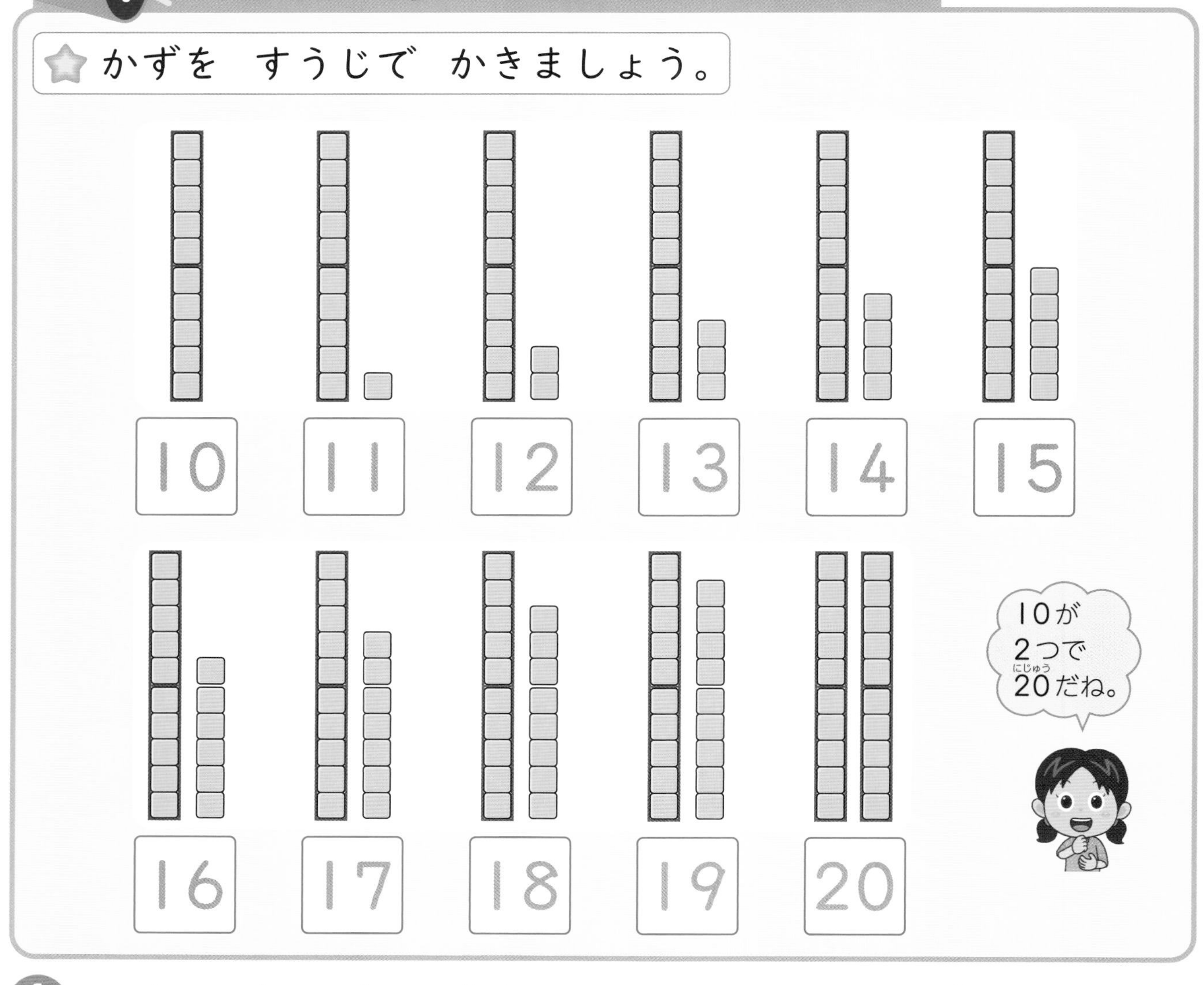

1 いくつ あるでしょうか。

きょうかしょ 78ページ1

1

10 と 3 で □

2

10 と □ で □

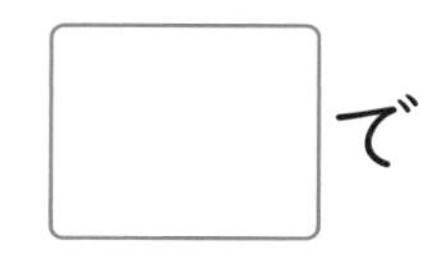

さんすうはかせ　かずの かぞえかたは こえに だして おぼえよう。2(に) 4(し) 6(ろく) 8(や) 10(とう)(2とび)、5(ご) 10(じゅう) 15(じゅうご) 20(にじゅう)(5とび)も おぼえて おくと べんりだよ。

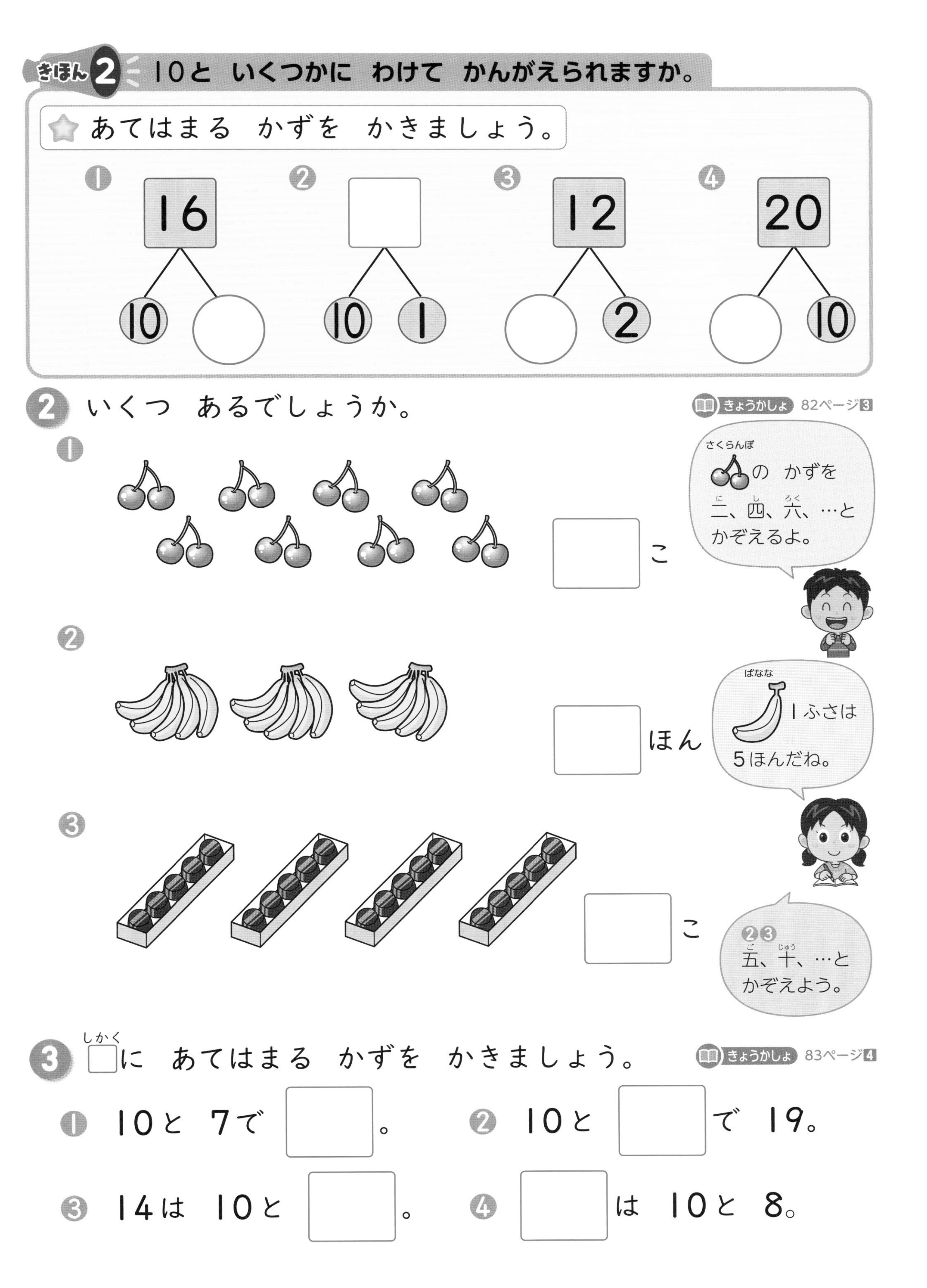

きほん2 10と いくつかに わけて かんがえられますか。

☆ あてはまる かずを かきましょう。

❶ 16 → 10 と □
❷ □ → 10 と 1
❸ 12 → □ と 2
❹ 20 → □ と 10

2 いくつ あるでしょうか。

きょうかしょ 82ページ3

❶ □ こ

さくらんぼの かずを 二、四、六、…と かぞえるよ。

❷ □ ほん

ばなな 1ふさは 5ほんだね。

❸ □ こ

❷❸ 五、十、…と かぞえよう。

3 □に あてはまる かずを かきましょう。

きょうかしょ 83ページ4

❶ 10と 7で □。　❷ 10と □ で 19。

❸ 14は 10と □。　❹ □ は 10と 8。

おうちのかたへ 20までの数の数え方、読み方、書き方を練習します。10といくつと考えるようにしましょう。10のまとまりを、きちんととらえているかどうか見てあげてください。

10より 大きい かず [その2]

きほんのワーク

もくひょう
かずのせんの 見(み)かたを しろう。20より 大(おお)きい かずを しろう。

おわったら シールを はろう

きょうかしょ 84〜86ページ　こたえ 9ページ

きほん 1 かずの ならびかたが わかりますか。

☆ うさぎと かめは どこまで すすみましたか。
かずのせんを つかって かんがえましょう。

❶ （うさぎ） □　❷ （かめ） □

1 □(しかく)に あてはまる かずを かきましょう。　きょうかしょ 84ページ 3

❶ 10より 4 大きい かずは □ です。

❷ 17より 2 小(ちい)さい かずは □ です。

2 □に あてはまる かずを かきましょう。　きょうかしょ 84ページ 4

まえから □ 人(にん)　まえから □ ばんめ

さんすうはかせ　かずのせんでは 右(みぎ)に いくほど かずが 大きく なって いるよ。かずのせんは 「すうちょくせん」とも いって、さんすうの べんきょうに よく 出(で)て くるよ。

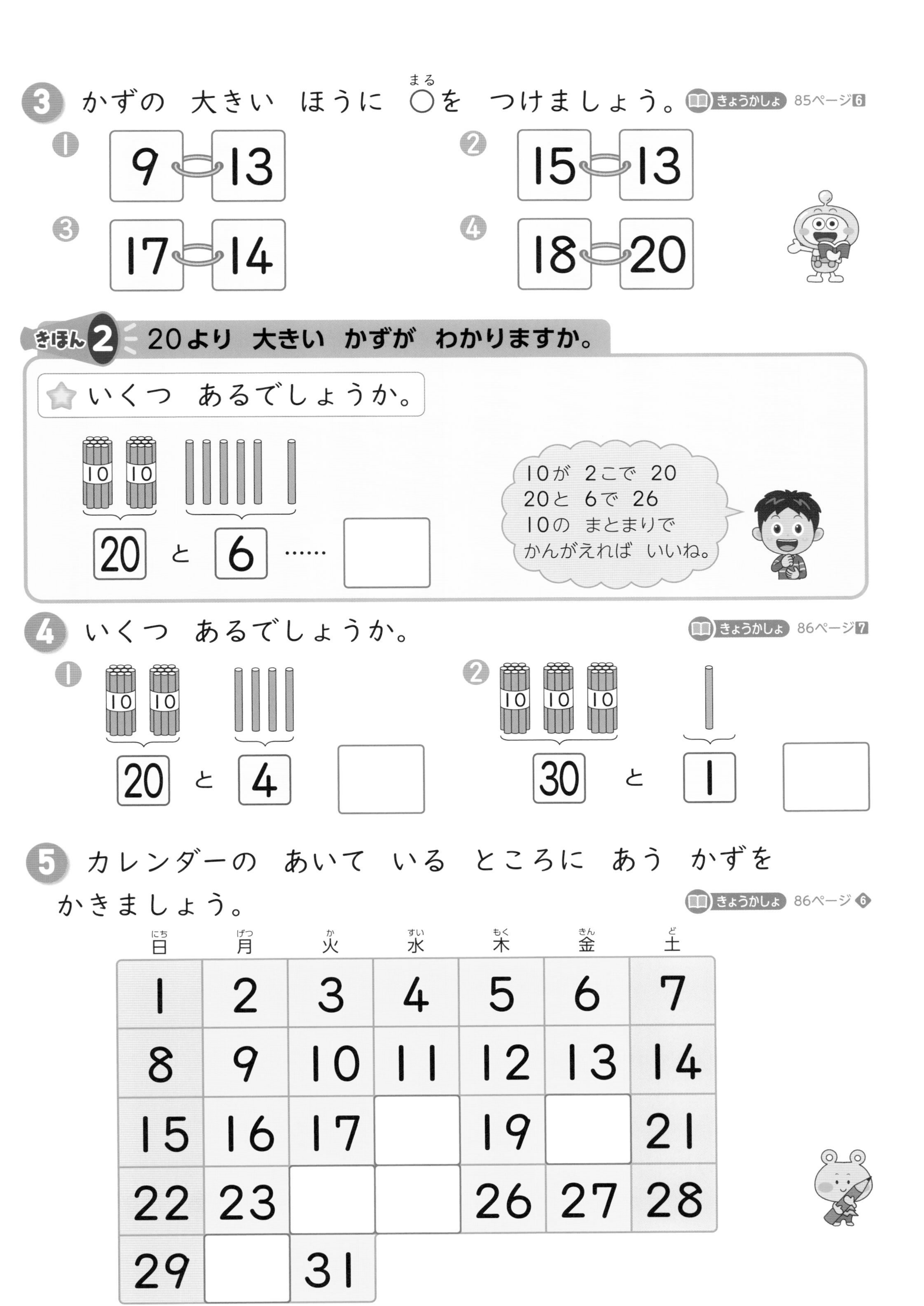

3 かずの　大きい　ほうに　○を　つけましょう。 きょうかしょ 85ページ6

❶ 9　13　❷ 15　13

❸ 17　14　❹ 18　20

きほん2　20より　大きい　かずが　わかりますか。

☆ いくつ　あるでしょうか。

20 と 6 ……

4 いくつ　あるでしょうか。 きょうかしょ 86ページ7

❶ 20 と 4

❷ 30 と 1

5 カレンダーの　あいて　いる　ところに　あう　かずを　かきましょう。 きょうかしょ 86ページ6

日	月	火	水	木	金	土
1	2	3	4	5	6	7
8	9	10	11	12	13	14
15	16	17		19		21
22	23			26	27	28
29		31				

おうちのかたへ　20より大きい数の表し方を学びます。2けたの数の表し方の導入として30前後までの数を取り上げます。ご家庭ではカレンダーを日常的に見る習慣をつけましょう。

べんきょうした 日　月　日

10より 大きい かず [その3]

きほんのワーク

もくひょう
10より 大きい かずの たしざんと ひきざんの やりかたを しろう。

おわったら シールを はろう

きょうかしょ 87〜89ページ　こたえ 10ページ

きほん1 10＋4、14−4の けいさんが わかりますか。

☆ □(しかく)に あてはまる かずを かきましょう。

❶ 14は □ と 4 です。

❷ 10 に 4 を たした かず

10＋4＝□

❸ 14 から 4 を ひいた かず

14−4＝□

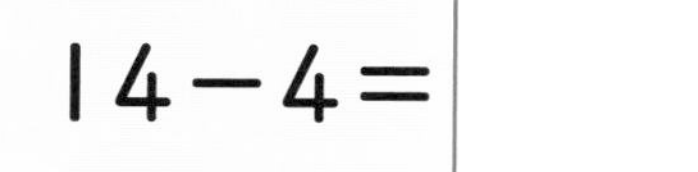

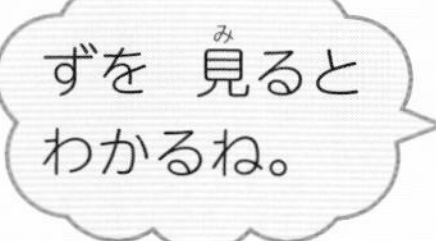

1 □に あてはまる かずを かきましょう。

きょうかしょ 87ページ 8 9

❶ 10に 6を たした かず

10＋6＝□

❷ 16から 6を ひいた かず

16−6＝□

2 けいさんを しましょう。

きょうかしょ 87ページ 7

❶ 10＋2＝□

❷ 10＋9＝□

❸ 5＋10＝□

❹ 17−7＝□

❺ 18−8＝□

❻ 13−3＝□

さんすうはかせ
にほんでは、八(はち)の じが 下(した)に ひろがって いるから えんぎが いいと されて いるよ。でも えんぎの わるい かずだと いう くにも あるんだ。

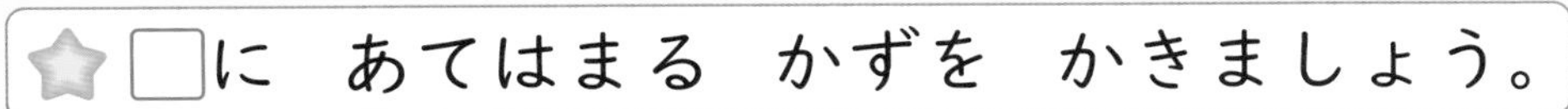

きほん2 13＋2、15−2の　けいさんが　わかりますか。

☆ □に　あてはまる　かずを　かきましょう。

❶ 13に　2を　たした　かず

13＋2＝□

❷ 15から　2を　ひいた　かず

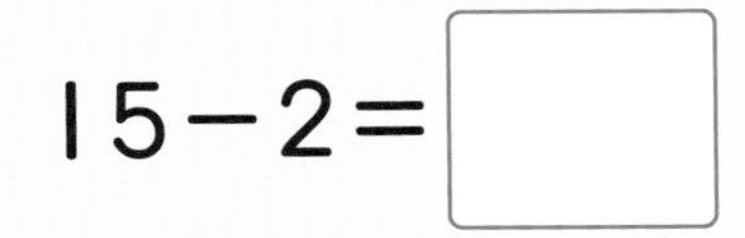

15−2＝□

3 □に　あてはまる　かずを　かきましょう。

きょうかしょ 88ページ 10 11

❶ 12に　4を　たした　かず

12＋4＝□

❷ 16から　4を　ひいた　かず

16−4＝□

4 けいさんを　しましょう。

きょうかしょ 88ページ ❽ ❾

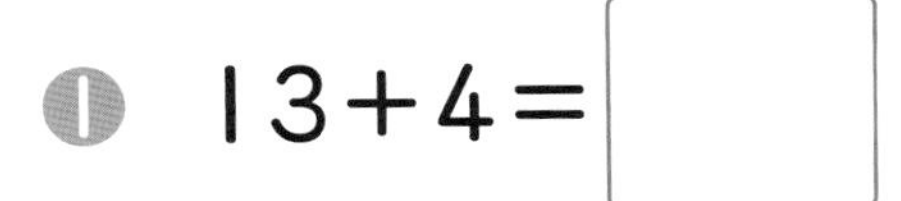

❶ 13＋4＝□

❷ 14＋3＝□

❸ 12＋6＝□

❹ 14＋5＝□

❺ 18−3＝□

❻ 17−4＝□

はってん ❼ 16−10＝□

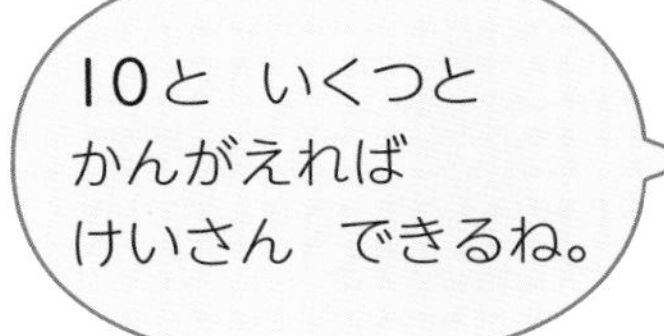

はってん ❽ 19−10＝□

おうちのかたへ 「10＋いくつ」「10いくつ＋いくつ」のたし算と、「10いくつ−いくつ」のひき算のしかたを学習します。10をひとまとまりと考えて計算します。

1 かずの ならびかた

□に あてはまる かずを かきましょう。

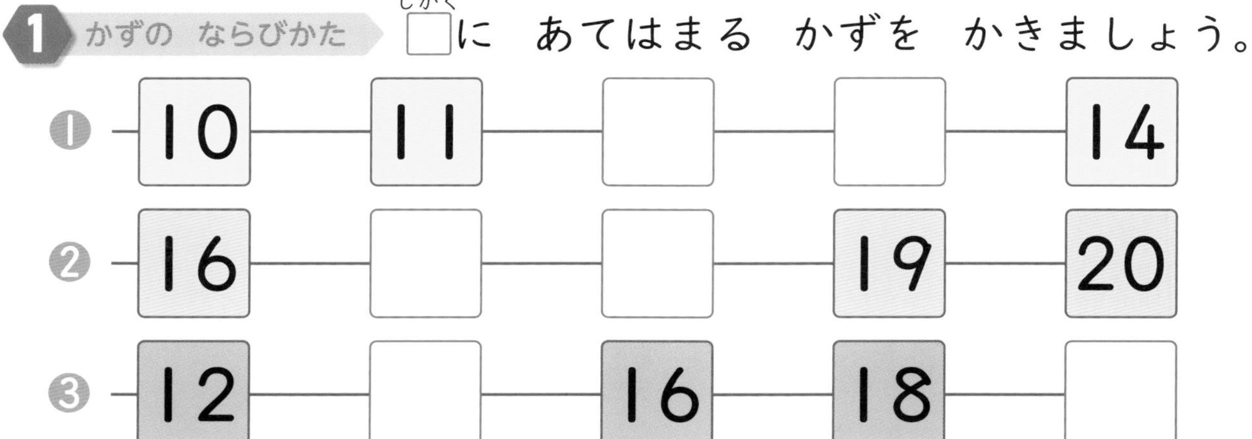

2 かずの 大きさ

えを 見て こたえましょう。

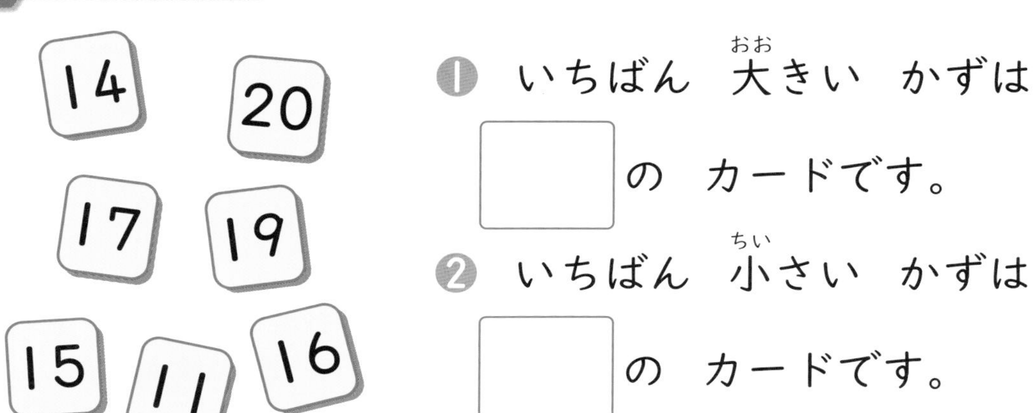

① いちばん 大きい かずは

□の カードです。

② いちばん 小さい かずは

□の カードです。

3 かずのせん

□に あてはまる かずを かきましょう。

0 1 2 3 4 5 6 7 8 9 10 11 12 13 14 15 16 17 18 19 20

① 15より 4 大きい かずは □

② 17より 3 小さい かずは □

できるナビ かずのせんでは、右に すすむと 大きい かずに なるよ。はんたいに、左に すすむと 小さい かずに なるんだ。

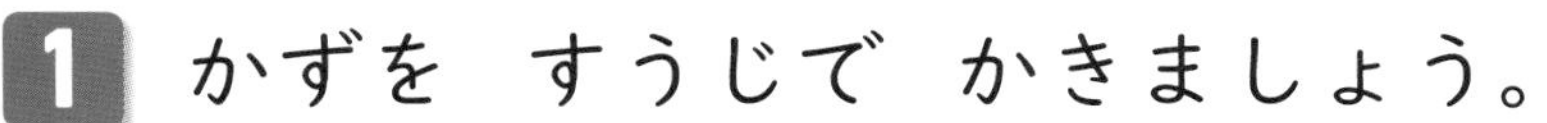

1 かずを すうじで かきましょう。

1つ10〔30てん〕

①

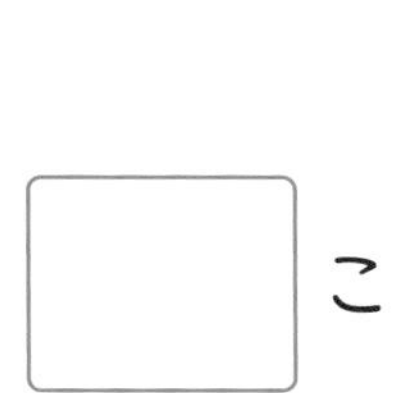
こ

②
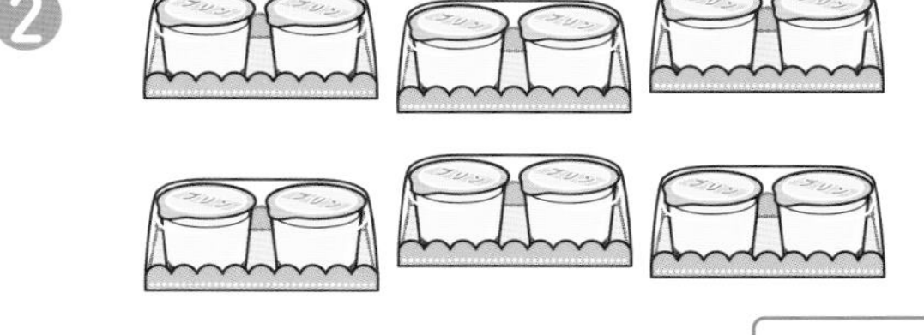
こ

③
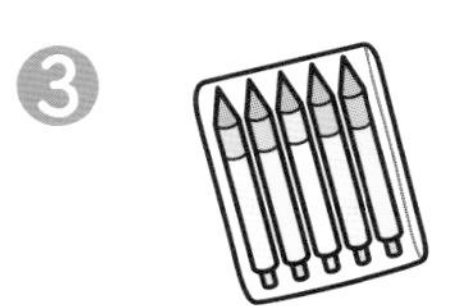
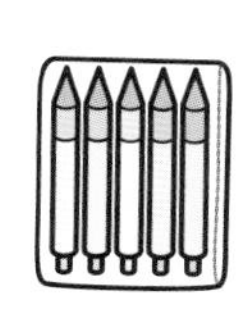

ほん

2 よくでる □に あてはまる かずを かきましょう。

1つ5〔20てん〕

① 16 — 17 — 18 — 19 — □

② 15 — 14 — □ — 12 — 11

③
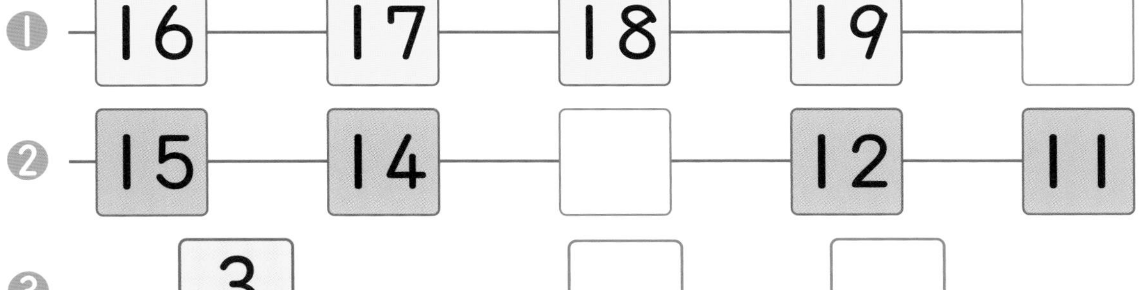

3 よくでる かずの 大きい ほうに ○(まる)を つけましょう。

1つ5〔10てん〕

① 13　15

② 19　17

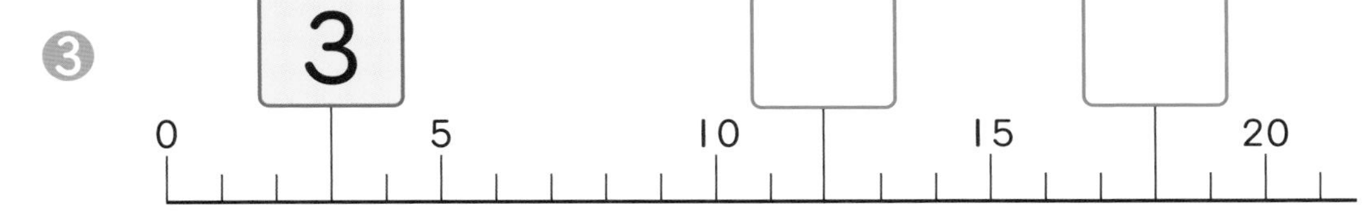

4 けいさんを しましょう。

1つ10〔40てん〕

① 10＋3＝□

② 14＋5＝□

③ 17－7＝□

④ 19－4＝□

チェック
□10より 大きい かずを あらわす ことが できたかな？
□10より 大きい かずの けいさんが できたかな？

ふろくの「計算れんしゅうノート」10・11ページを やろう！

べんきょうした 日　月　日

かずを　せいりして
きほんのワーク

もくひょう
かずを　せいりして
くらべやすく
しよう。

おわったら
シールを
はろう

きょうかしょ 91〜94ページ　こたえ 10ページ

きほん1 せいりして　かんがえる　ことが　できますか。

☆ まみさんは　おりがみで　つるを　おって　います。

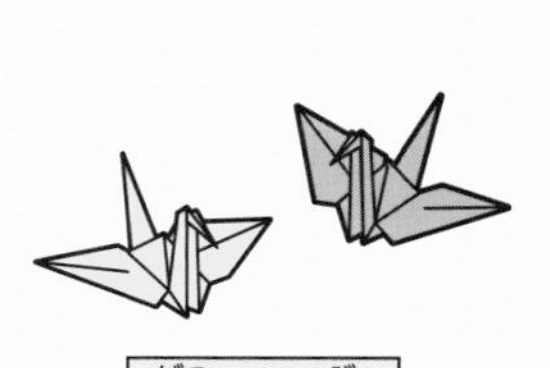
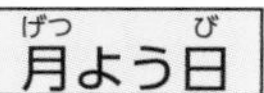

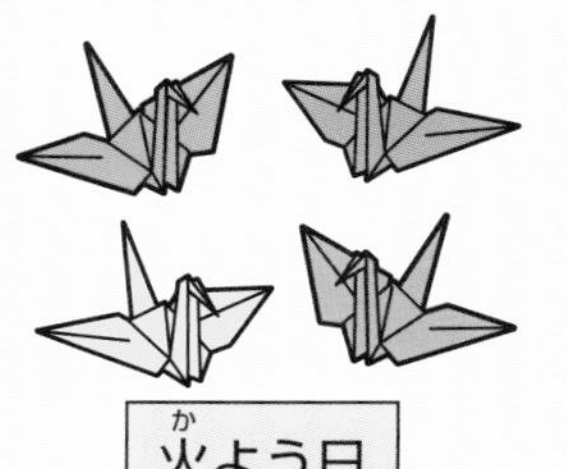

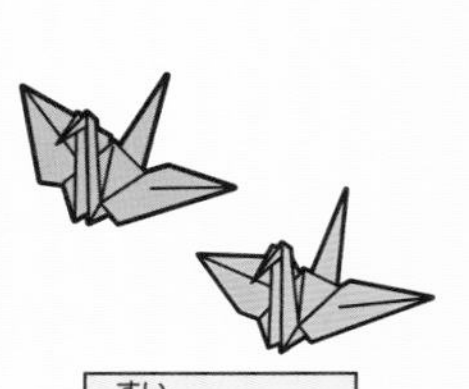

おった　かずだけ
いろを　ぬりましょう。

1 うえの　もんだいを　見(み)て　こたえましょう。　きょうかしょ 92ページ1

❶ いちばん　たくさん　おったのは、
なんよう日ですか。　（　　　よう日）

❷ 4こ　おったのは　なんよう日ですか。　（　　　よう日）

❸ おった　かずが　おなじ　よう日は
なんよう日と　なんよう日ですか。　（＿＿よう日と＿＿よう日）

おうちのかたへ　個数を整理して考えます。2年生で扱う表やグラフの学習の入り口になります。
絵グラフからわかることを話し合ってみましょう。

じかん 20 ぷん

とくてん　　/100てん

おわったら シールを はろう

1 くだものの　かずを　くらべましょう。　　1つ20〔100てん〕

❶ くだものの　かずを
見やすく　せいりします。
みぎに　くだものの
かずだけ　いろを
ぬりましょう。

メロン	バナナ	ぶどう	パイナップル	りんご

❷ バナナは
なんぼんですか。

（　　　　）ぼん

❸ どの　くだものが
いちばん　おおいですか。

（　　　　）

❹ ぶどうと　パイナップルでは、どちらが　なんこ
おおいでしょうか。

（　　　　　　　が　　　こ　おおい。）

❺ かずが　おおい　じゅんに　かきましょう。

（　　　　　　　　　　　　　　　　　）

□ かずを　せいりする　ことが　できたかな？
□ かずを　せいりして　わかった　ことが　いえたかな？

べんきょうした 日　　月　　日

かたちあそび

きほんのワーク

もくひょう
はこの　かたち、つつの　かたち、ボールの　かたちなどを　しろう。

おわったら　シールを　はろう

きょうかしょ　95～100ページ　こたえ　11ページ

きほん 1　にている　かたちが　わかりますか。

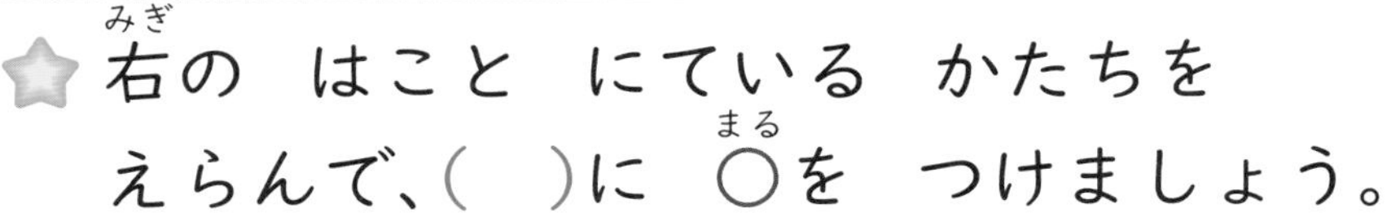

☆ 右（みぎ）の　はこと　にている　かたちを　えらんで、（　）に　○（まる）を　つけましょう。

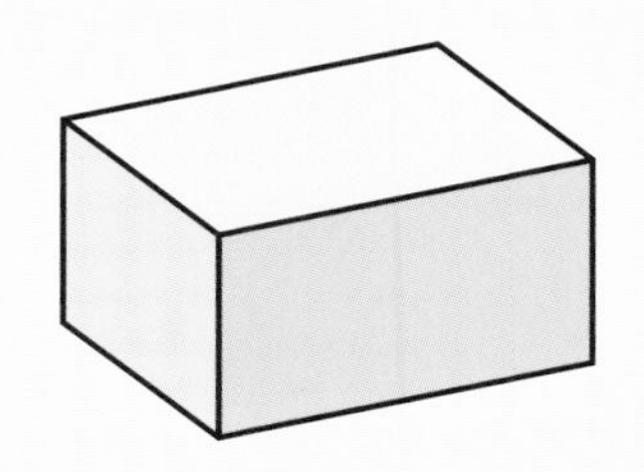

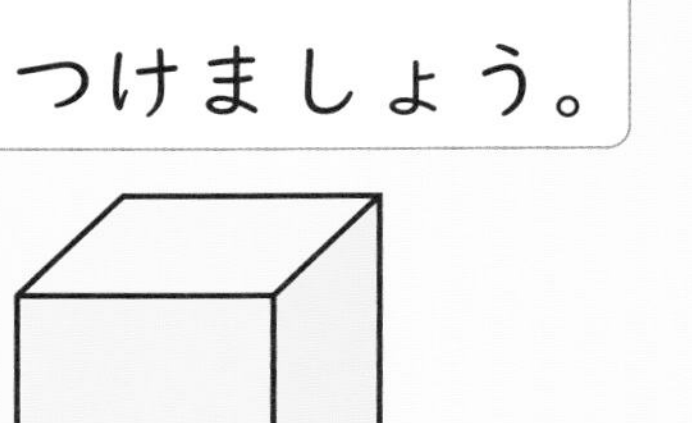

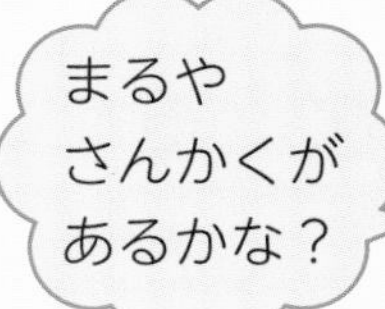

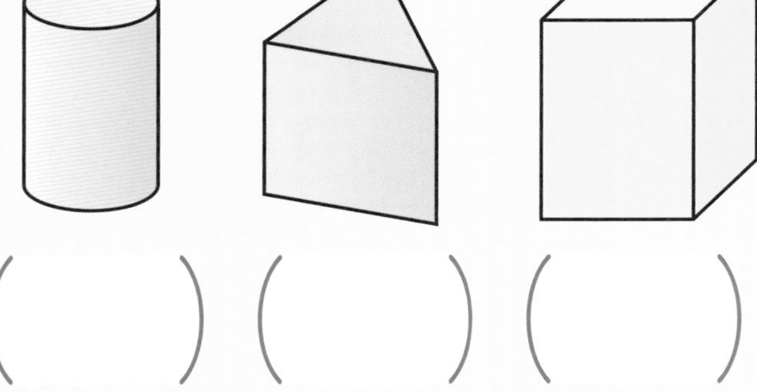

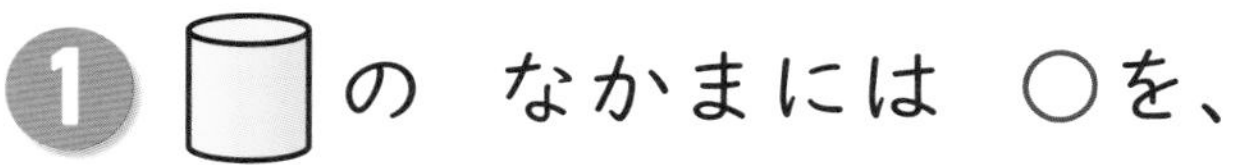

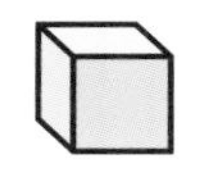

1 （つつの　かたち）の　なかまには　○を、（さいころの　かたち）（はこの　かたち）の　なかまには　□（しかく）を　かきましょう。

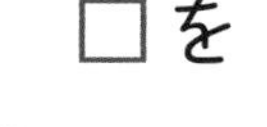
きょうかしょ　98ページ 2

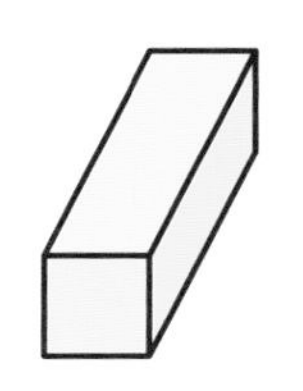

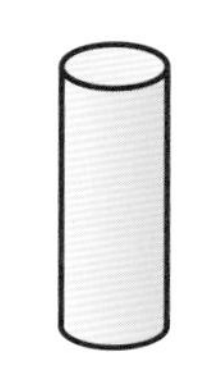

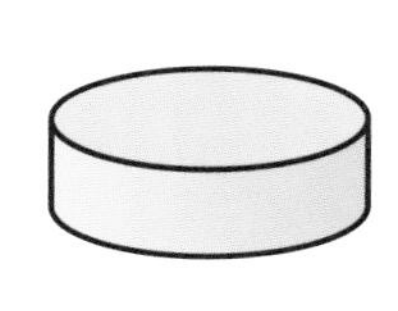

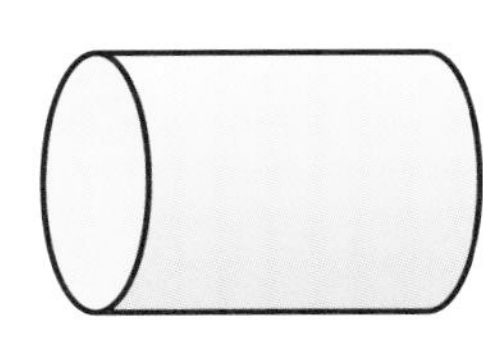

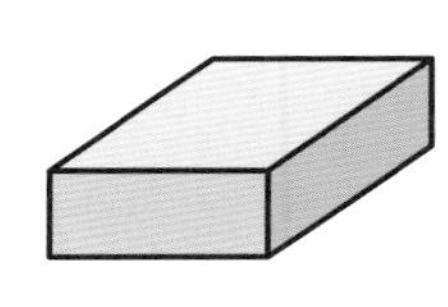

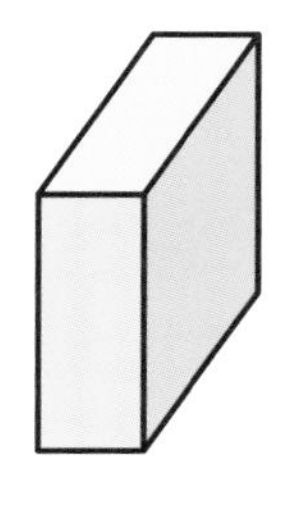

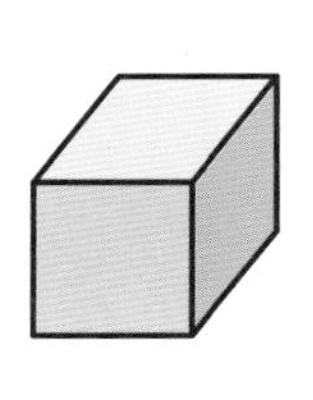

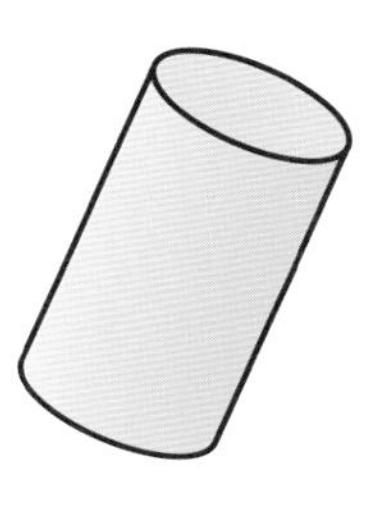

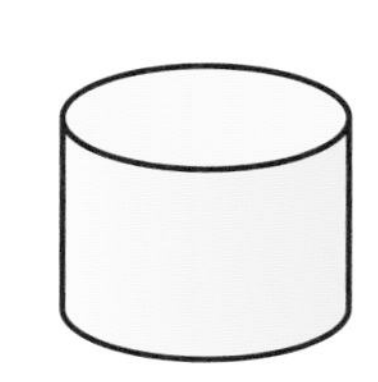

さんすうはかせ　ティッシュペーパーの　あきばこが　あったら、はさみを　つかって　きりひらいて　ごらん。どんな　かたちに　なるかな。はさみは　おうちの　ひとと　つかおうね。

きほん2 かたちうつしが　できますか。

☆ つみきの　そこの　かたちを　うつしました。うつした　かたちを　せんで　むすびましょう。

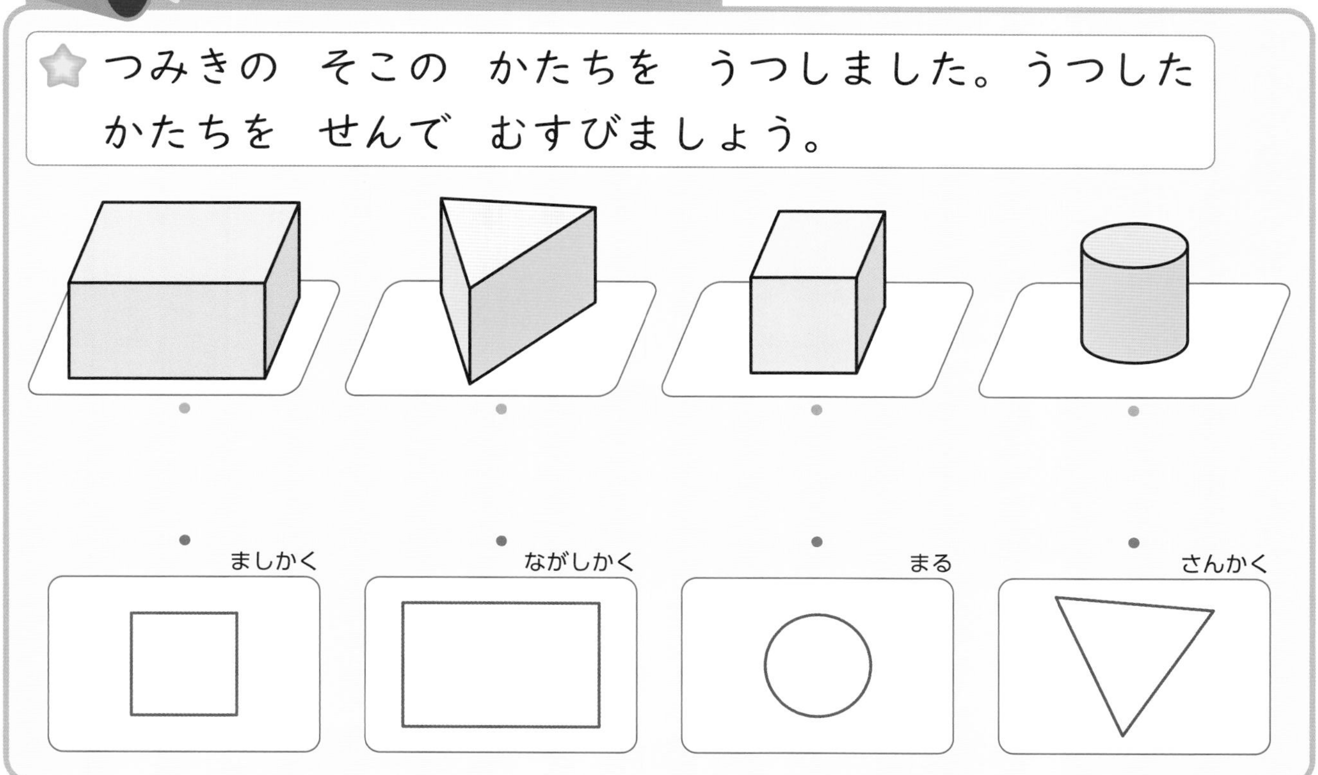

2 右の　つみきを　つかって　かける　かたちは、ⓐ、ⓘ、ⓤ、ⓔの　うち　どれですか。ぜんぶ　えらびましょう。

きょうかしょ　99ページ3

(　　　　　　　　)

3 うまの　かたちを　つくりました。つかった　かたちは、右の　ⓐ、ⓘ、ⓤ、ⓔの　うち　どれですか。ぜんぶ　えらびましょう。

きょうかしょ　98ページ2

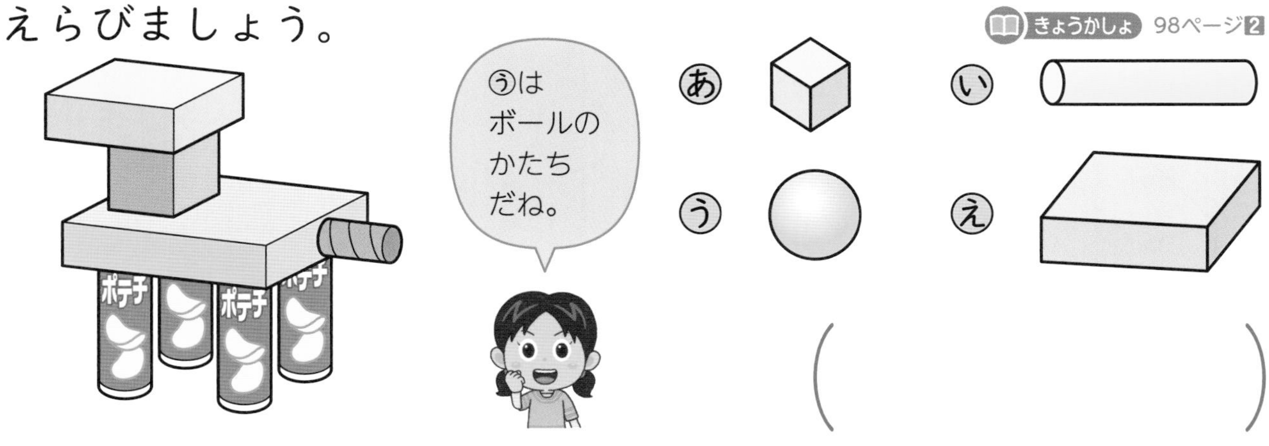

(　　　　　　　　)

れんしゅうのワーク

きょうかしょ 95〜100ページ　こたえ 11ページ

べんきょうした 日　月　日

できた かず　/3もん 中

おわったら シールを はろう

1 ころがる かたち　下(した)の つみきの なかで、ころがる ものに ぜんぶ ○(まる)を つけましょう。

  う  

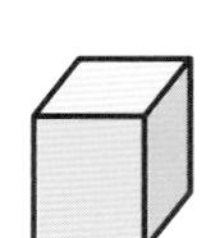 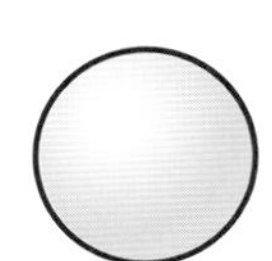 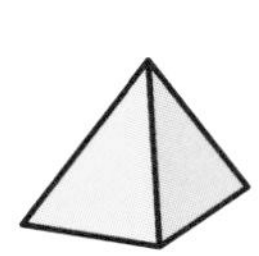 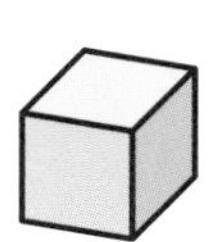 

2 つみき　下の つみきの なかで、べつの つみきを 上(うえ)に つめる ものに ぜんぶ ○を つけましょう。

あ 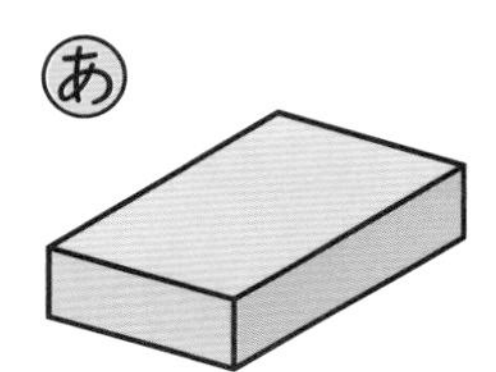
い 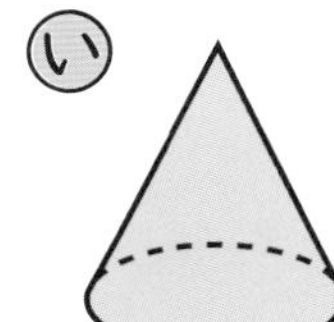
う  
え 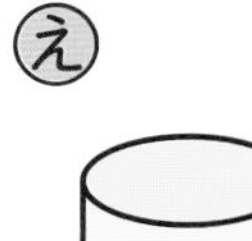
お 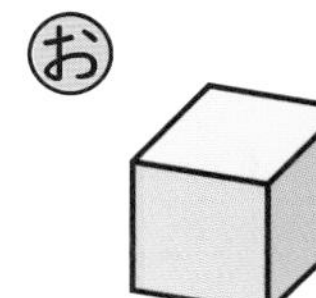

3 はこの かたち　下の つみきを つかって かける かたちに ぜんぶ ○を つけましょう。

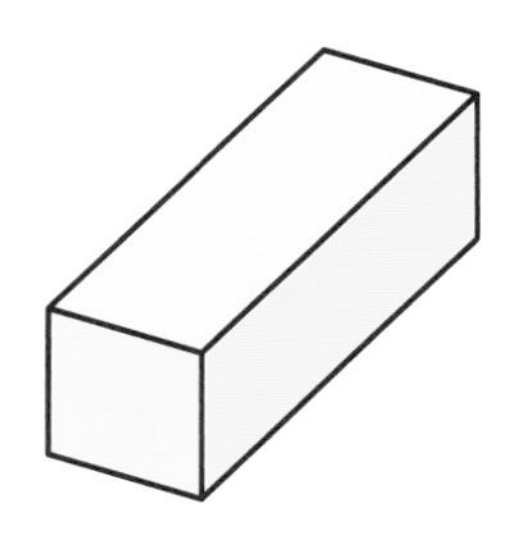

   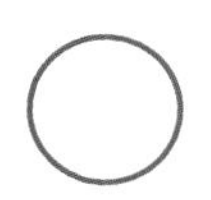   

できるナビ　みの まわりに ある ものから ころがる かたち、つめる かたち、まるい かたち、しかくい かたちを みつけて みよう。

まとめのテスト

きょうかしょ 95〜100ページ　こたえ 11ページ

とくてん　/100てん

おわったら シールを はろう

1 下の かたちを みて、あから けで こたえましょう。

1つ20〔60てん〕

あ 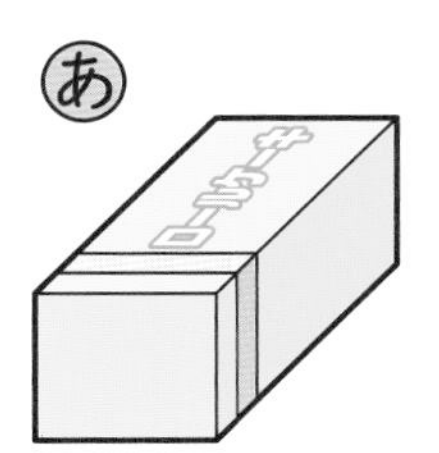

い 

う 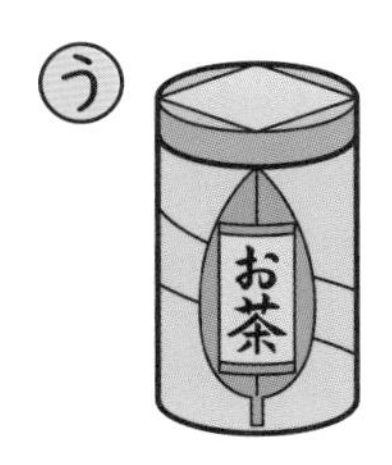

え 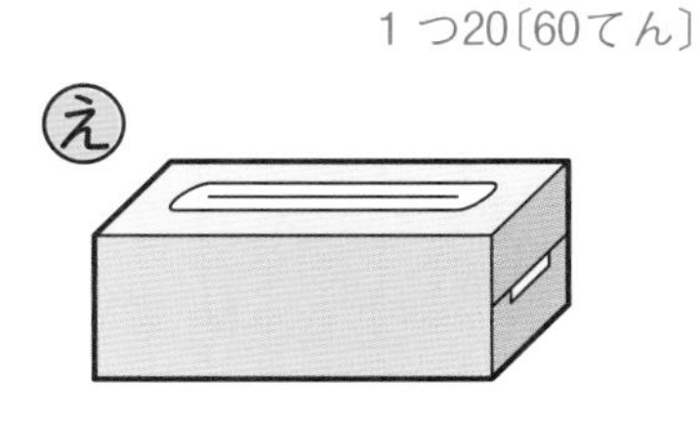

お 

か 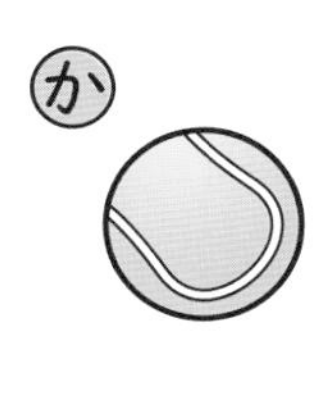

き 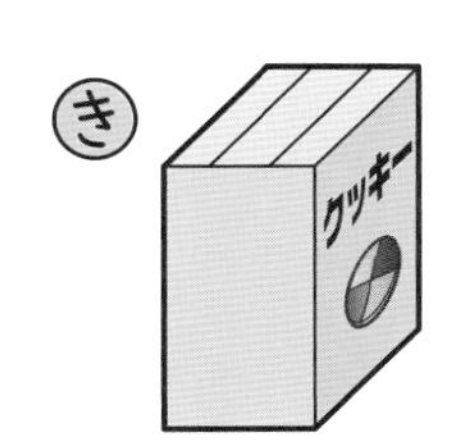

く 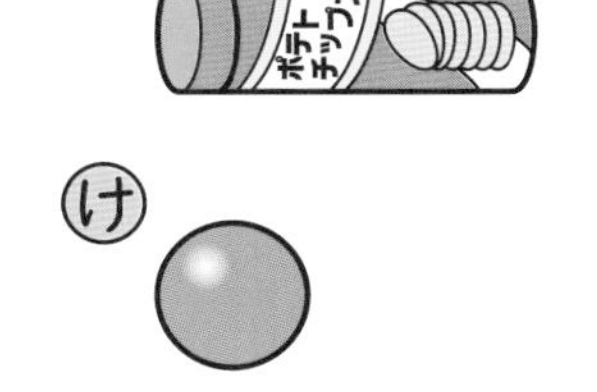

け

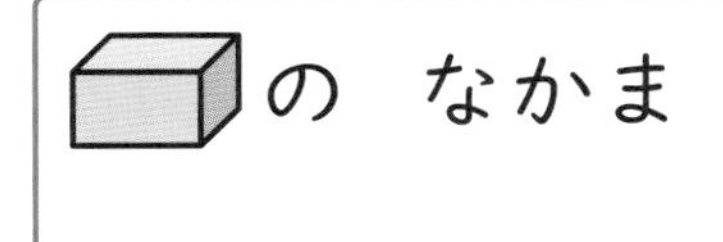

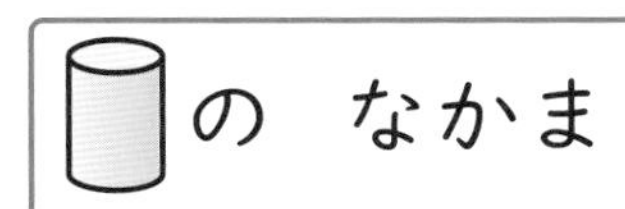

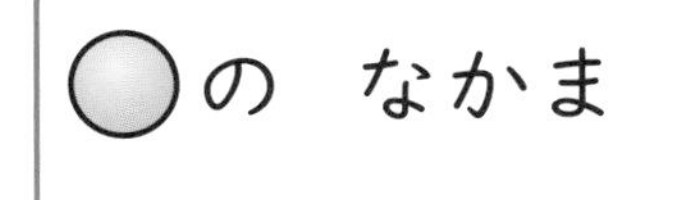

の なかま　　の なかま　　の なかま

2 つみきを つかって ❶❷❸の かたちを かきました。つかった つみきを あ、い、うで こたえましょう。

1つ10〔30てん〕

❶ 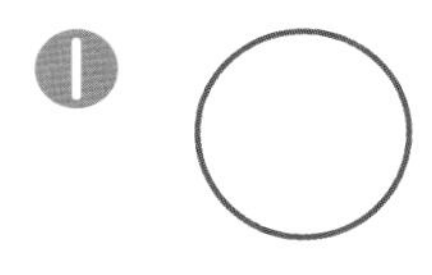 

❷ 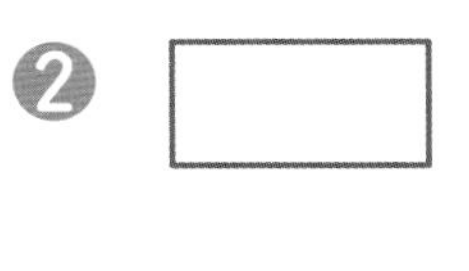 

❸  

あ 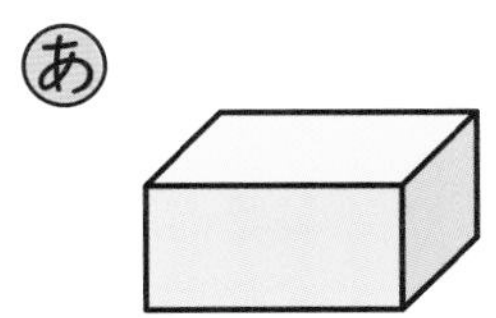

い 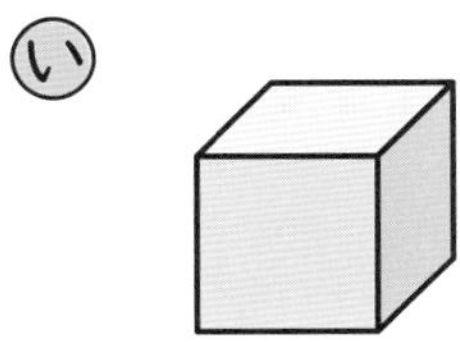

う 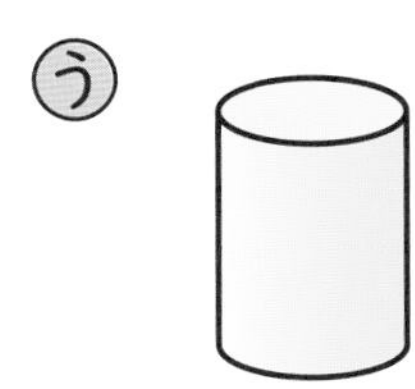

3 下の つみきを つかって かける かたちを あ、い、う、えから ぜんぶ えらびましょう。

〔10てん〕

あ  い  う 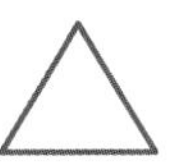 え    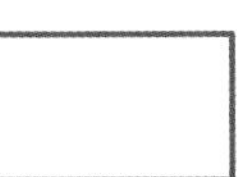

（　　　　）

□いろいろな かたちの なかまわけが できたかな？
□かたちを うつして えを かく ことが できたかな？

べんきょうした 日　月　日

3つの　かずの　たしざん、ひきざん ［その1］

きほんのワーク

もくひょう
3つの　かずの　たしざん、ひきざんを　しろう。

おわったら　シールを　はろう

きょうかしょ　103〜106ページ　こたえ　12ページ

きほん1　3つの　かずの　たしざんが　わかりますか。

☆ みんなで　なんわに　なったでしょうか。
□(しかく)に　あてはまる　かずを　かきましょう。

3わ　いました。

2わ　きました。

1わ　きました。

しき　3＋□＋□＝□

こたえ　□わ

1 みんなで　なんびきに　なったでしょうか。
□に　あてはまる　かずを　かきましょう。

2ひき　いました。

1ぴき　きました。

4ひき　きました。

2 たしざんを　しましょう。

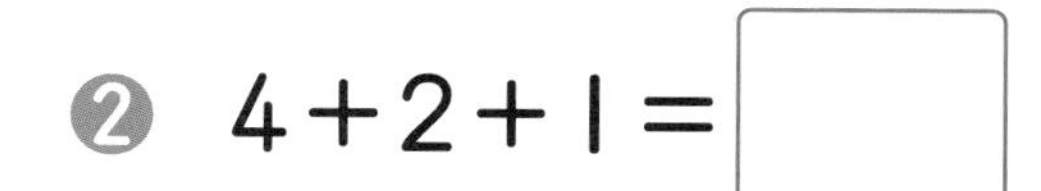

① 3＋4＋1＝□
② 4＋2＋1＝□
③ 9＋1＋2＝□
④ 8＋2＋3＝□

さんすうはかせ
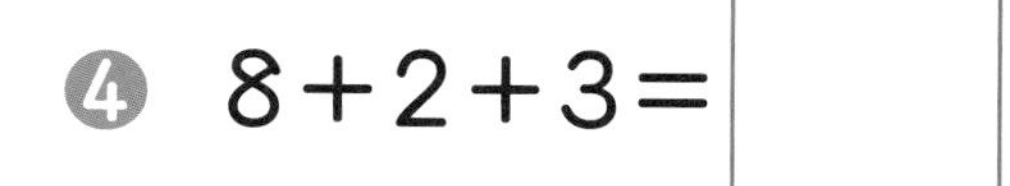

きほん2 3つの かずの ひきざんが わかりますか。

☆ のこりは なんびきでしょうか。
□に あてはまる かずを かきましょう。

7ひき のって いました。

2ひき おりました。

1ぴき おりました。

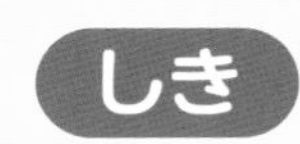
しき 7－□－□＝□  こたえ □ひき

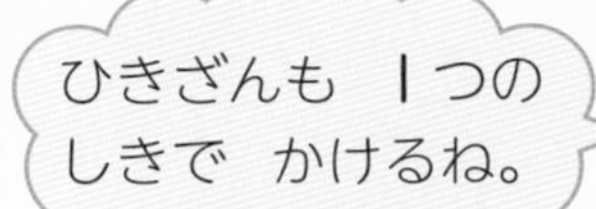

7－2の こたえから
1を ひけば いいんだよ。

3 のこりは なんわでしょうか。□に あてはまる かずを かきましょう。

きょうかしょ 106ページ2

8わ いました。

3わ とんで いきました。

2わ とんで いきました。

しき 8－□－□＝□ こたえ □わ

4 ひきざんを しましょう。

きょうかしょ 106ページ4

❶ 7－3－1＝□

❷ 10－2－3＝□

❸ 13－3－4＝□

❹ 17－7－3＝□

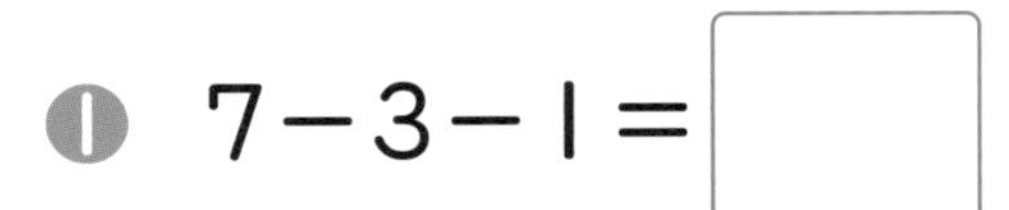

おうちのかたへ 3つの数のたし算、ひき算を学習します。3＋2＝5、5＋1＝6のような2つのたし算を、3＋2＋1のように1つの式で表すことができます。

べんきょうした 日　月　日

3つの　かずの　たしざん、ひきざん ［その2］

きほんのワーク

もくひょう
たしざんと　ひきざんが　まざった　3つの　かずの　けいさんを　しよう。

おわったら　シールを　はろう

きょうかしょ　107ページ　こたえ　12ページ

きほん 1　たしざんと　ひきざんの　まざった　しきが　かけますか。

☆ りすは　なんびきに　なったでしょうか。
□に　あてはまる　かずを　かきましょう。

4ひき　のって　いました。　→　2ひき　おりました。　→　3びき　のりました。

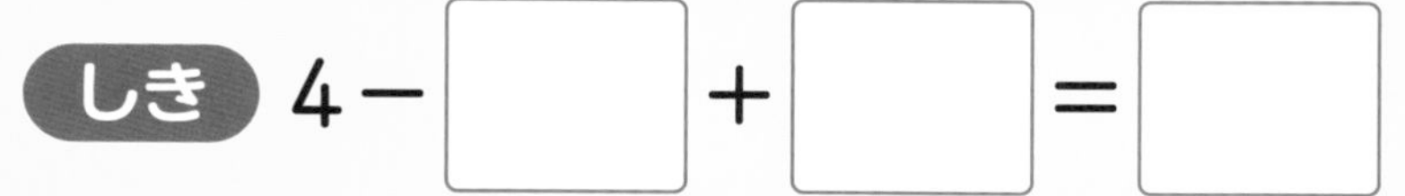

しき　4−□＋□＝□　　こたえ　□ひき

たしざんと　ひきざんの　まざった　けいさんも　1つの　しきに　かけるね。

4−2の　こたえに　3を　たせば　いいね。

1 あめは　なんこに　なったでしょうか。□に　あてはまる　かずを　かきましょう。

きょうかしょ　107ページ③

5こ　ありました。

2こ　もらいました。

3こ　あげました。

しき　5＋□−□＝□　　こたえ　□こ

2 けいさんを　しましょう。

きょうかしょ　107ページ⑤

❶ $7-3+4=$ □　　❷ $10-4+3=$ □

❸ $10+8-5=$ □　　❹ $13+5-6=$ □

おうちのかたへ
3つの数の計算のうち、たし算とひき算が混ざったものを学習します。
ブロックなどを使い、「ふえたり、へったり」することをイメージできるよう促します。

まとめのテスト

きょうかしょ 103〜107ページ　こたえ 12ページ

じかん 20ぷん　とくてん /100てん　おわったら シールを はろう

1 みんなで なんびきに なったでしょうか。1つの しきに かいて こたえましょう。　1つ10〔20てん〕

3びき いました。　1ぴき きました。　2ひき かえりました。

しき

こたえ □ ひき

2 よくでる おにぎりは いくつ のこって いるでしょうか。1つの しきに かいて こたえましょう。　1つ10〔20てん〕

10こ ありました。　2こ たべました。　3こ たべました。

しき

こたえ □ こ

3 けいさんを しましょう。　1つ10〔60てん〕

❶ 3+2+4=　❷ 8+2+7=

❸ 9−3−2=　❹ 16−6−3=

❺ 10−7+5=　❻ 1+9−6=

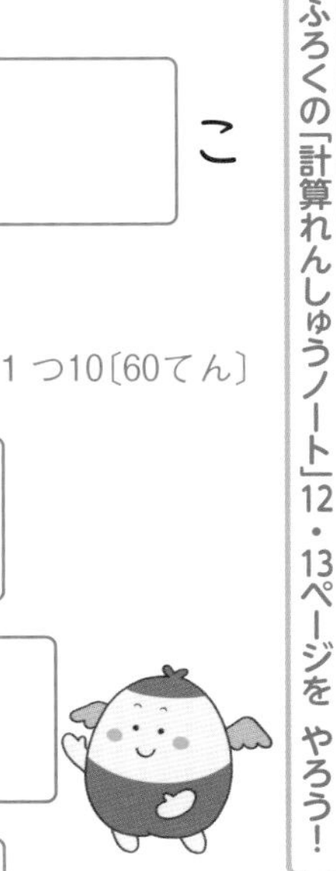

□1つの しきに かく ことが できたかな？
□3つの かずの たしざんと ひきざんは できたかな？

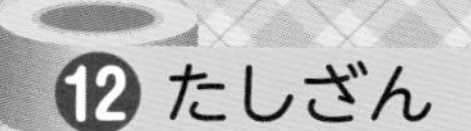

べんきょうした 日　月　日

たしざん ［その1］

きほんのワーク

もくひょう
9や 8、7に たす たしざんを しよう。

おわったら シールを はろう

きょうかしょ 111〜116ページ　こたえ 12ページ

きほん 1 9に たす たしざんが わかりますか。

☆ 9+3の けいさんの しかたを かんがえます。
□に あてはまる かずを かきましょう。

❶ 9は あと □ で 10

❷ 3を 1と □ に わける。

❸ 9と 1で □

❹ 10と 2で □

10の まとまりを つくれば いいね。
9は あと 1で 10だから、
3を 1と 2に わけるよ。

9+3
1 2
10

1 ○と □に あてはまる かずを かきましょう。 きょうかしょ 115ページ2

❶ 9+5=□　・9と ○ で 10　10と ○ で 14

❷ 9+7=□　・9と ○ で 10　10と ○ で 16

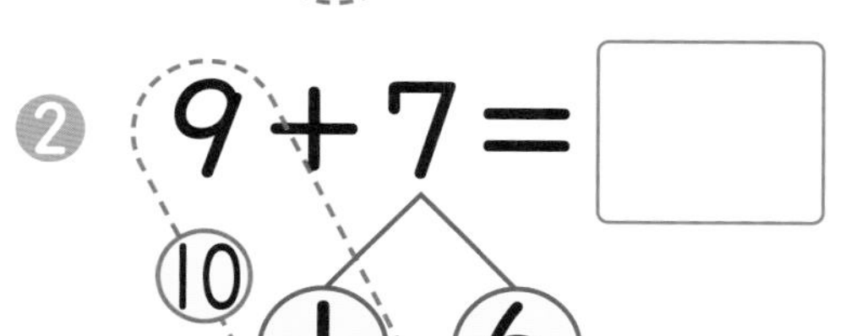

さんすうはかせ　たしざんでは 10の まとまりを つくる ことが たいせつだよ。あわせて 10に なる くみあわせを すらすら いえるように して おこう。

きほん2 8、7に たす たしざんが わかりますか。

☆ ◯に あてはまる かずを かいて、たしざんの しかたを せつめいしましょう。

❶ 8＋5＝13

(10) ② ③

・8と ◯ で 10
10と ◯ で 13

❷ 7＋4＝11

(10) ③ ①

・7と ◯ で 10
10と ◯ で 11

2 ◯と □に あてはまる かずを かきましょう。

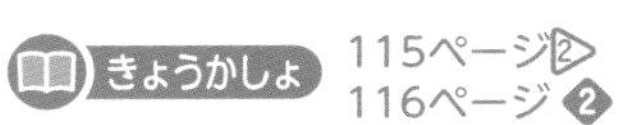

きょうかしょ 115ページ 2 116ページ 2

❶ 9＋4＝□
(10) ① ③

❷ 8＋6＝□
(10) ② ④

❸ 8＋4＝□
(10) ② ◯

❹ 7＋5＝□
(10) ◯ ◯

3 けいさんを しましょう。

きょうかしょ 116ページ 3

❶ 9＋6＝□ ❷ 8＋3＝□ ❸ 9＋2＝□

❹ 8＋7＝□ ❺ 8＋8＝□ ❻ 7＋6＝□

おうちのかたへ くり上がりのあるたし算の学習をします。始めは、たす数を2つに分けて10をつくる「加数分解」を学びます。

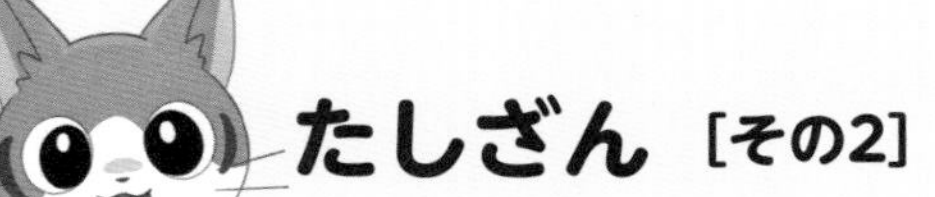

たしざん [その2]

きほんのワーク

もくひょう
いろいろな
やりかたで
たしざんを しよう。

おわったら
シールを
はろう

きょうかしょ 117〜119ページ　こたえ 13ページ

きほん 1 4+9を 2つの やりかたで けいさんできますか。

☆ 4+9の けいさんを ❶、❷の やりかたで かんがえましょう。

❶ 4を 10に する。

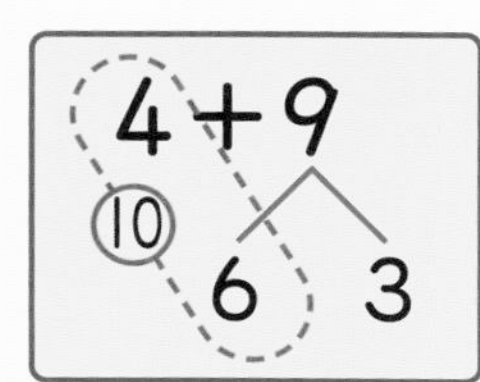

4に □ を たして 10

10と □ で □

❷ 9を 10に する。

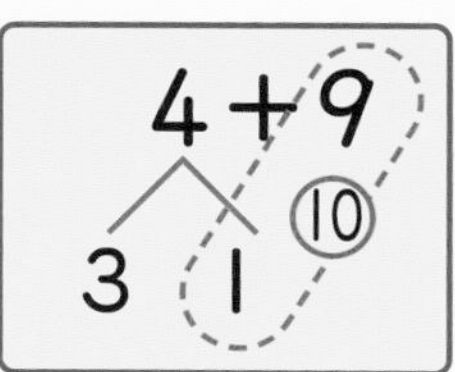

9に □ を たして 10

10と □ で □

1 3+8を 2つの やりかたで けいさんしましょう。

きょうかしょ 117ページ 2

❶ 3+8= □

7 ○

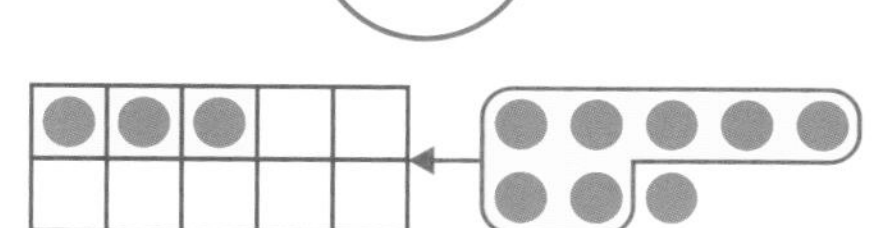

❷ 3+8= □

1 ○

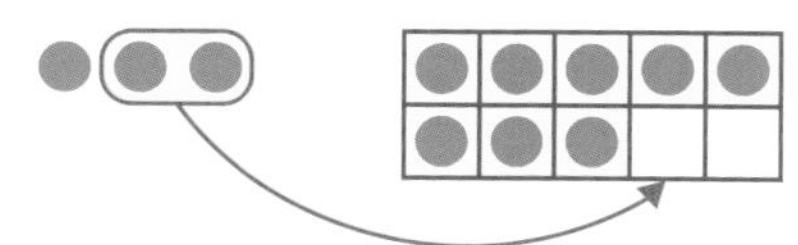

2 けいさんを しましょう。

❶ 2+9= □　❷ 3+9= □　❸ 4+8= □

❹ 5+8= □　❺ 4+7= □　❻ 7+6= □

さんすうはかせ　たしざんには、うしろの かずを わけて 10の まとまりを つくる ほうほうと、まえの かずを わけて 10を つくる やりかたが あるよ。

きほん2 たしざんを する ことが できますか。

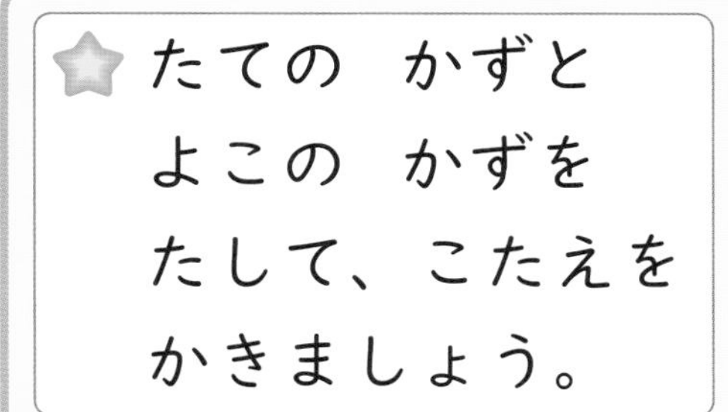
たての かずと よこの かずを たして、こたえを かきましょう。

たて＼よこ	5	4	9	7
7	（れい）12			
8				
9				

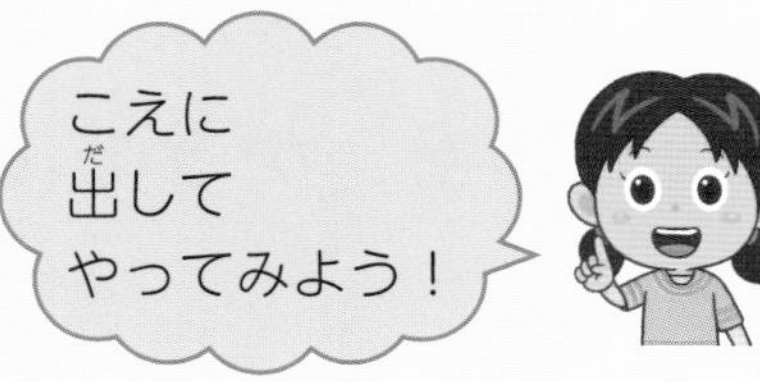

3 こたえが 大きい ほうに ○を つけましょう。

きょうかしょ 118ページ 8

1 7＋8 8＋8 2 7＋4 10＋4

4 たまごが 8こ ありました。そこへ 5こ もらいました。ぜんぶで なんこに なったでしょうか。

きょうかしょ 119ページ 9

しき

こたえ こ

5 8＋6の しきに なる もんだいを つくりましょう。

きょうかしょ 119ページ 11

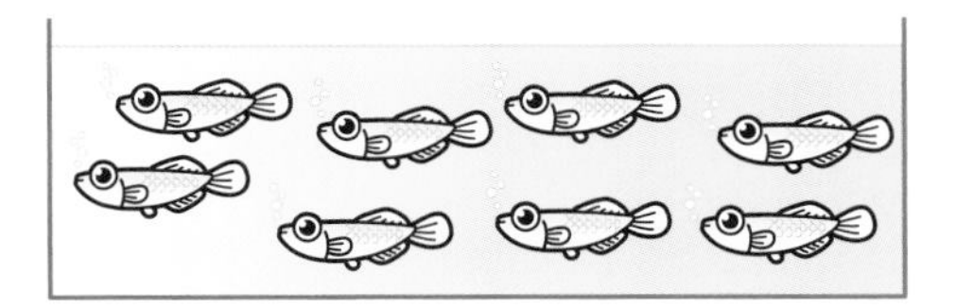

おうちのかたへ

＋の後の数を2つに分けて10のまとまりをつくる方法（加数分解）と、＋の前の数を2つに分けて10のまとまりをつくる方法（被加数分解）を学びます。

べんきょうした 日　　月　　日

もくひょう
たしざんの　カードを　つかって　けいさんに　なれよう。

おわったら　シールを　はろう

たしざん ［その3］

きほんのワーク

きょうかしょ　120〜121ページ　　こたえ　14ページ

きほん 1　おなじ　こたえの　しきが　わかりますか。

☆ こたえが　おなじに　なる　カードを　あつめて　います。あいて　いる　カードに　はいる　しきを　かきましょう。

こたえが 14	こたえが 15	こたえが 16	こたえが 17
	6＋9	7＋9	
6＋8			9＋8
	8＋7	9＋7	
8＋6			
9＋5			

（たす）＋の　あとの　かずは　よこに　そろって　いるね。

1　カードの　こたえを　かきましょう。

きょうかしょ　120〜121ページ

❶ 7＋7（おもて）

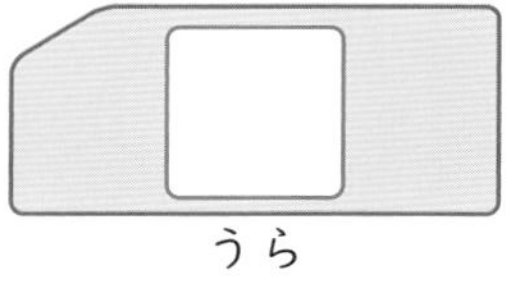

（うら）

❷

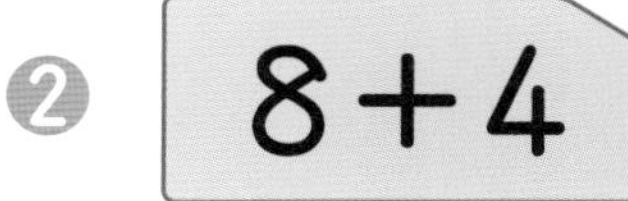

❸ 5＋7

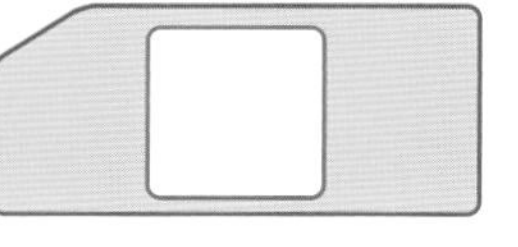

❹ 9＋8

2　□（しかく）に　あてはまる　かずを　入（い）れて、こたえが　13に　なる　カードを　つくりましょう。

きょうかしょ　120〜121ページ

❶

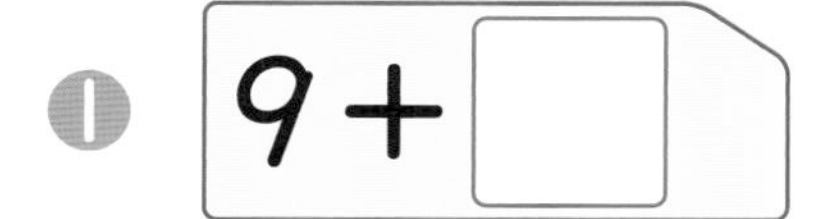

❷

❸ □＋6

❹

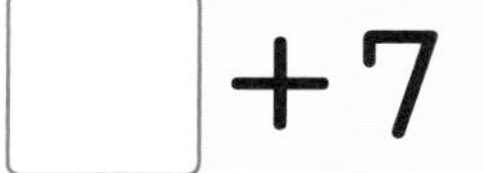

おうちのかたへ　たし算のカードを使って、答えが同じになる式を見つけます。数の並び方のきまり、＋の前と後の数の関係に目を向けましょう。

れんしゅうのワーク①

きょうかしょ 111〜121ページ　こたえ 14ページ

できた かず　/20もん 中

おわったら シールを はろう

1 たしざん　たての かずと よこの かずを たして、こたえを かきましょう。

たて＼よこ	4	6	7	9
5	（れい）9			
7				
8				

2 たしざんカード　□に あてはまる かずを 入れて、こたえが 11に なる カードを つくりましょう。

❶ 5＋□　❷ □＋8

❸ 7＋□　❹ 2＋□

3 もんだい　1年生（ねんせい） 8人（にん）と、2年生 7人が いっしょに あそんで います。あそんで いるのは あわせて なん人でしょうか。

しき　こたえ（　　）

4 もんだい　バスに じょうきゃくが 9人 のって いました。そこへ 5人 のって きました。ぜんぶで なん人に なったでしょうか。

しき　こたえ（　　）

できるナビ　たしざんの しかたを こえに 出（だ）して、せつめいして みよう。こえに 出して せつめいすると よく わかるように なるよ。

べんきょうした 日　　月　　日

れんしゅうのワーク②

きょうかしょ 111～121ページ　こたえ 14ページ

できた かず　/15もん 中

おわったら シールを はろう

1 たしざんカード　こたえが おなじに なる カードを せんで むすびましょう。□(しかく)に こたえも かきましょう。

8+5 ・	・ 9+5=□
3+9 ・	・ 9+2=□
7+7 ・	・ 6+6=□
5+6 ・	・ 8+7=□
9+6 ・	・ 5+8=□

2 たしざん　こたえが 12に なる たしざんの しきを、5つ つくりましょう。

□+□=12　□+□=12

□+□=12　□+□=12

□+□=12

できるナビ　けいさんに つよく なるには なんかいも けいさんを れんしゅうする ことが たいせつだよ。まちがえた もんだいは やりなおして おくように しよう。

きょうかしょ 111～121ページ　こたえ 15ページ

じかん 20ぷん　とくてん /100てん　おわったら シールを はろう

1 けいさんを　しましょう。　1つ5〔60てん〕

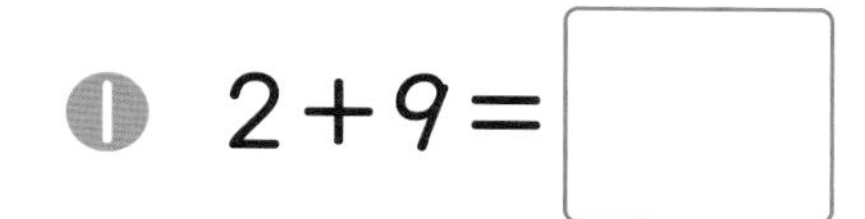

① 2＋9＝□　② 7＋8＝□

③ 6＋5＝□　④ 8＋3＝□

⑤ 6＋9＝□　⑥ 3＋8＝□

⑦ 5＋9＝□　⑧ 6＋7＝□

⑨ 4＋7＝□　⑩ 8＋9＝□

⑪ 9＋4＝□　⑫ 7＋6＝□

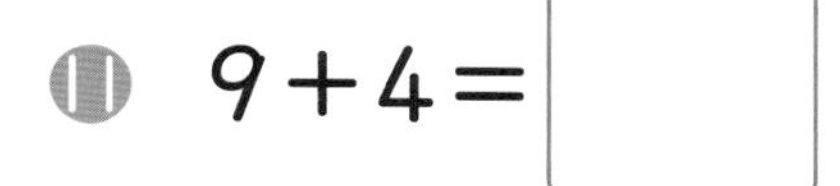

2 おやの　きりんが　4とう　います。子(こ)どもの　きりんが　8とう　います。きりんは、ぜんぶで　なんとうでしょうか。

1つ10〔20てん〕

しき □

こたえ（　　　）

3 よくでる　きんぎょを　7ひき　かって　いました。4ひき　もらいました。ぜんぶで　なんびきに　なったでしょうか。

1つ10〔20てん〕

しき □

こたえ（　　　）

ふろくの「計算れんしゅうノート」14～18ページを やろう！

□10の　まとまりを　つくる　ことが　できたかな？
□たしざんの　けいさんが　できるように　なったかな？

ひきざん［その1］

きほんのワーク

もくひょう
9や 8、7を ひく ひきざんを しよう。

おわったら シールを はろう

きょうかしょ 123〜128ページ こたえ 15ページ

きほん1 9を ひく ひきざんが わかりますか。

☆ 14−9の けいさんの しかたを かんがえます。
□(しかく)に あてはまる かずを かきましょう。

❶ 14は 10と □

❷ 10から 9を ひいて □

❸ 1と 4で □

14−9=□

(10)(4)

10の まとまりから ひいて のこりを たして いるね。

1 ○(まる)と □に あてはまる かずを かきましょう。 きょうかしょ 127ページ2

❶ 12−9=□

(10)(2)

・12は 10と ○

10から 9を ひいて ○

1と ○ で 3

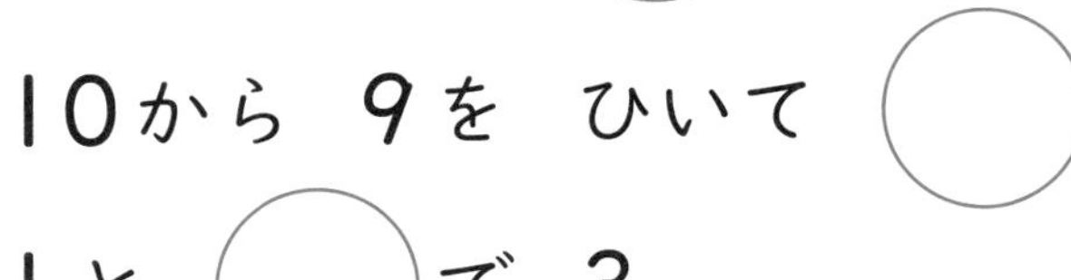

❷ 15−9=□

(10)(5)

・15は 10と ○

10から 9を ひいて ○

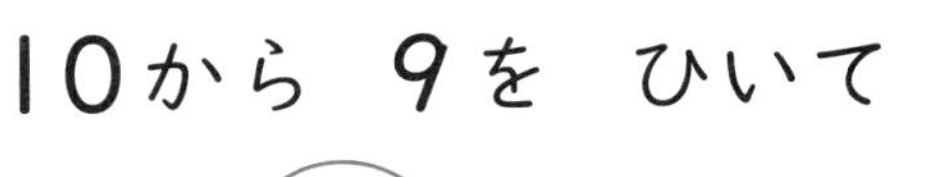

1と ○ で 6

さんすうはかせ
−(ひく)の まえの かずを 10と いくつに わけて かんがえよう。
わからない ときは ブロックを うごかしながら かんがえて みよう。

きほん2　8を　ひく　ひきざんが　わかりますか。

☆ □に　あてはまる　かずを　かいて、ひきざんの　しかたを　せつめいしましょう。

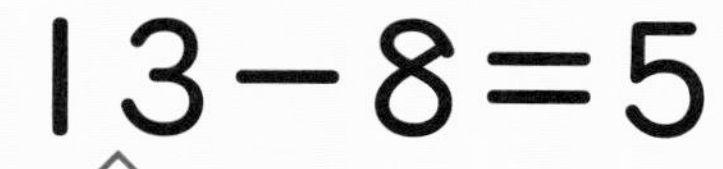

$13-8=5$

⑩　③

・13は　10と　□

10から　8を　ひいて　□

2と　3で　□

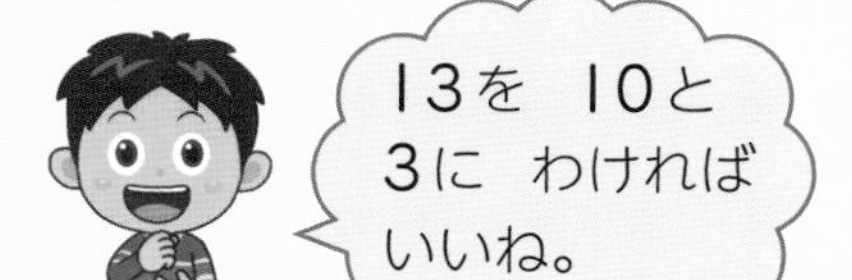

2　○と　□に　あてはまる　かずを　かきましょう。

きょうかしょ　127ページ2　128ページ2

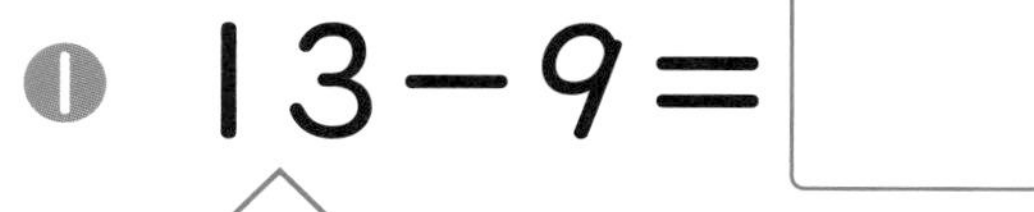

❶ $13-9=$ □

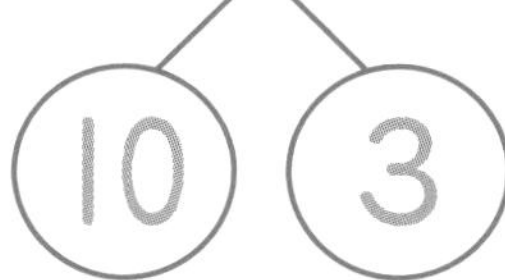

(10)　(3)

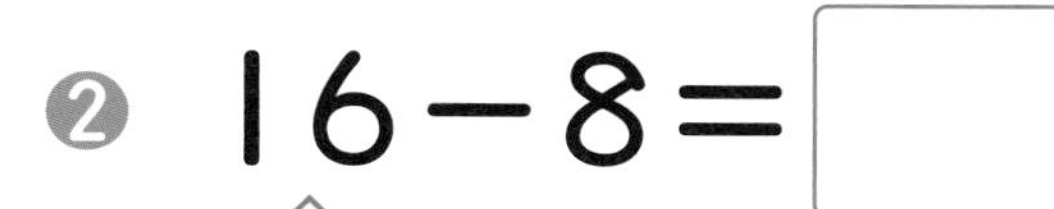

❷ $16-8=$ □

(10)　(6)

❸ $14-8=$ □

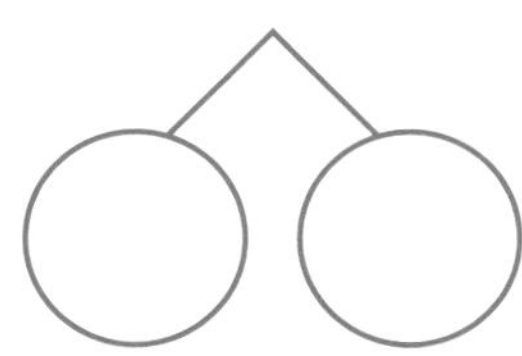

○　○

❹ $11-7=$ □

○　○

3　けいさんを　しましょう。

きょうかしょ　128ページ3

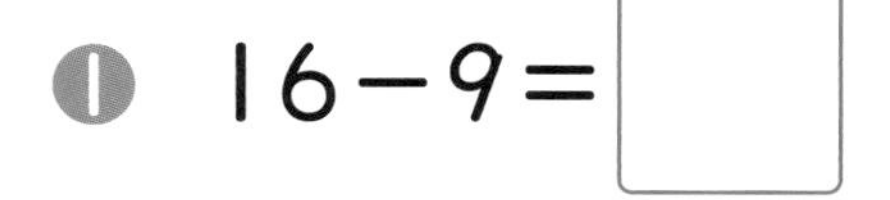

❶ $16-9=$ □　❷ $11-8=$ □　❸ $12-7=$ □

❹ $12-8=$ □　❺ $11-9=$ □　❻ $15-8=$ □

おうちのかたへ　9や8、7をひくくり下がりのあるひき算を学習します。−(ひく)の前の数を10といくつに分解し、10からひいて残りをたすという手順を確認しましょう。

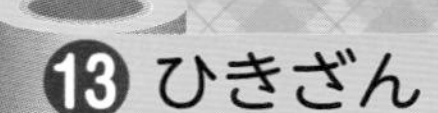

べんきょうした 日　月　日

ひきざん ［その2］

きほんのワーク

もくひょう
いろいろな
やりかたで
ひきざんを しよう。

おわったら
シールを
はろう

きょうかしょ 129～131ページ　こたえ 15ページ

きほん 1 11－3を 2つの やりかたで けいさんできますか。

☆ 11－3の けいさんを ❶、❷の やりかたで かんがえましょう。

❶ 11を 10と 1に わける。

11－3
10　1

10から □を ひいて 7
7と □で □

❷ 3を 1と 2に わける。

11－3
1　2

□から 1を ひいて 10
□から 2を ひいて 8

1 13－5を 2つの やりかたで けいさんしましょう。

きょうかしょ 129ページ2

❶ 13－5＝□
10 ○

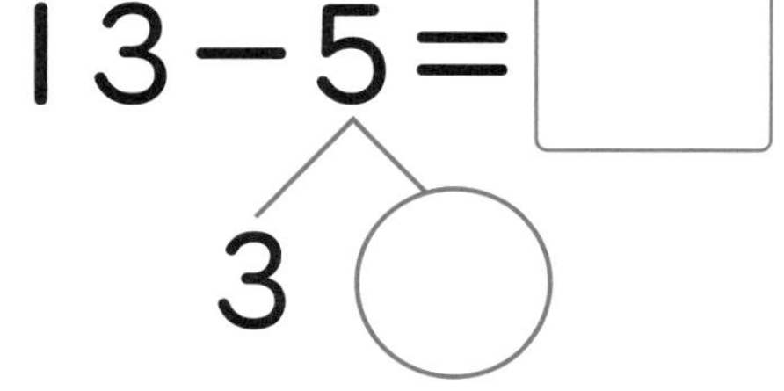

❷ 13－5＝□
3 ○

2 けいさんを しましょう。

きょうかしょ 130ページ56

❶ 12－3＝□　❷ 11－4＝□　❸ 12－4＝□

❹ 16－7＝□　❺ 14－6＝□　❻ 13－8＝□

さんすうはかせ　ひきざんの ほうほうを こえに 出して せつめいして ごらん。こえに 出して せつめいすると とっても よく わかるよ。おうちの 人に きいて もらおう。

きほん 2 ひきざんを する ことが できますか。

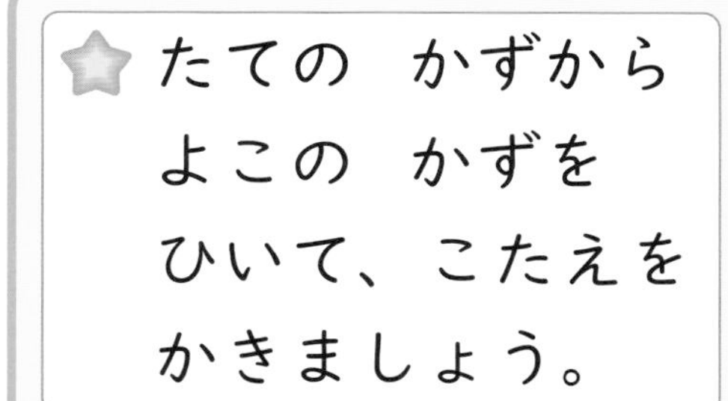

☆たての かずから よこの かずを ひいて、こたえを かきましょう。

よこ／たて	6	7	8	9
12	（れい）6			
15				
14				

3 こたえが 大(おお)きい ほうに ○(まる)を つけましょう。

きょうかしょ 130ページ 8

❶ 11−2　11−4　❷  15−9　14−9

4 えんぴつが 12本(ほん) あります。その うち 8本を けずりました。けずって いない えんぴつは なん本でしょうか。

きょうかしょ 131ページ 9

しき

こたえ　　本

5 13−4の しきに なる もんだいを つくりましょう。

きょうかしょ 131ページ 11

おうちのかたへ　これまで学習した減加法(げんかほう)に加えて、−(ひく)の後の数を分けて2回ひく、減減法(げんげんほう)を学びます。おもに減加法を学びますが、減減法の方が計算しやすいこともあります。

きほんのワーク

もくひょう

ひきざんの カードを つかって、けいさんに なれよう。

おわったら シールを はろう

きょうかしょ 132〜133ページ こたえ 16ページ

きほん1 おなじ こたえの しきが わかりますか。

☆ こたえが おなじに なる カードを あつめて います。あいて いる カードに はいる しきを かきましょう。

こたえが 3	こたえが 4	こたえが 5	こたえが 6
	11−7	11−6	11−5
12−9	12−8		12−6
		13−8	
		14−9	14−8
			15−9

ならびかたに きまりが あるかな？

1 カードの こたえを かきましょう。 きょうかしょ 132〜133ページ

❶ 13−5 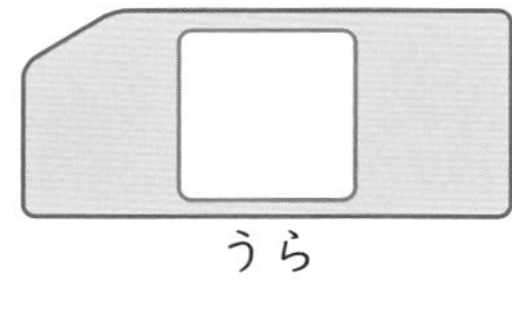
おもて うら

❷ 11−4 

❸ 15−6 

❹ 17−9 

2 □(しかく)に あてはまる かずを 入(い)れて、こたえが 7に なる カードを つくりましょう。 きょうかしょ 132〜133ページ

❶ 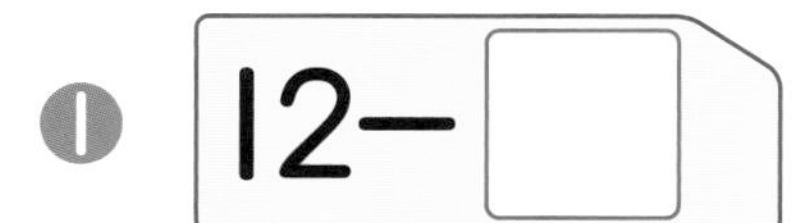

❷ 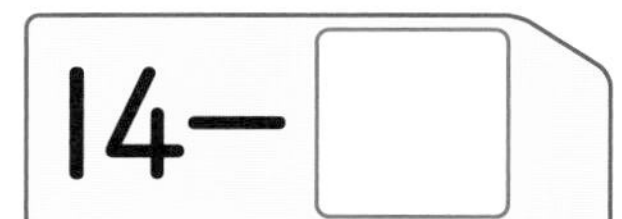

❸ 

❹ 

おうちのかたへ ひき算のカードを使って、答えが同じになる式を見つけます。数の並び方のきまり、−(ひく)の前と後の数の関係に目を向けるように促します。

れんしゅうのワーク①

きょうかしょ 123〜133ページ　こたえ 16ページ

できた かず /20もん 中

おわったら シールを はろう

1 ひきざん たての かずから よこの かずを ひいて、こたえを かきましょう。

たて＼よこ	5	7	8	9
12	（れい）7			
15				
14				

2 ひきざんカード □に あてはまる かずを 入れて、こたえが 9に なる カードを つくりましょう。

❶ 11−□　❷ □−4

❸ 18−□　❹ □−3

3 もんだい ケーキが 12こ ありました。4こ たべました。のこりは なんこでしょうか。

しき

こたえ（　　）

4 もんだい つるを おって います。りょうさんは 7こ おりました。まみさんは 11こ おりました。どちらが なんこ おおく おったでしょうか。

しき

こたえ（＿＿＿さんが ＿＿＿こ おおく おった。）

できるナビ ひきざんの しかたを こえに 出して、せつめいして みよう。こえに 出して せつめいすると よく わかるように なるよ。

べんきょうした 日　月　日

れんしゅうのワーク②

きょうかしょ 123〜133ページ　こたえ 16ページ

できた かず　/15もん 中

おわったら シールを はろう

1 ひきざんカード　こたえが おなじに なる カードを せんで むすびましょう。□(しかく)に こたえも かきましょう。

12−9	13−9＝□
14−7	11−8＝□
12−3	17−9＝□
13−5	12−5＝□
11−7	18−9＝□

2 ひきざん　こたえが 8に なる ひきざんの しきを、5つ つくりましょう。

12−□＝8　　11−□＝8

15−□＝8　　□−5＝8

□−9＝8

できるナビ　けいさんに つよく なるには なんかいも けいさんを れんしゅうする ことが たいせつだよ。まちがえた もんだいは やりなおして おくように しよう。

まとめのテスト

とくてん　　/100てん

おわったら シールを はろう

きょうかしょ 123～133ページ　こたえ 17ページ

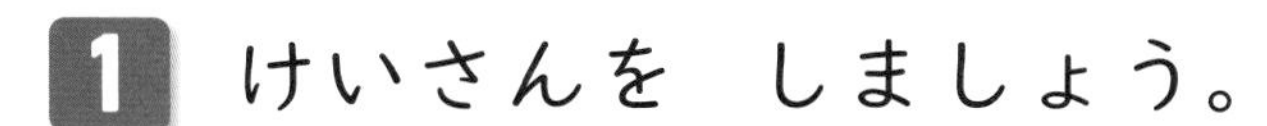

1 けいさんを　しましょう。　1つ5〔60てん〕

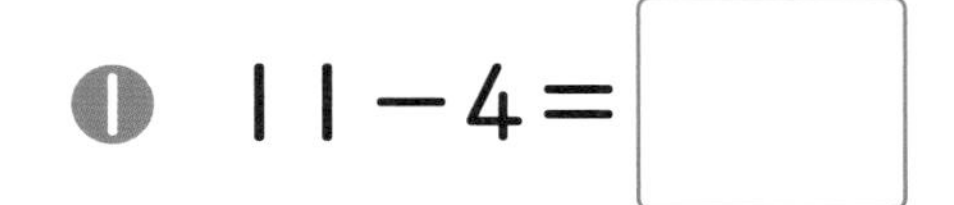

❶ $11-4=$ □　　❷ $14-6=$ □

❸ $13-7=$ □　　❹ $11-6=$ □

❺ $17-8=$ □　　❻ $14-5=$ □

❼ $12-8=$ □　　❽ $16-9=$ □

❾ $15-6=$ □　　❿ $13-6=$ □

⓫ $16-7=$ □　　⓬ $14-8=$ □

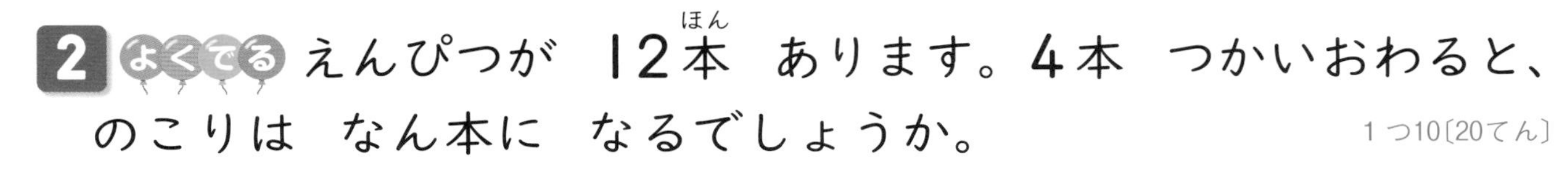

2 よくでる えんぴつが　12本（ほん）　あります。4本　つかいおわると、のこりは　なん本に　なるでしょうか。　1つ10〔20てん〕

しき □

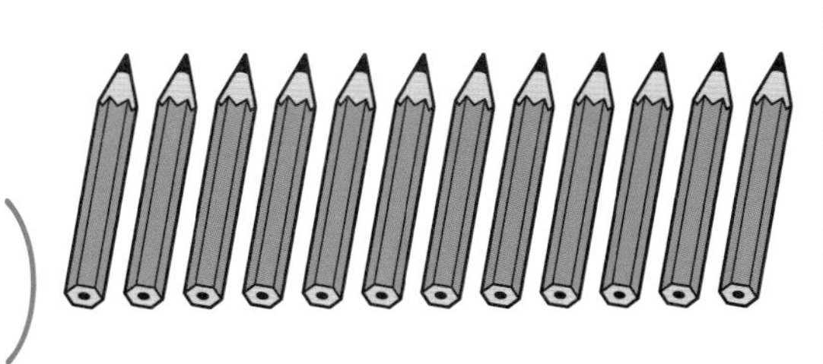

こたえ（　　　　）

3 赤（あか）い　いろがみが　16まい、青（あお）い　いろがみが　8まい　あります。どちらが　なんまい　おおいでしょうか。　1つ10〔20てん〕

しき □

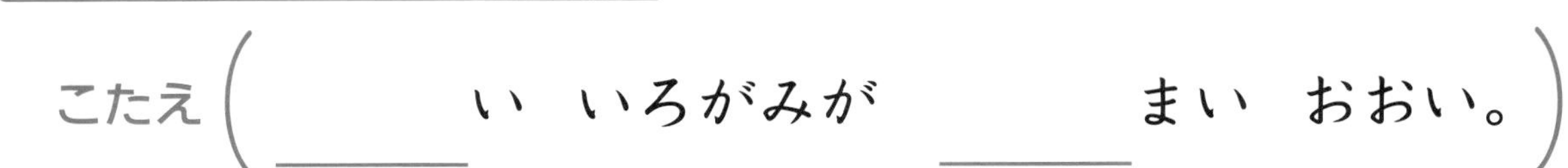

こたえ（＿＿＿い　いろがみが　＿＿＿まい　おおい。）

ふろくの「計算れんしゅうノート」19～23ページを　やろう！

□10と　いくつに　わける　ことが　できたかな？
□ひきざんの　けいさんが　できるように　なったかな？

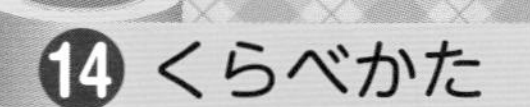

べんきょうした 日　月　日

くらべかた ［その1］

きほんのワーク

もくひょう
ながさを
くらべられる ように
しよう。

おわったら
シールを
はろう

きょうかしょ 136～141ページ　こたえ 17ページ

きほん1 ながさを くらべる ことが できますか。

☆ えを 見(み)て、ⓐから ⓔで こたえましょう。

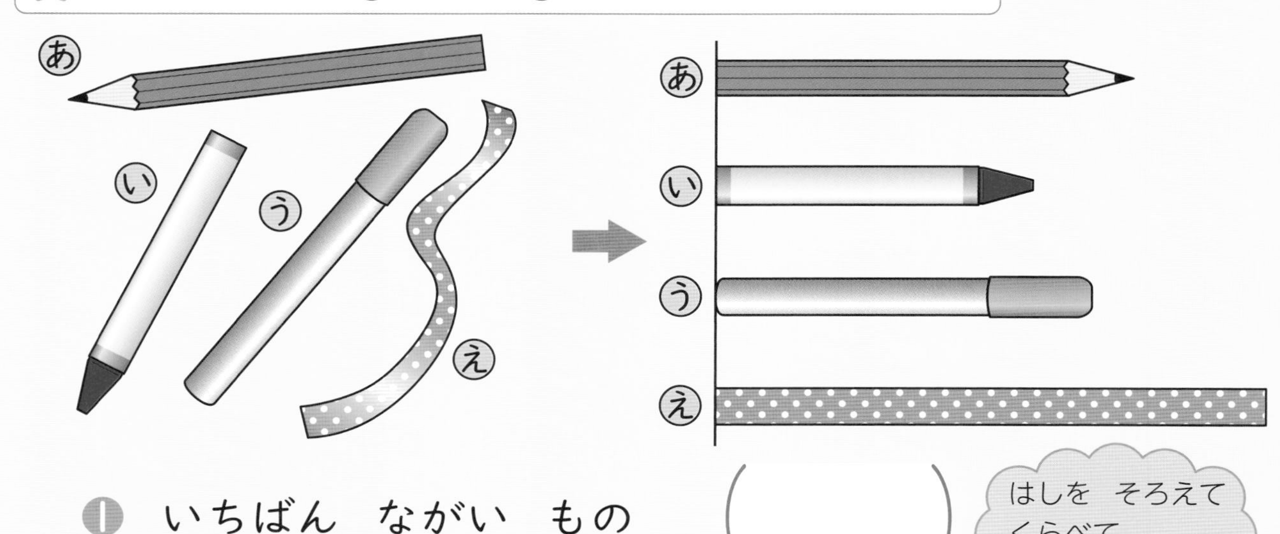

❶ いちばん ながい もの　(　　　)

❷ いちばん みじかい もの　(　　　)

1 ⓐ、ⓘの どちらが ながいでしょうか。　きょうかしょ 136～137ページ

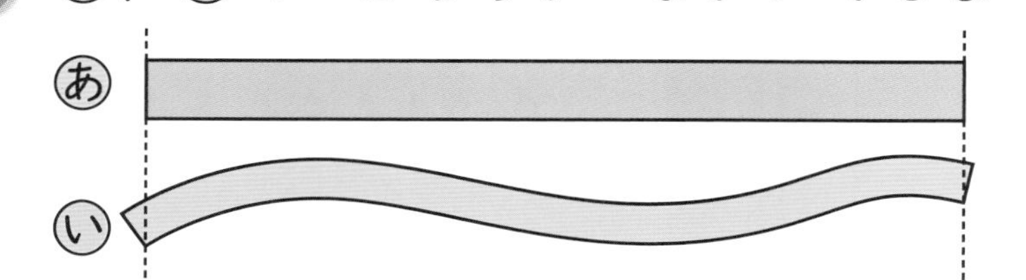

(　　　)

2 たてと よこの ながさを くらべます。ⓐ、ⓘの どちらが ながいでしょうか。　きょうかしょ 136～137ページ

❶

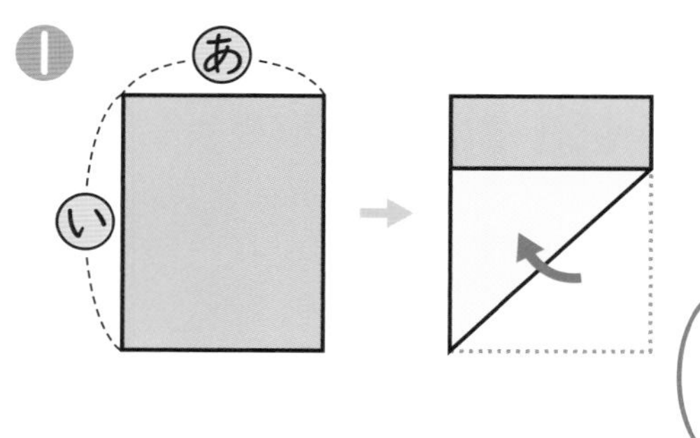

(　　　)

❷

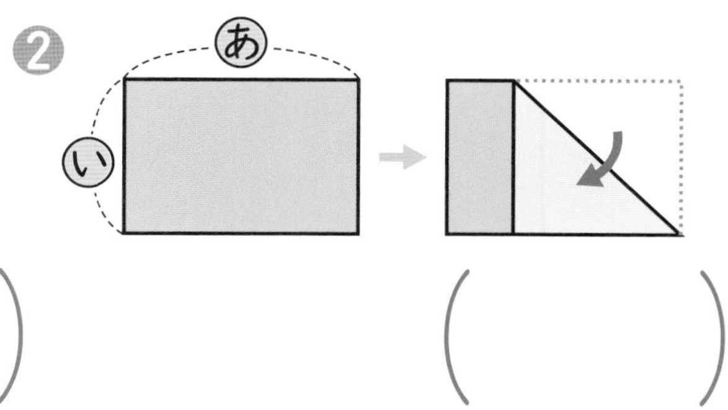

(　　　)

さんすうはかせ　きみの ふでばこには なん本(ぼん)の えんぴつが 入(はい)って いるかな。つくえの 上(うえ)に たてて ながさくらべを して みよう。テープに うつしとって、くらべて みよう。

きほん2 テープを　つかって　ながさを　くらべられますか。

☆ つくえの　よこの　ながさと　ドアの　はばを、かみテープに　しるしを　つけて、くらべます。
あ、いの　どちらが　ながいでしょうか。

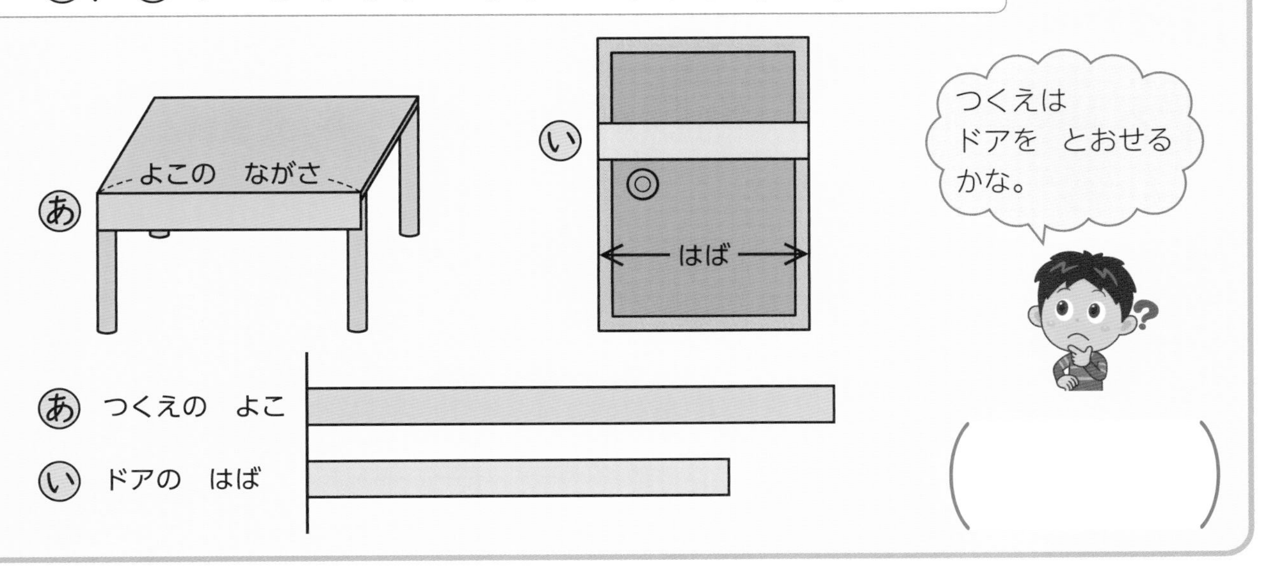

（　　　　）

3 あ、いの　どちらが　ながいでしょうか。

きょうかしょ 138ページ1

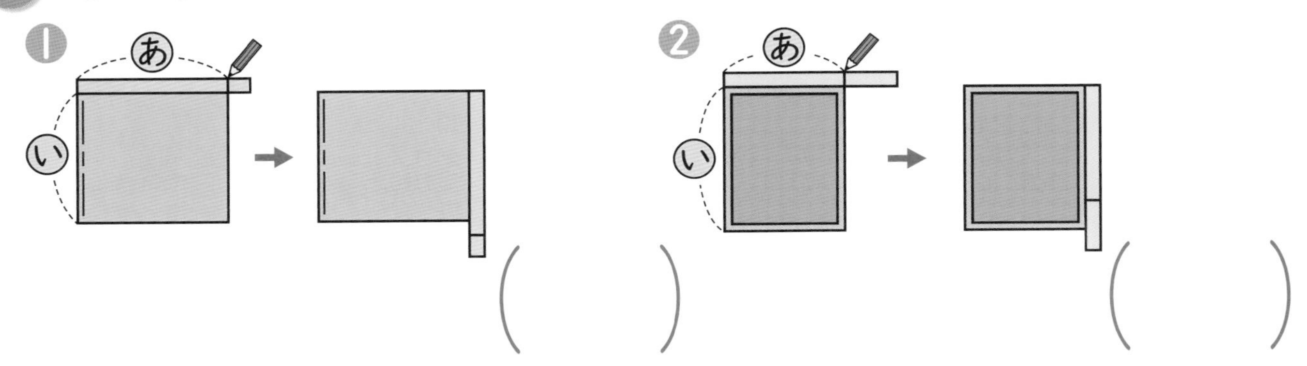

1（　　　　）　2（　　　　）

4 ながい　じゅんに　かきましょう。

きょうかしょ 141ページ 2

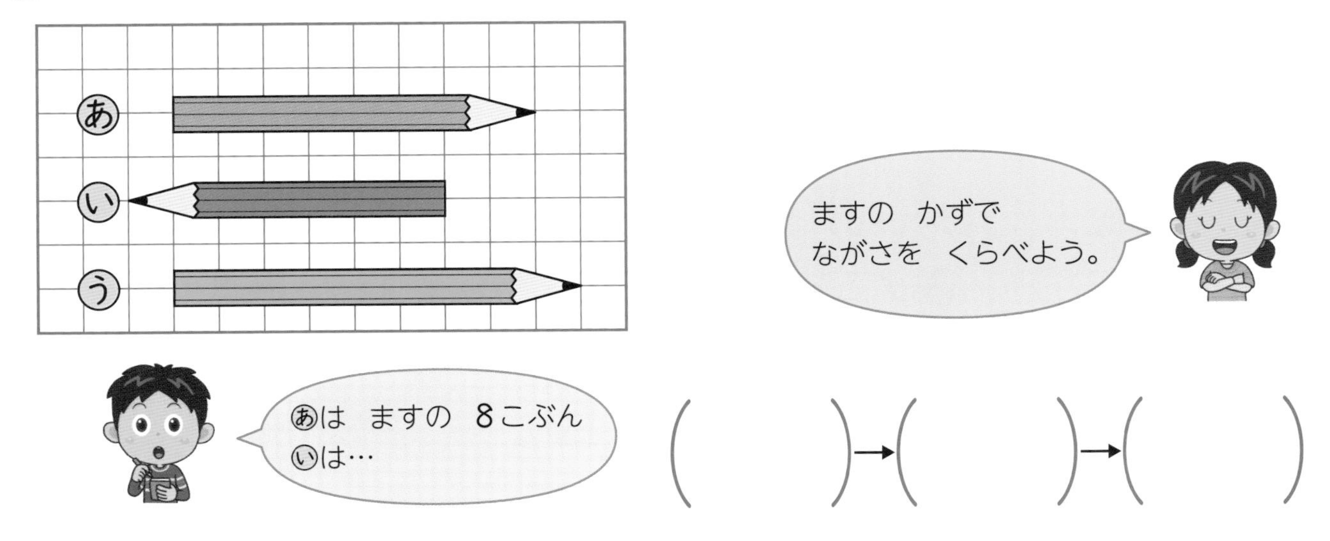

（　　　　）→（　　　　）→（　　　　）

おうちのかたへ
長さについて学習します。比べる物を並べたり重ねたりして比べる直接比較と、テープなどに写して比べる間接比較を学びます。

べんきょうした 日　月　日

くらべかた ［その2］

きほんのワーク

もくひょう
入れものに 入る 水の おおさを くらべよう。

おわったら シールを はろう

きょうかしょ 142〜144ページ　こたえ 17ページ

きほん1 どちらが おおいか わかりますか。

☆ おおく 入る ほうに ○を つけましょう。

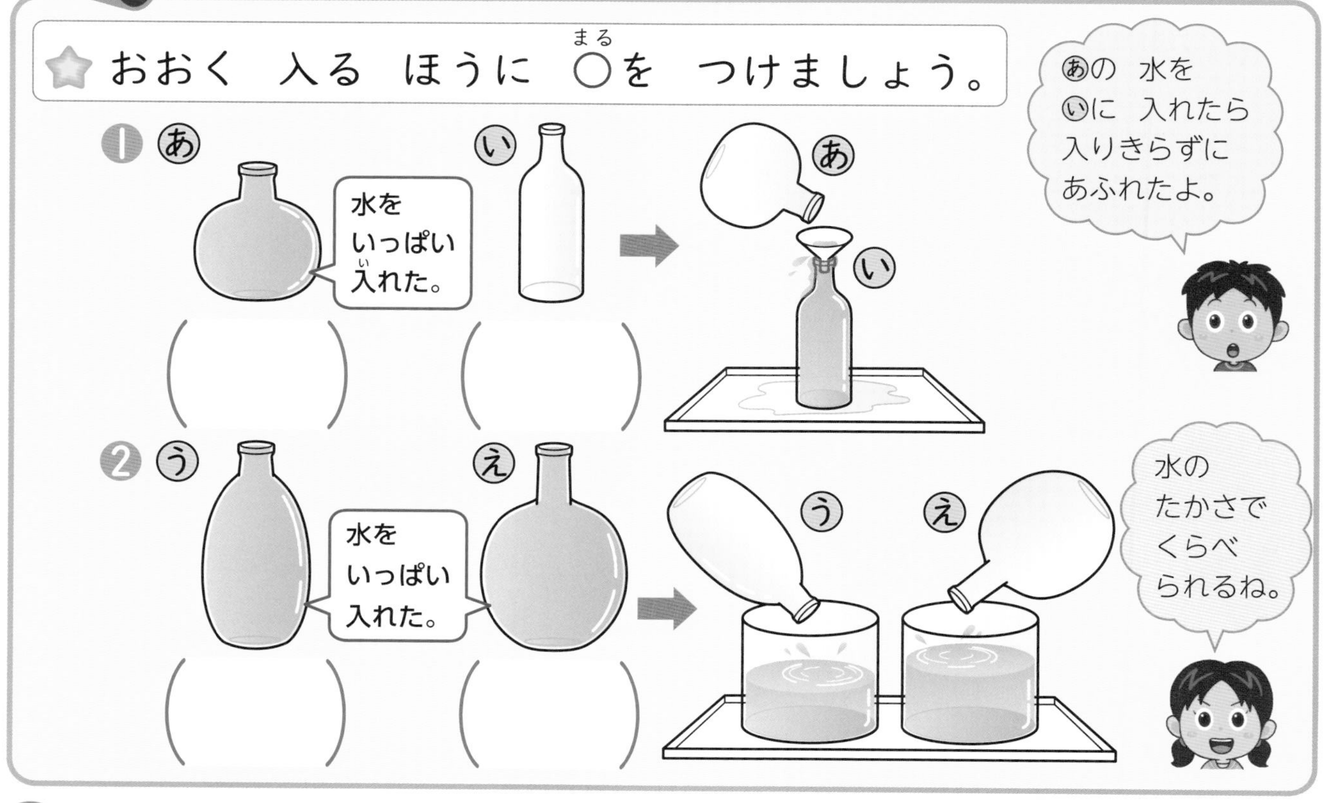

1 水が おおく 入って いる じゅんに かきましょう。

きょうかしょ 143ページ 4

2 いちばん おおいのは どれでしょうか。

きょうかしょ 143ページ 5

あ　い　う

はってん さんすうはかせ

水の かさを しらべる ときには、みのまわりの ものが いい はかりに なるよ。
ペットボトルの 500mLや 2Lと いう ひょうじを 見つけて ごらん。

3 どちらの　入れものが　大きいでしょうか。

きょうかしょ 143ページ 6

あ　い　あ　い

（　　）

きほん2　水の　かさを　くらべられますか。

☆ 水が　おおく　入って　いたのは　どちらですか。

あ　い

あは　（コップ）で　□　はい　　いは　（コップ）で　□　はい

おおく　入って　いたのは　□。

いが　4はいぶん
おおいね。

4 入れものに　入る　水を　コップに　うつしかえました。

きょうかしょ 144ページ 5

すいとう

なべ

ポット

❶ なべと　ポットには、コップで　なんばいぶんの
水が　入りましたか。

● なべ
□ はい

● ポット
□ はい

❷ すいとうと　なべでは、どちらが
おおく　入るでしょうか。　（　　　）

おうちのかたへ
かさ（量）の比べかたを学習します。移しかえて比べる方法、同じ物に入れかえ、その何杯分で比べる方法を学びます。2年生でのかさの単位（dL、L、mL）へとつながっていきます。

きほん 1 ひろさを くらべることが できますか。

☆ どちらが ひろいでしょうか。

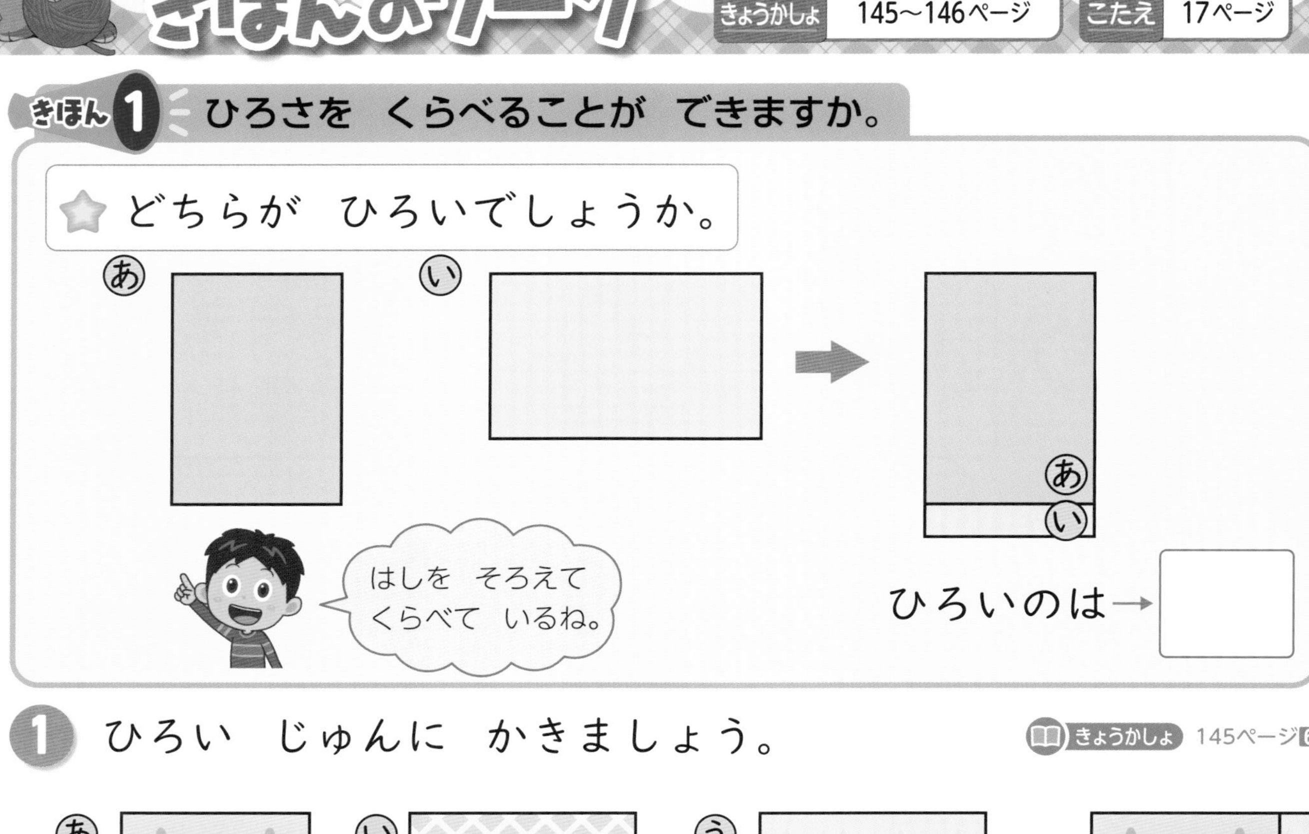

ひろいのは→

1 ひろい じゅんに かきましょう。

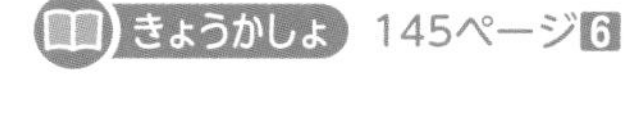

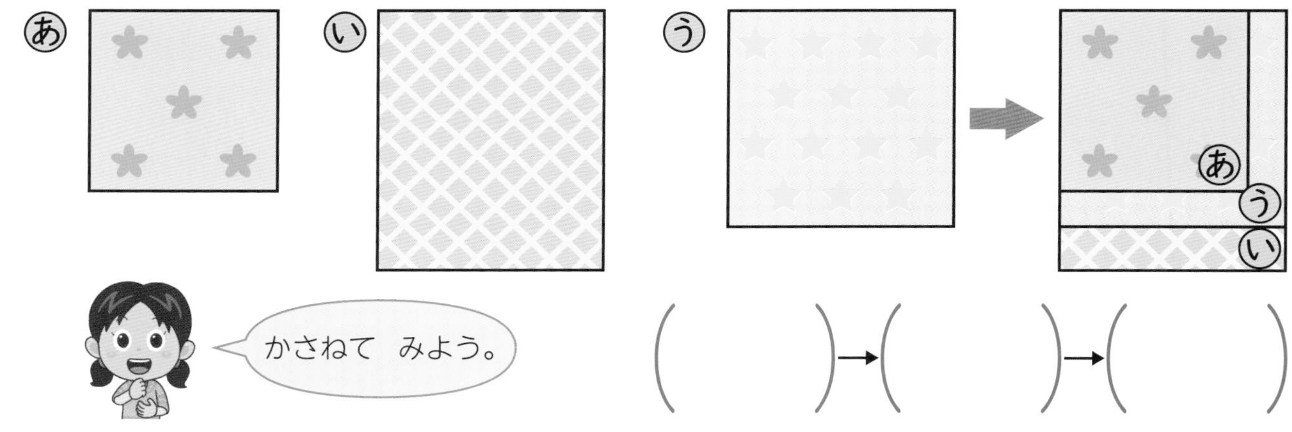

(　　　)→(　　　)→(　　　)

2 どちらが ひろいでしょうか。

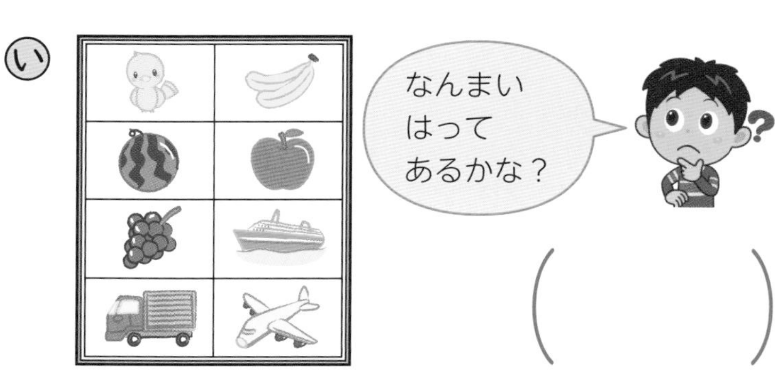

(　　　)

おうちのかたへ　広さ(面積)を学習します。シートやハンカチなどを重ねて比べる直接比較を中心に学びます。面積の学習の入り口としてしっかり確認しましょう。

1 えを 見て、あ、い、う、えで こたえましょう。 1つ20〔40てん〕

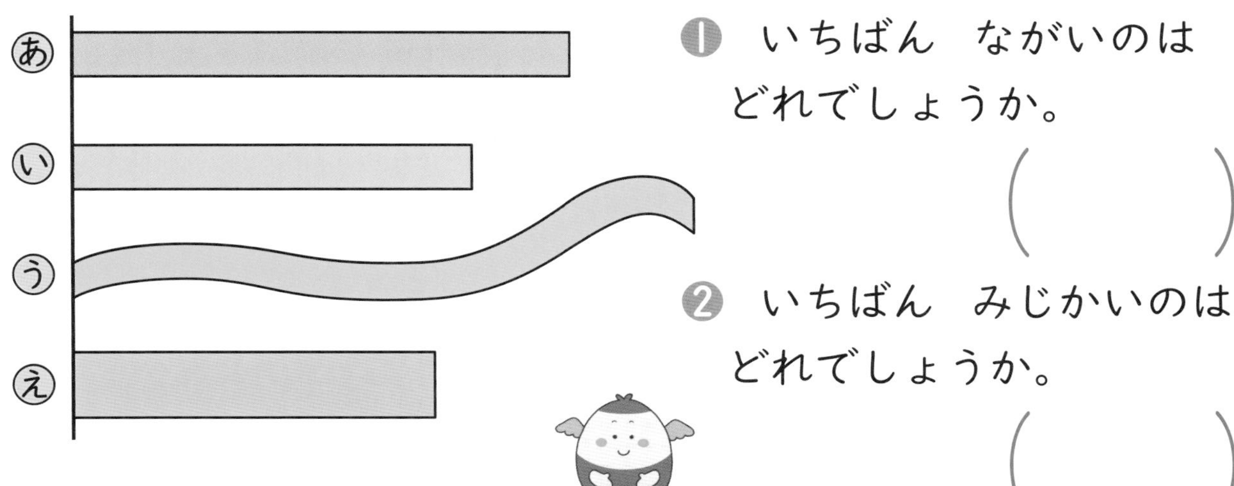

❶ いちばん ながいのは どれでしょうか。

（　　　）

❷ いちばん みじかいのは どれでしょうか。

（　　　）

2 よくでる 水が おおく 入って いる じゅんに かきましょう。 〔20てん〕

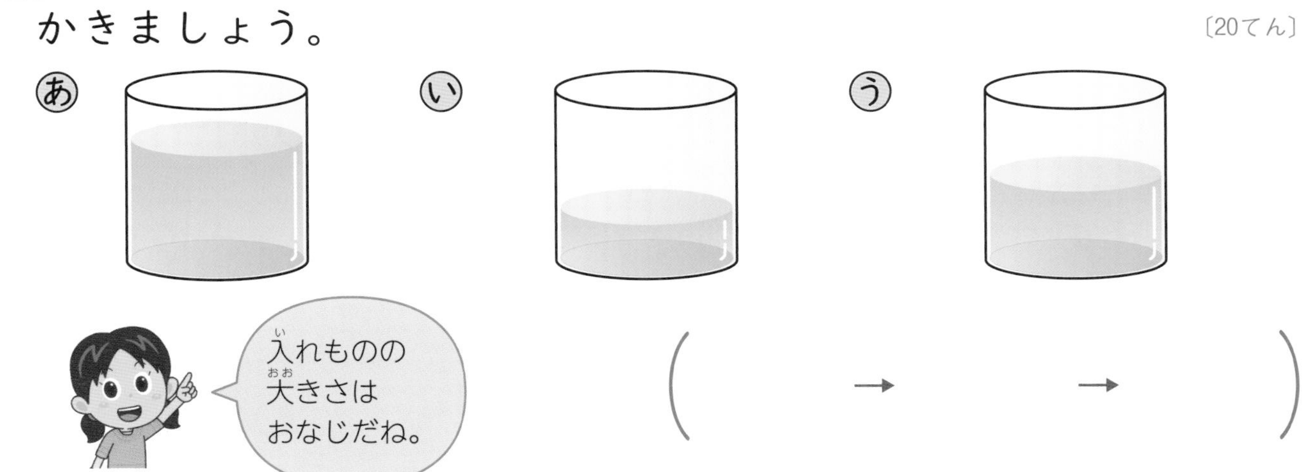

（　　→　　→　　）

3 赤と 青の どちらが ひろいでしょうか。 1つ20〔40てん〕

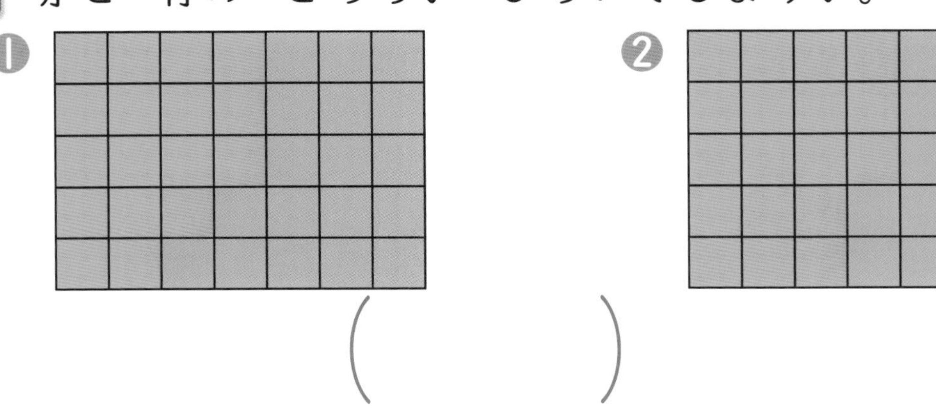

❶ （　　　）

❷ （　　　）

□ ながさや ひろさを くらべる ことが できたかな？
□ かさを くらべる ことが できたかな？

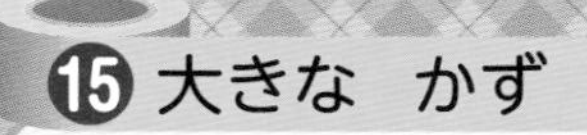

大きな　かず ［その1］

きほんのワーク

もくひょう
30より　大きな
かずの　かぞえかたと
かきかたを　しろう。

おわったら
シールを
はろう

きょうかしょ 150～155ページ　こたえ 18ページ

きほん1 30より 大きな かずを かく ことが できますか。

☆  の　かずを、すう字で　かきましょう。

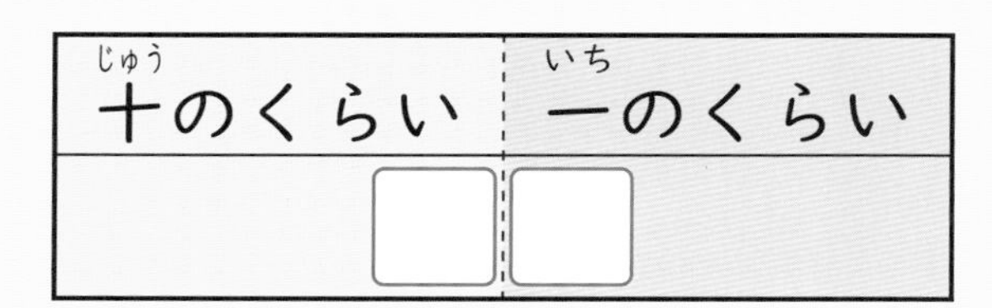

10が　4こで　□。
40と　3で　**よんじゅうさん**と　いいます。

十のくらい	一のくらい
□	□

10の　たばの　かずは
十のくらいに、
ばらの　かずは
一のくらいに　かくんだね。

1 かずを　かきましょう。

きょうかしょ 151ページ1

❶

十のくらい	一のくらい
□	□

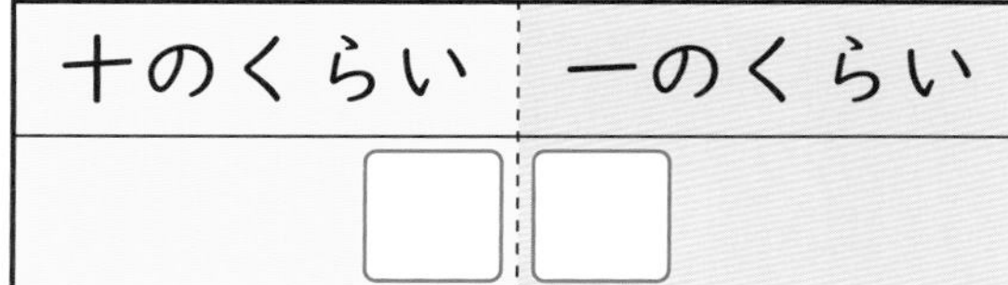

❷

十のくらい	一のくらい
□	□

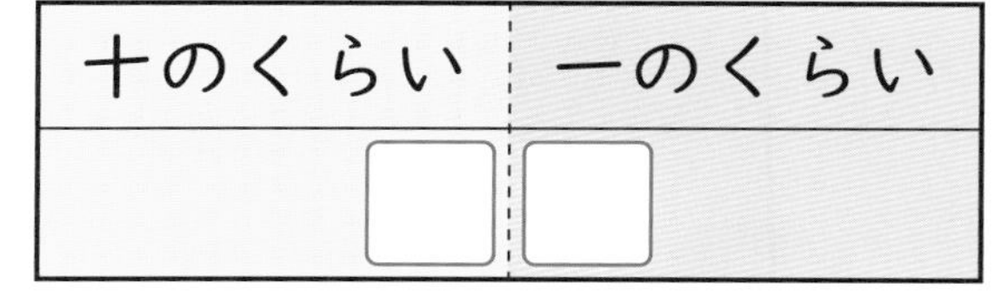

2 かずを　かきましょう。

きょうかしょ 152ページ❶

❶

❷

さんすうはかせ
1が　10こ　あつまると「10」と　いう　まとまりに　なるよね。では、10が　10こ
あつまると　なんと　いうのかな？　この　あと　がくしゅうするよ。

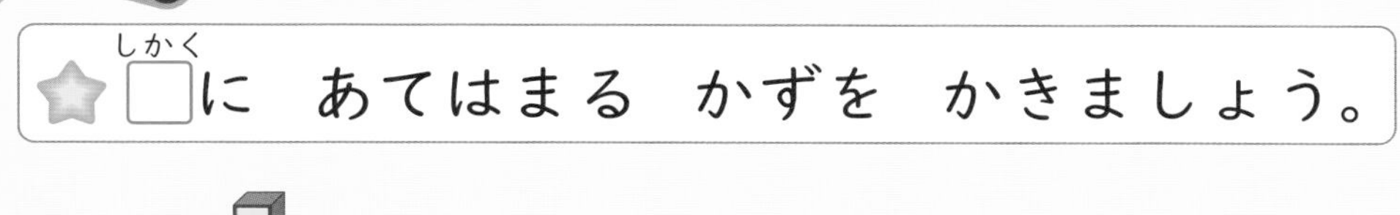

☆ □に あてはまる かずを かきましょう。

❶ （10のぼう）を 3こと、（1のブロック）を 9こ あわせた かずは □ です。

❷ 53は、10を □ こと、1を □ こ あわせた かずです。

3 □に あてはまる かずを かきましょう。

きょうかしょ 154ページ 2

❶ 10を 7こと、1を 4こ あわせた かずは □ です。

❷ 10を 5こ あつめた かずは □ です。

❸ 62は、10を □ こと、1を □ こ あわせた かずです。

❹ 一のくらいの すう字が 6、十のくらいの すう字が 3の かずは □ です。

4 あてはまる かずを かきましょう。

きょうかしょ 155ページ 3

❶

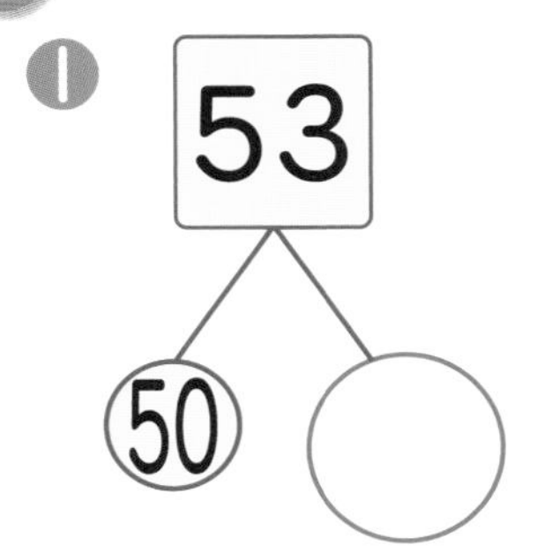

❷

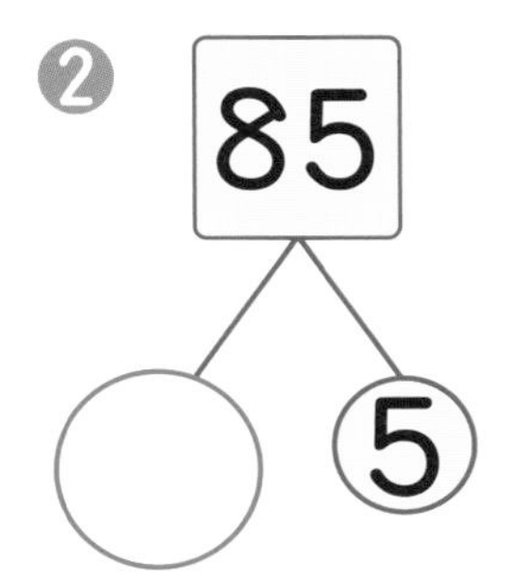

❸

おうちのかたへ 十進法の考えで、数を表すことを学びます。十の位、一の位の用語と考え方はとても重要です。空位の0の意味や役目をしっかりとおさえましょう。

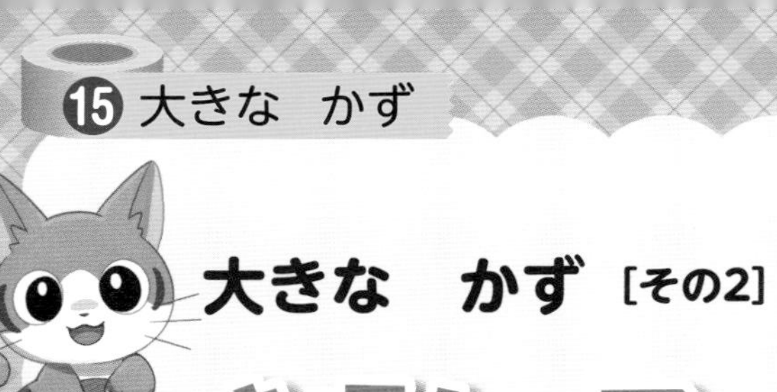

大きな　かず [その2]

きほんのワーク

もくひょう
100までの　かずの大きさと、ならびかたをしろう。

おわったら シールを はろう

きょうかしょ 155〜158ページ　こたえ 18ページ

きほん 1　100の　かずの　大（おお）きさや　いみが　わかりますか。

☆ ①の　○（まる）が　あと　1こ　ふえると、なんこになるでしょうか。

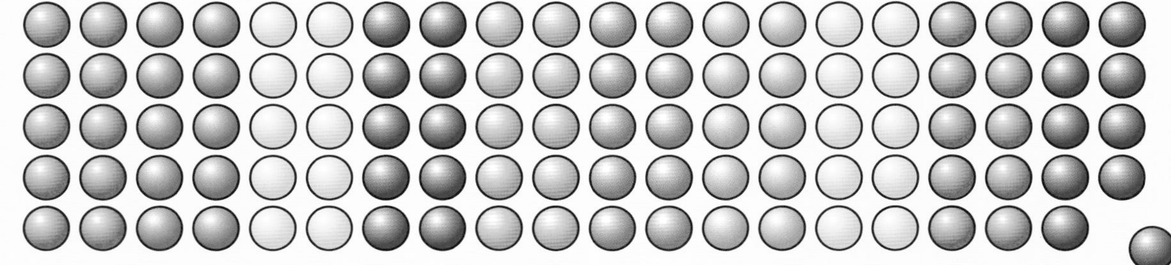

たいせつ

10が　10　こで　百（ひゃく）と　いい、100と　かきます。

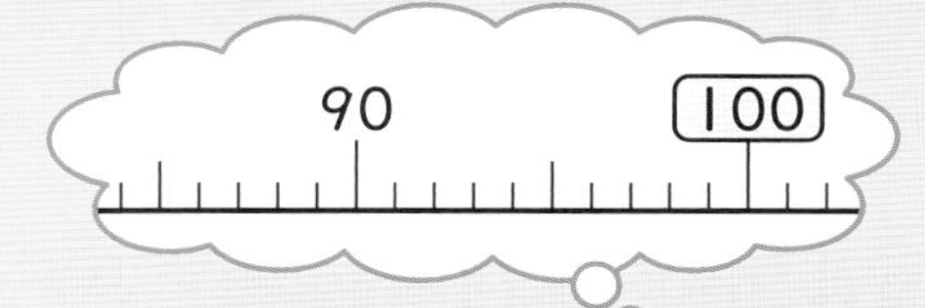

100は、99より　1　大きい　かずです。

1 ○は　なんこ　あるでしょうか。　きょうかしょ 155ページ3

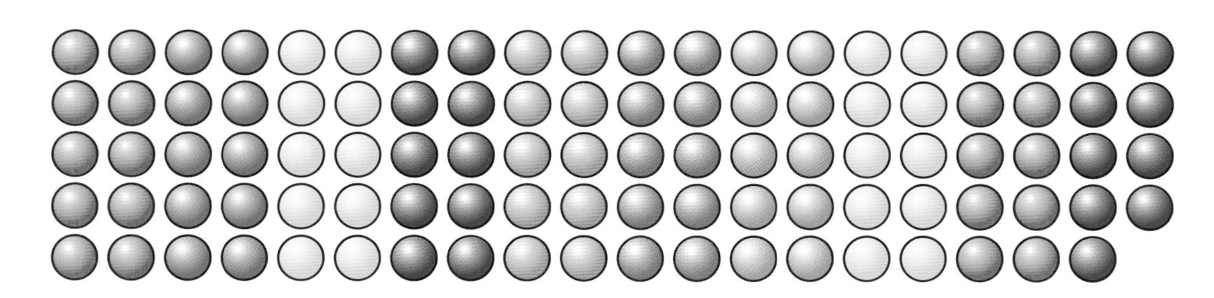

□ こ

百より　大きな　かずも　あるよ。百が　10こで　千（せん）、千が　10こで　1万（まん）になるよ。しって　いるかな。2ねんせいに　なったら、がくしゅうするよ。

きほん2 かずの 大きさが わかりますか。

☆ どちらの かずが 大きいでしょうか。

74 49

どちらの くらいの
すう字で くらべれば
いいかな？

74と 49は

□のくらいの

すう字で くらべます。

十のくらいの すう字は 7と □だから、

大きいのは □に なります。

2 □に あてはまる かずを かきましょう。 きょうかしょ 158ページ 5

0 10 20 30 40 50 60 70 80 90 100

❶ 68より 4 大きい かず □

❷ 91より 5 小さい かず □

かずのせんを
見て
かんがえよう。

3 大きい ほうに ○を つけましょう。 きょうかしょ 158ページ 6

❶ 98 89　❷ 84 81　❸ 66 56

4 □に あてはまる かずを かきましょう。 きょうかしょ 158ページ 7

❶ 71 72 □ 74 □ □ 77 78

❷ 30 40 □ 60 □ 80 90 □

おうちのかたへ　100の意味、大きさを学びます。数の並び方を数の線（数直線）を使って考えます。

大きな　かず ［その3］

きほんのワーク

もくひょう
100を　こえる
かずの　かきかたや
大(おお)きさを　しろう。

おわったら
シールを
はろう

きょうかしょ 159〜161ページ　こたえ 18ページ

きほん 1　100を　こえる　かずの　かきかたが　わかりますか。

☆ なん本(ぼん)　あるでしょうか。

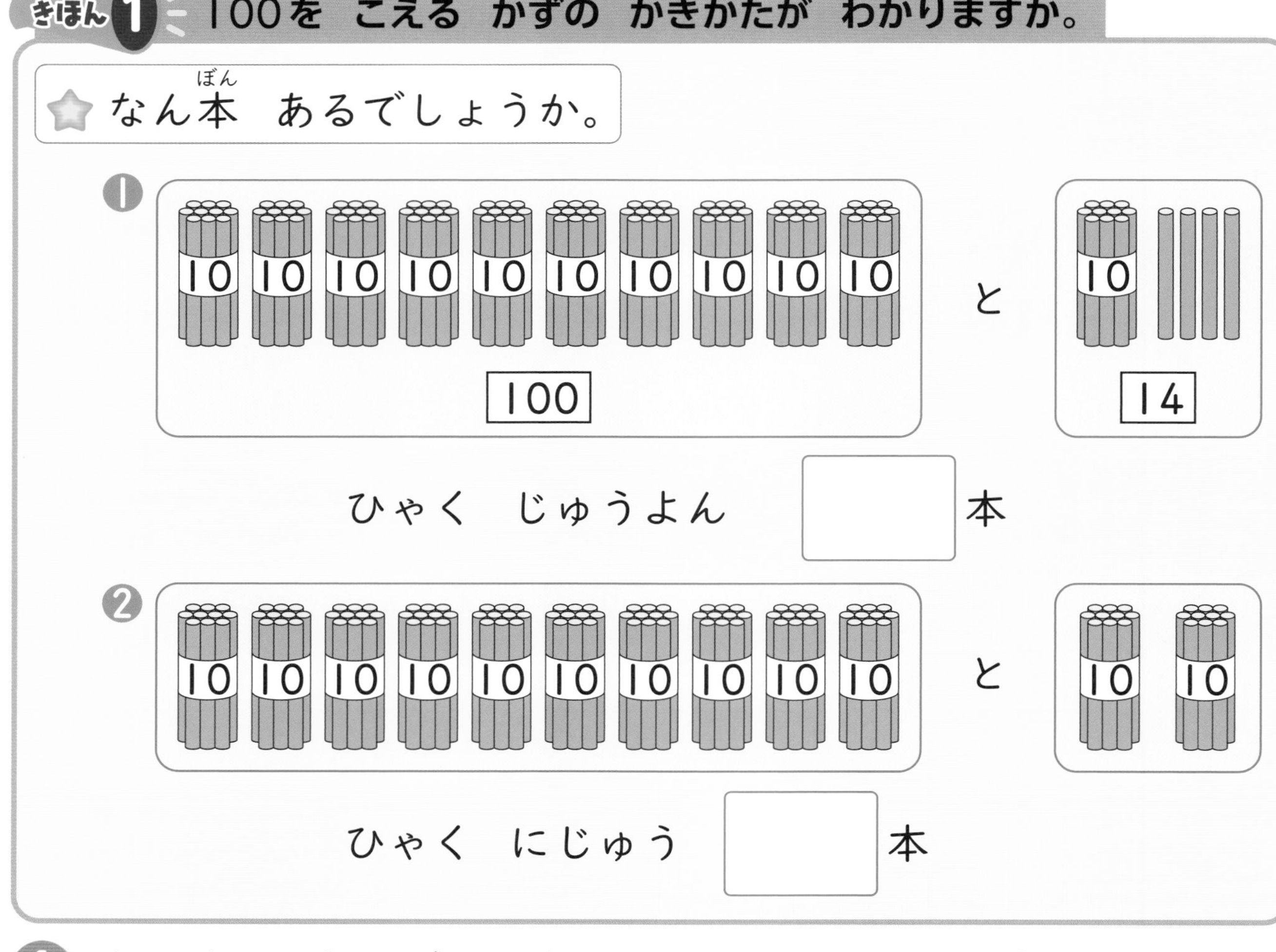

❶ ひゃく　じゅうよん　□本

❷ ひゃく　にじゅう　□本

1 なんまい　あるでしょうか。　きょうかしょ 159ページ 6

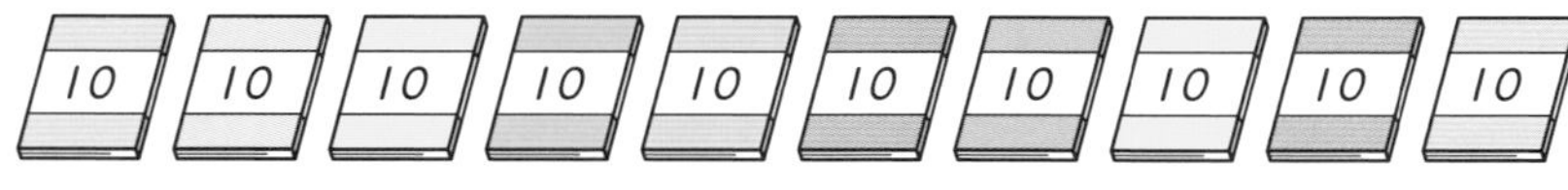

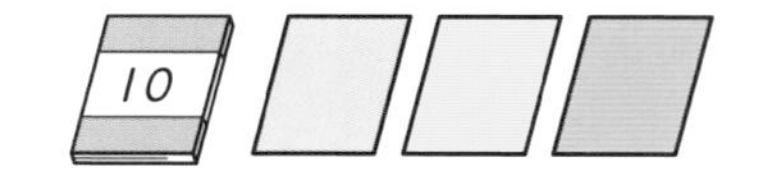

□まい

2 なんまい　あるでしょうか。　きょうかしょ 160ページ 8

❶

□まい

❷

□まい

さんすうはかせ　100より　大きい　かずを　かずのせんで　見(み)て　みよう。かずのせんでは　右(みぎ)に　いくほど　かずが　大きく　なって　いくよ。

3 □に　かずを　かきましょう。　きょうかしょ 161ページ 9

90	91		93	94	95	96	97		99
	101	102	103	104	105		107	108	109
110	111		113	114	115	116	117		119
120		122		124					

きほん 2　100より　大きい　かずが　わかりますか。

☆ すう字で　かきましょう。

❶ 100より　15　大きい　かず　□

❷ 110より　10　小さい　かず　□

❸ 120より　1　大きい　かず　□

下の　かずの
せんを　見て
かんがえよう。

70　80　90　100　110　120

4 すう字で　かきましょう。　きょうかしょ 161ページ 11

❶ 100より　19　大きい　かず　□

❷ 120より　8　小さい　かず　□

❸ 120より　3　大きい　かず　□

5 大きい　ほうに　○を　つけましょう。　きょうかしょ 161ページ 10

❶ 102　110

❷ 112　121

❸ 101　99

おうちのかたへ　100という数を学んだ上で、120程度までの数を学習していきます。数の線についても興味・関心を持たせるようにしましょう。2年生では、1000、10000を学習します。

べんきょうした 日　　月　　日

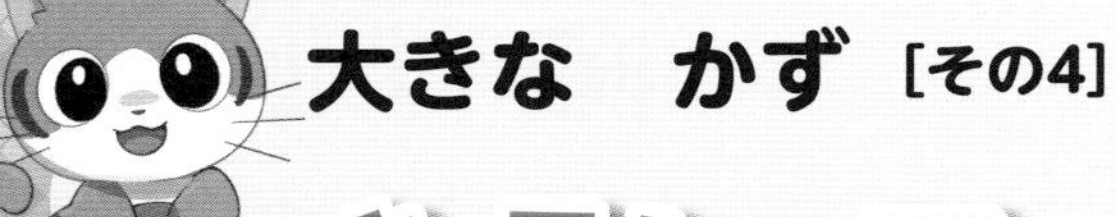

大きな かず [その4]

きほんのワーク

もくひょう
大きな かずの たしざんと ひきざんを しよう。

おわったら シールを はろう

きょうかしょ 162～164ページ　こたえ 18ページ

きほん 1　10の まとまりで かんがえて、けいさんが できますか。

☆ けいさんを しましょう。

❶ 40＋30＝□

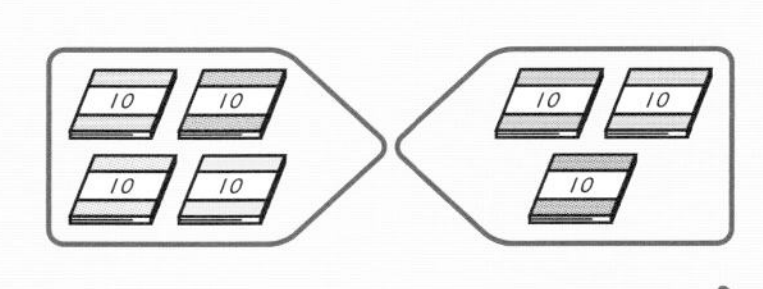

❷ 70－20＝□

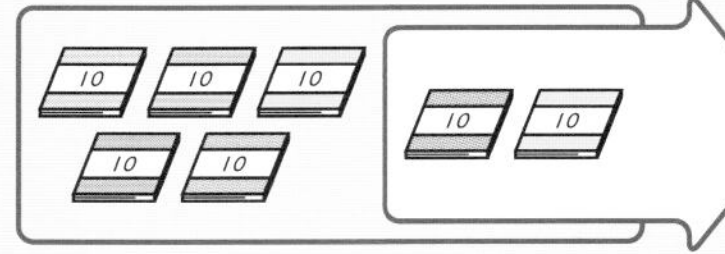

1 たしざんを しましょう。

きょうかしょ 162ページ ⑬

❶ 20＋30＝□　❷ 50＋30＝□

❸ 30＋40＝□　❹ 50＋40＝□

❺ 20＋60＝□　❻ 70＋30＝□

2 ひきざんを しましょう。

きょうかしょ 162ページ ⑭

❶ 50－30＝□　❷ 70－30＝□

❸ 80－50＝□　❹ 60－40＝□

❺ 90－30＝□　❻ 90－60＝□

さんすうはかせ　けいさんに つよく なるには なんかいも けいさんを れんしゅうする ことが たいせつだよ。まちがえた もんだいは やりなおして おくように しよう。

きほん 2 大きな　かずの　けいさんが　できますか。

☆ おりがみを　23まい　もって　います。
そこへ　4まい　もらいました。
ぜんぶで　なんまいに　なったでしょうか。

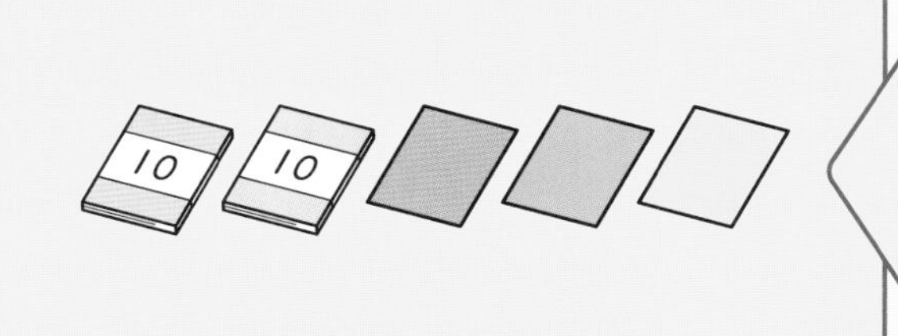

4まい　もらうと

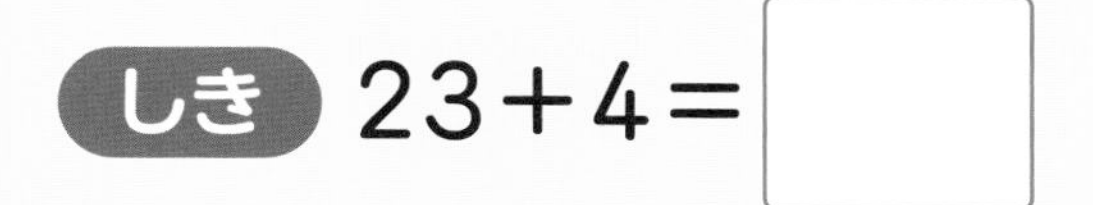

しき　23＋4＝□

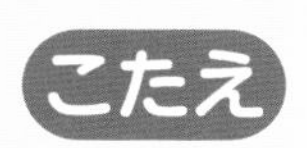

こたえ　□まい

3 けいさんを　しましょう。

きょうかしょ 163ページ 15

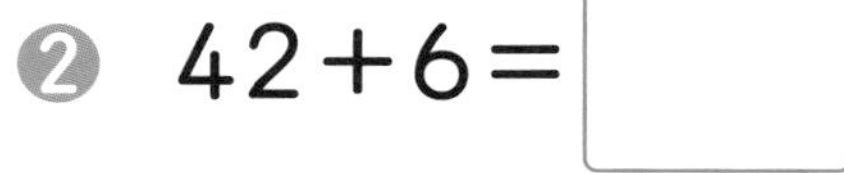

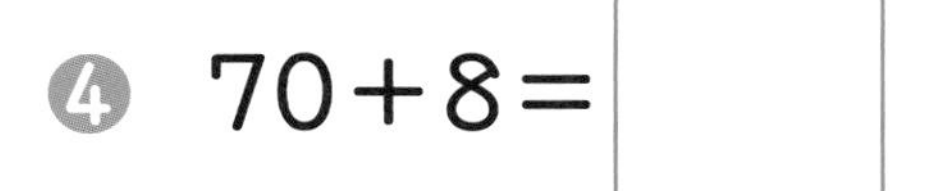

❶ 32＋3＝□　　❷ 42＋6＝□

❸ 4＋63＝□　　❹ 70＋8＝□

❺ 50＋6＝□　　❻ 3＋70＝□

4 けいさんを　しましょう。

きょうかしょ 163ページ 16

❶ 57−3＝□　　❷ 68−7＝□

❸ 94−2＝□　　❹ 87−4＝□

❺ 96−6＝□　　❻ 58−8＝□

5 けいさんを　しましょう。

❶ 36＋20＝□　　❷ 45＋30＝□

おうちのかたへ
2けたの数のたし算、ひき算です。10のまとまりとばらで分けて考えます。
2年生で学習する筆算につながっていきます。

べんきょうした 日　月　日

れんしゅうのワーク

きょうかしょ 150〜164ページ　こたえ 19ページ

できた かず　/14もん 中

おわったら シールを はろう

1 かずの ならびかた

□(しかく)に　あてはまる　かずを　かきましょう。

❶ 84 ― 85 ― □ ― □ ― 88 ― □

❷ 50 ― □ ― □ ― 80 ― 90 ― □

❸ 59より　1　大(おお)きい　かずは　□

❹ 90より　1　小(ちい)さい　かずは　□

2 かずの 大きさ

かずの　大きい　じゅんに　ならべかえます。
□に　あてはまる　かずを　かきましょう。

81　73　100　23　69

100 → □ → □ → □ → □

3 大きい かずの けいさん

(30円)と(40円)で　なん円(えん)でしょうか。

しき □

こたえ（　　　）

できるナビ　❷まずは、いちばん　大きい　かずを　さがして、つぎに　2ばんめに
大きい　かずを　さがして　いくと　いいよ。

まとめのテスト

じかん 20ぷん　とくてん /100てん　おわったら シールを はろう

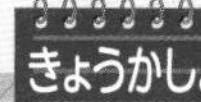 きょうかしょ 150〜164ページ　 こたえ 19ページ

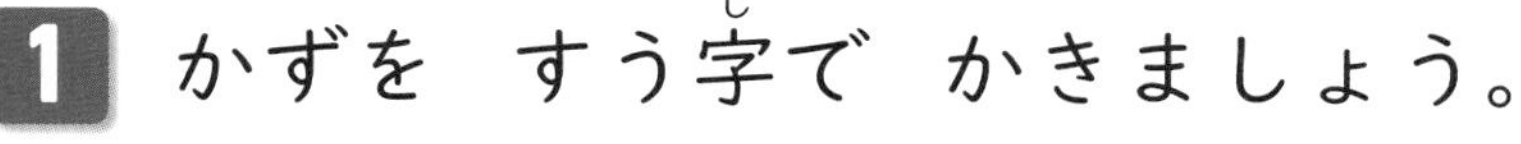

1 かずを すう字で かきましょう。 1つ10〔30てん〕

❶   

□本

❷ 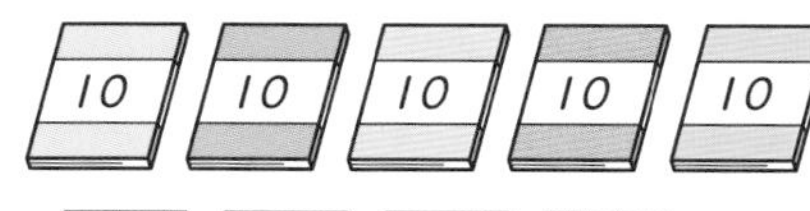 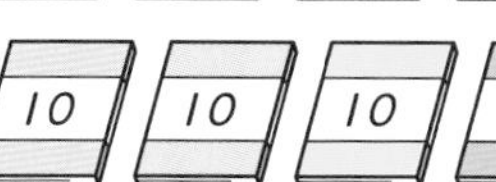

□まい

❸   

□こ

2 よくでる □に あてはまる かずを かきましょう。 1つ10〔50てん〕

❶ 10が 4こと 1が 9こで □

❷ 80は、10が □こ

❸ 十のくらいが 9、一のくらいが 7の かずは □

❹

100　□　110　□　120

3 けいさんを しましょう。 1つ5〔20てん〕

❶ $40+60=$ □　❷ $9+90=$ □

❸ $60-50=$ □　❹ $87-7=$ □

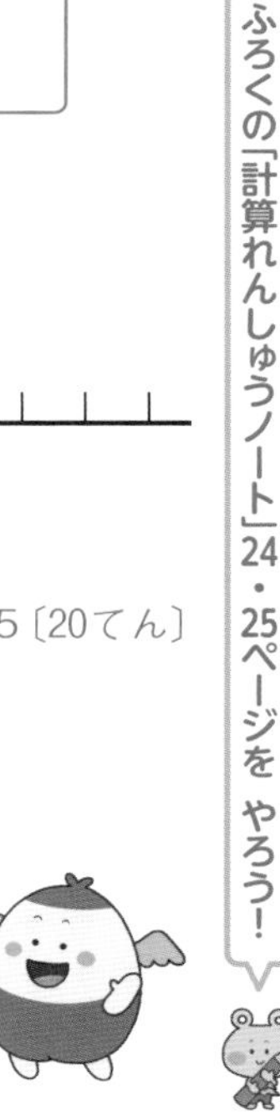

チェック
□大きい かずが わかったかな？
□大きい かずの たしざん ひきざんが できたかな？

べんきょうした 日 月 日

なんじなんぷん

もくひょう
とけいの よみかた（なんじなんぷん）を しろう。

おわったら シールを はろう

きょうかしょ 165～168ページ　こたえ 19ページ

きほん 1　とけいの よみかたが わかりますか。

☆ なんじなんぷんでしょうか。

みじかい はりが
- 7と 8の あいだ→7じ
- ながい はりが 3→15ふん

□ じ □ ふん

みじかい はりで なんじ、ながい はりで なんぷんを よむんだね。

1 なんじなんぷんでしょうか。

きょうかしょ 167ページ 1

1

（　　　　　）

2

ながい はりの 2は 10ぷん だから…。

（　　　　　）

3

（　　　　　）

4

（　　　　　）

はってん さんすうはかせ　1じかんは 60ぷん、1ぷんは 60びょうだよ。びょうと ふん、じかんは 60ごとに いいかたが かわるね。

きほん 2 なんじなんぷんか わかりますか。

☆ 下(した)の とけいを よみましょう。

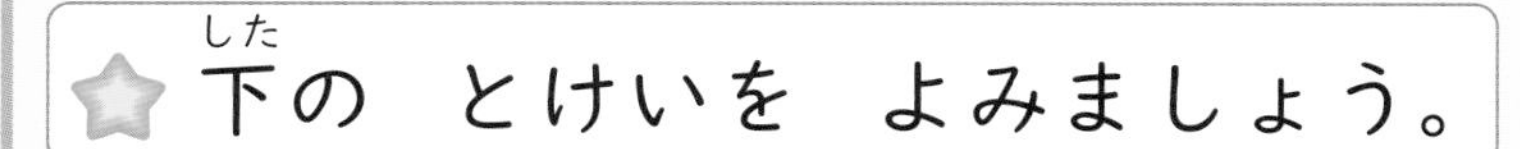

7じ □ ふん ➡ 7じ 59ふん ➡ □ じ ➡ 8じ □ ぷん

2 せんで むすびましょう。

3じ 45ふん　4じ 50ぷん　7:18　10:45

3 なんじなんぷんでしょうか。

❶

(　　　　)

❷

(　　　　)

おうちのかたへ　何時何分まで読めるようにします。時計を正確に読めないお子さんが多いので、日頃から時計を見ることを習慣づけましょう。

べんきょうした 日　　月　　日

れんしゅうのワーク

きょうかしょ 165～168ページ　　こたえ 19ページ

できた かず　／10もん 中

おわったら シールを はろう

1 とけいの よみかた　なんじなんぷんでしょうか。

❶

（　　　　）

❷

（　　　　）

❸

（　　　　）

2 ながい はり　ながい　はりを　せんで　かきましょう。

❶ 1じ45ふん

❷ 9じ20ぷん

❸ 6じ3ぷん

3 なんじなんぷん　せんで　むすびましょう。

6:15	8:15	7:15	9:15

できるナビ　はりの　ある　とけいの　ほかに、デジタルの　とけいも　あるよ。いろいろな　とけいを　よめるように　なろう。

じかん 20ぷん

とくてん　/100てん

おわったら シールを はろう

1 下(した)の とけいを よみましょう。　1つ10〔40てん〕

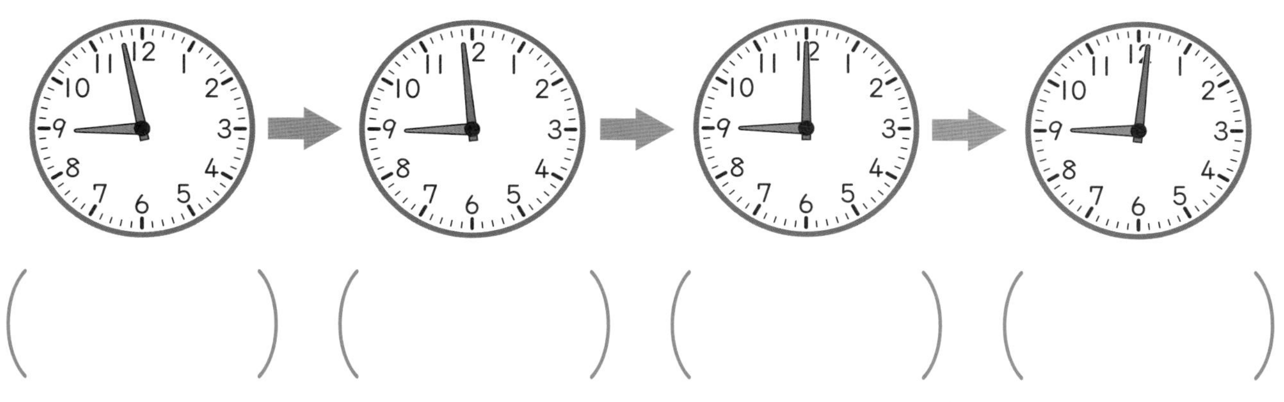

(　　) (　　) (　　) (　　)

2 よくでる なんじなんぷんでしょうか。　1つ10〔60てん〕

(　　) (　　) (　　) (　　) (　　) (　　)

ふろくの「計算れんしゅうノート」27ページを やろう！

□ながい はりで なんぷんが よめるように なったかな？
□なんじなんぷんを よむ ことが できたかな？

べんきょうした 日　月　日

どんな　しきに　なるかな［その1］

もくひょう
もんだいを　ずに
あらわして
かんがえて　みよう。

おわったら
シールを
はろう

きほんのワーク

きょうかしょ 171〜173ページ　こたえ 20ページ

きほん1　なん人（にん）　いるか　わかりますか。

☆ まみさんは　まえから　4ばんめに　います。
まみさんの　うしろには　3人　います。
ぜんぶで　なん人　いるでしょうか。

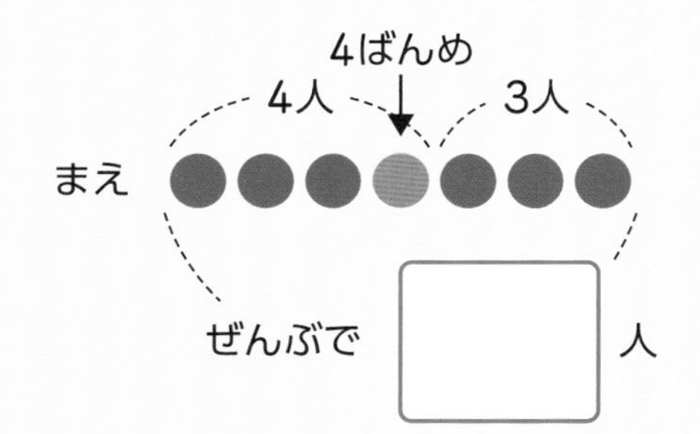

しき　□＋□＝□　　こたえ　□人

1 だいすけさんは　まえから　8ばんめに　います。
だいすけさんの　うしろには　4人　います。
ぜんぶで　なん人　いるでしょうか。

きょうかしょ 172ページ1

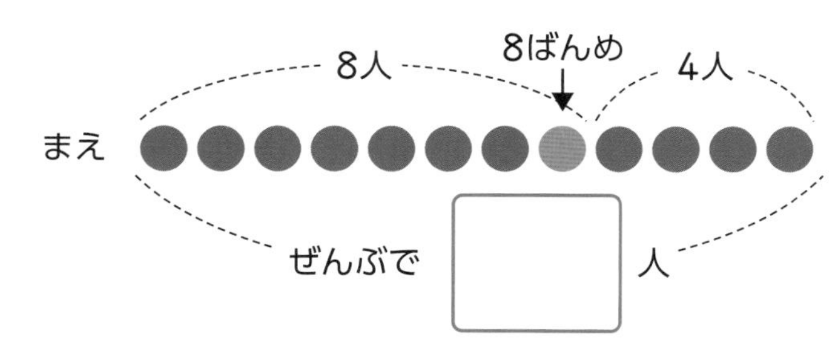

しき

こたえ　□人

さんすうはかせ
ぶんしょうだいを　とく　ときは、ずに　あらわして　かんがえよう。
1の　もんだいの　ように　○（まる）を　つかって　あらわすと　わかりやすいね。

きほん 2 じゅんばんの かずを もとめられますか。

☆ 8人 ならんで います。
けんとさんは まえから 4ばんめです。
けんとさんの うしろには なん人 いるでしょうか。

4ばんめ
8人
まえ ●●●●●●●●
4人　うしろに
□人

こんどは、うしろの 人の かずを きいて いるよ。

しき □－□＝□　こたえ □人

2 バスていに 9人 ならんで います。
りなさんの うしろには 2人 います。
りなさんは まえから なんばんめでしょうか。

きょうかしょ 173ページ 1

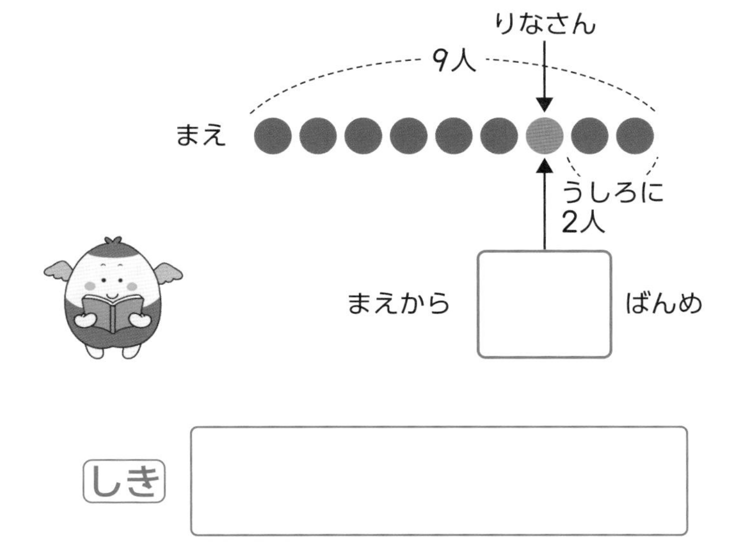

しき □　こたえ □ばんめ

おうちのかたへ　文章題を図に整理して考える学習をします。少し難しそうな問題も、図に表すと理解しやすくなります。

べんきょうした 日　月　日

どんな　しきに　なるかな [その2]

もくひょう
ずに　あらわして
かんがえよう。

おわったら
シールを
はろう

きほんのワーク

きょうかしょ 174〜176ページ　こたえ 21ページ

きほん1 ちがいを　ずに　あらわして　かんがえられますか。

☆ まみさんは　なわとびを　8かい　とびました。
たろうさんは　まみさんより　6かい　おおく
とんだ　そうです。
たろうさんは　なんかい　とんだでしょうか。

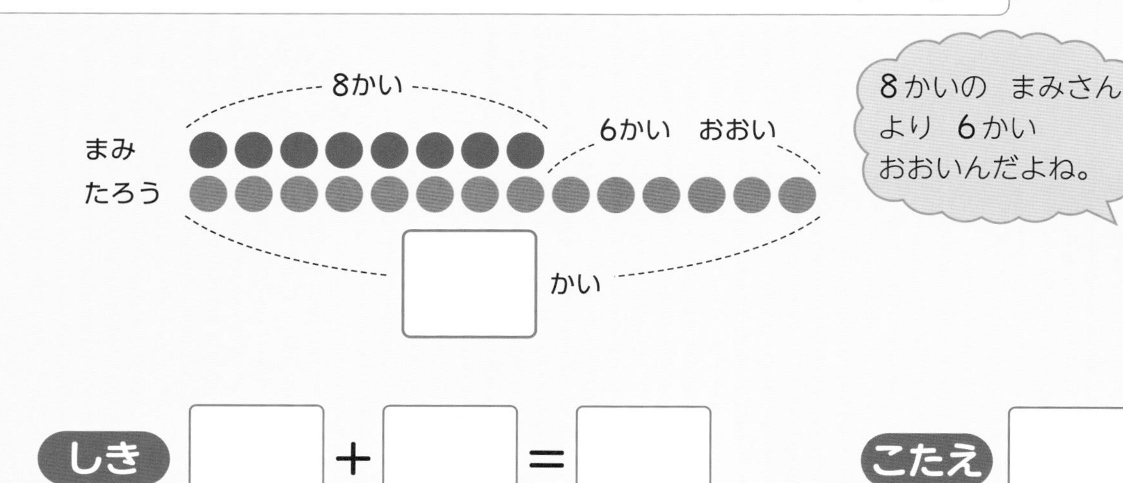

しき □＋□＝□　こたえ □かい

1 りささんは　おはじきを　7こ　もって　います。
みきさんは　りささんより　5こ　おおく　もって　います。
みきさんは　おはじきを　なんこ　もって　いるでしょうか。

きょうかしょ 174ページ3

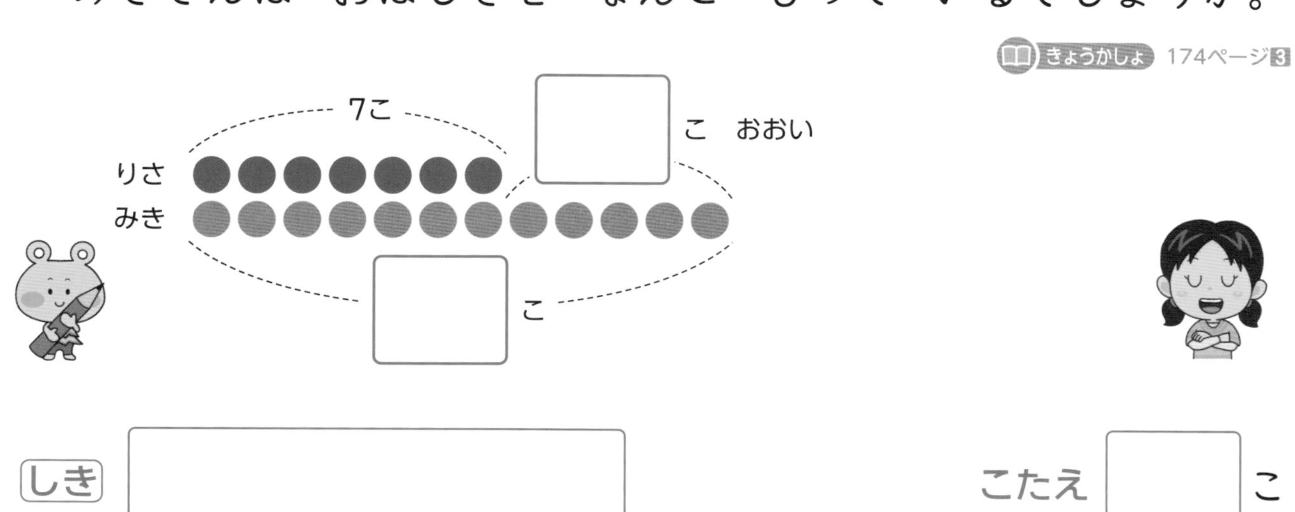

しき □　こたえ □こ

さんすうはかせ　さいころを　しって　いるかな？　さいころには　1から　6までの　しるしが　ある。1の　はんたいがわは　6、2の　はんたいがわは　5、3の　はんたいがわは　4なんだ。

きほん2 ちがいを かんがえる けいさんが できますか。

☆ あめが 12こ ありました。
ガムは あめより 3こ すくなかったそうです。
ガムは なんこ あったでしょうか。

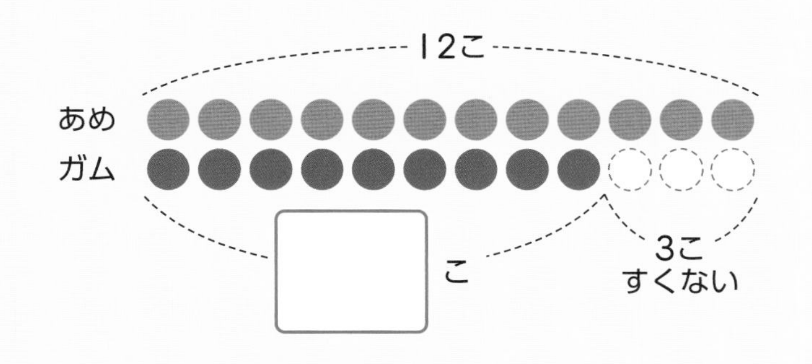

しき □ − □ ＝ □

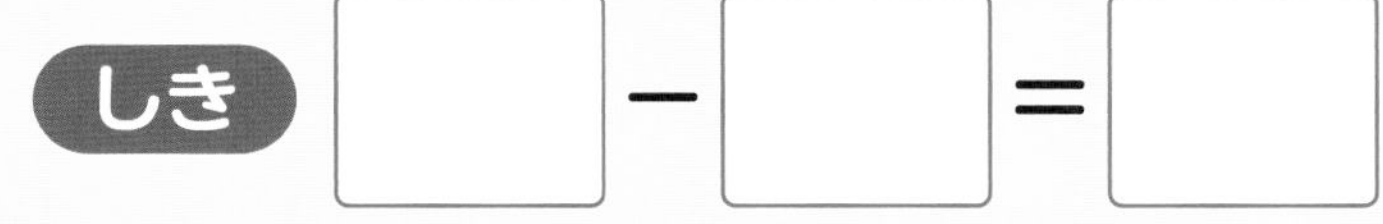

こたえ □ こ

2 1年生(ねんせい)と 2年生が あそんで います。
1年生は 14人(にん) います。
2年生は 1年生より 5人 すくないそうです。
2年生は なん人 いるでしょうか。 きょうかしょ 175ページ4

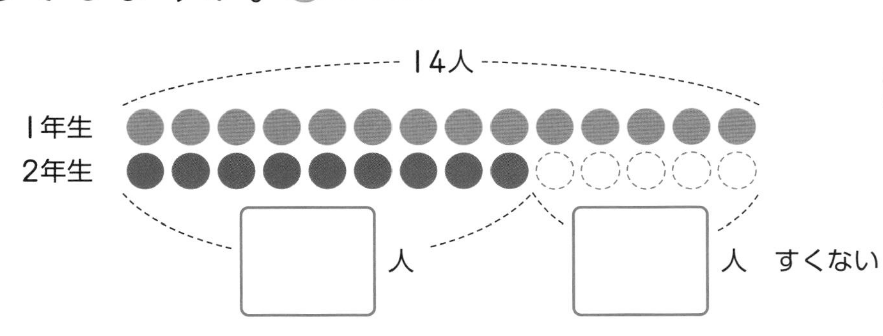

しき □

こたえ □ 人

おうちのかたへ 「何個多い」、「何個少ない」という問題は、1年生にとって理解しにくいようです。図に表して考えるよう促しましょう。

べんきょうした 日　月　日

れんしゅうのワーク

きょうかしょ 171～176ページ　こたえ 21ページ

できた かず　/7もん 中

おわったら シールを はろう

1 じゅんばん　子(こ)どもが 1れつに ならんで います。りくさんは、まえから 6ばんめに います。りくさんの うしろには 5人(にん) います。ぜんぶで なん人 いるでしょうか。

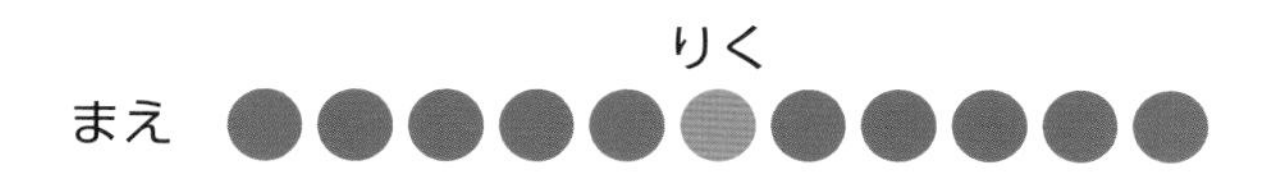

しき　　　　こたえ（　　　）

2 おおい すくない　プリンを 7こ かいました。ゼリーは プリンより 5こ おおく かいました。ゼリーは なんこ かったでしょうか。

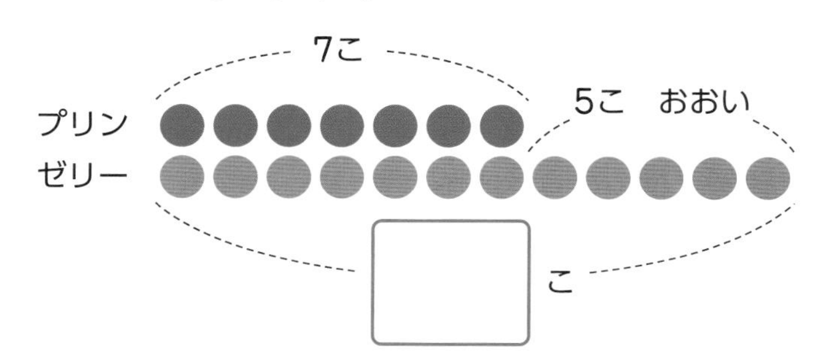

しき　　　　こたえ（　　　）

チャレンジ!

3 じゅんばん　子どもが 1れつに ならんで います。そうたさんの まえには 4人、うしろには 3人 います。ぜんぶで なん人 いるでしょうか。

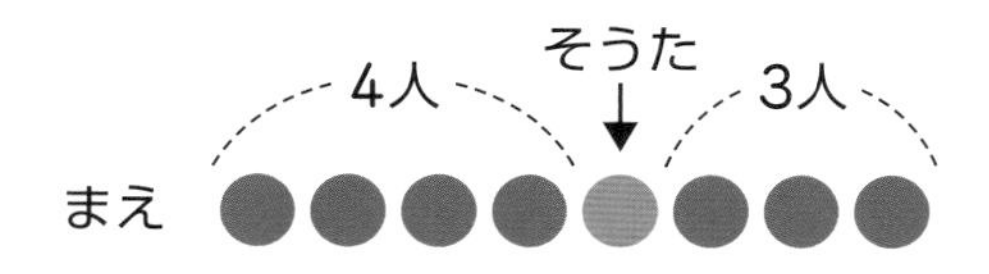

そうたさんの ことも しきに かいて いるかな。

しき　　　　こたえ（　　　）

できるナビ　ぶんしょうの もんだいでは、ぶんしょうを よく よもう。それから、●などを つかって ずに あらわして みると いいよ。

1 9人　ならんで　います。りなさんは　まえから　5ばんめです。りなさんの　うしろには　なん人　いるでしょうか。

1つ16〔32てん〕

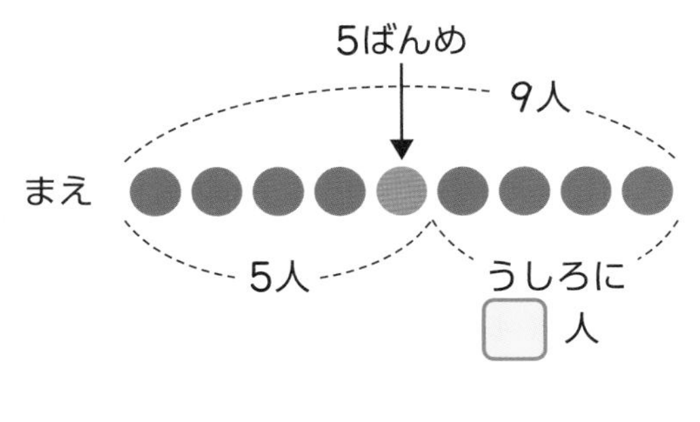

しき　　　　　　　　　　こたえ（　　　　）

2 みかんが　13こ　あります。りんごは　みかんより　4こ　すくないです。りんごは　なんこ　あるでしょうか。

1つ16〔32てん〕

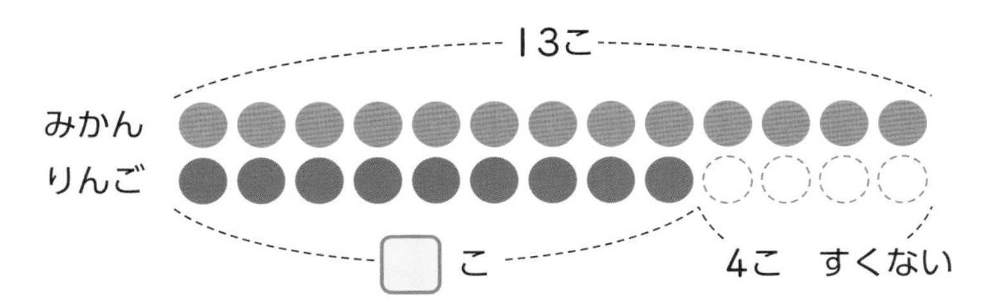

しき　　　　　　　　　　こたえ（　　　　）

3 よくでる ゆうきさんは　まえから　8ばんめに　います。ゆうきさんの　うしろには　4人　います。ぜんぶで　なん人　いるでしょうか。

1つ12〔36てん〕

ず

しき　　　　　　　　　　こたえ（　　　　）

□もんだいを　ずに　あらわして　かんがえる　ことが　できたかな？
□かずの　ちがいや　ならびかたを　かんがえる　ことが　できたかな？

べんきょうした 日　　月　　日

かたちづくり きほんのワーク

もくひょう
かたちづくりの おもしろさを しろう。

おわったら シールを はろう

きょうかしょ 177～182ページ　こたえ 22ページ

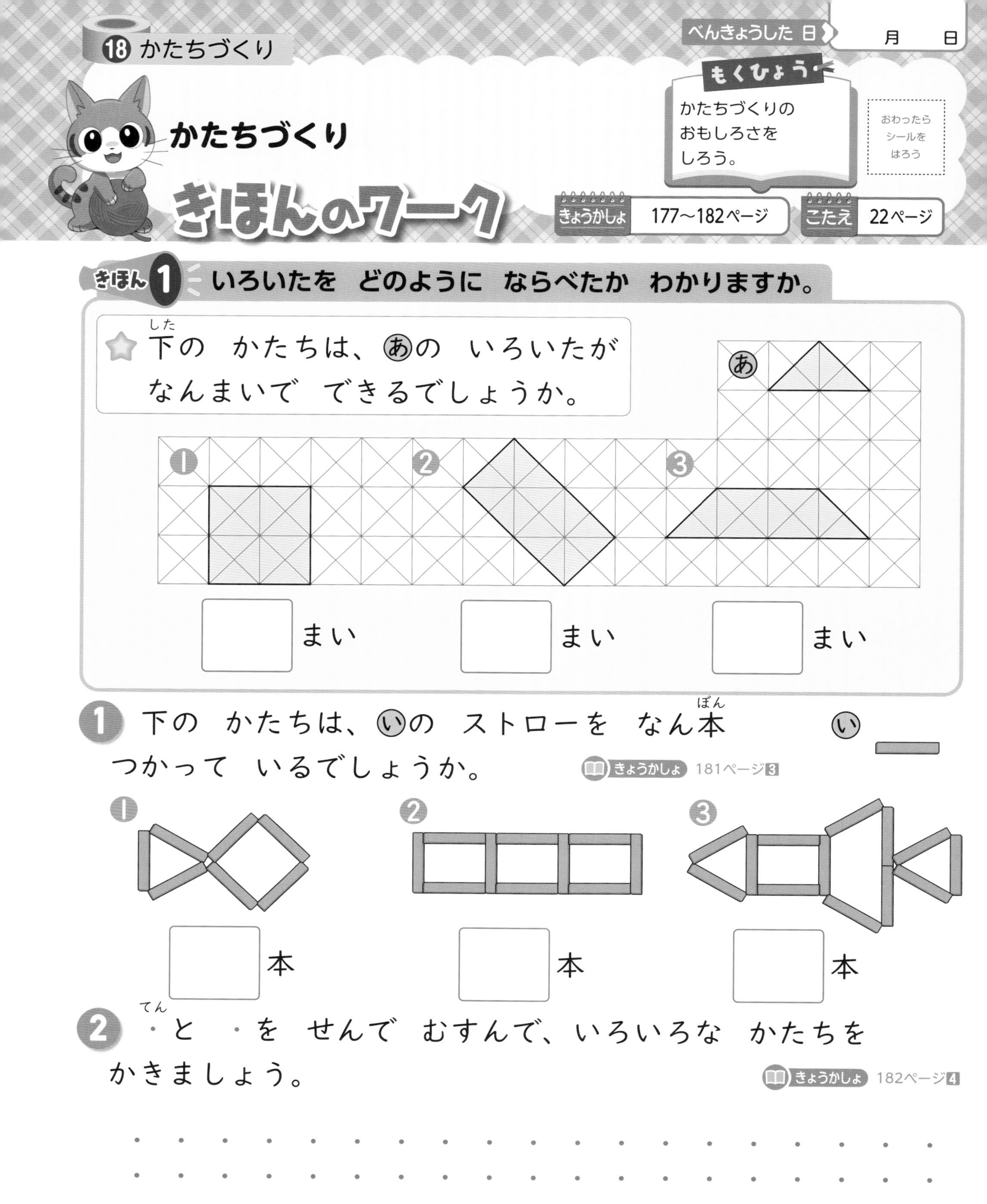

きほん 1 いろいたを どのように ならべたか わかりますか。

☆ 下(した)の かたちは、㋐の いろいたが なんまいで できるでしょうか。

❶ □ まい　❷ □ まい　❸ □ まい

1 下の かたちは、㋑の ストローを なん本(ぼん) つかって いるでしょうか。 きょうかしょ 181ページ3

❶ □ 本　❷ □ 本　❸ □ 本

2 ・と ・を せんで むすんで、いろいろな かたちを かきましょう。 きょうかしょ 182ページ4

おうちのかたへ
色板やストローを使って、形づくりをします。何枚の色板でできているか考えたり、点をつないで形を作ったりすることで、図形に対する興味、関心を養います。

まとめのテスト

きょうかしょ 177～182ページ　こたえ 22ページ

じかん 20ぷん

とくてん　/100てん

おわったら シールを はろう

1 よくでる 下の かたちは、ⓐの いろいたが なんまいで できるでしょうか。

1つ10〔60てん〕

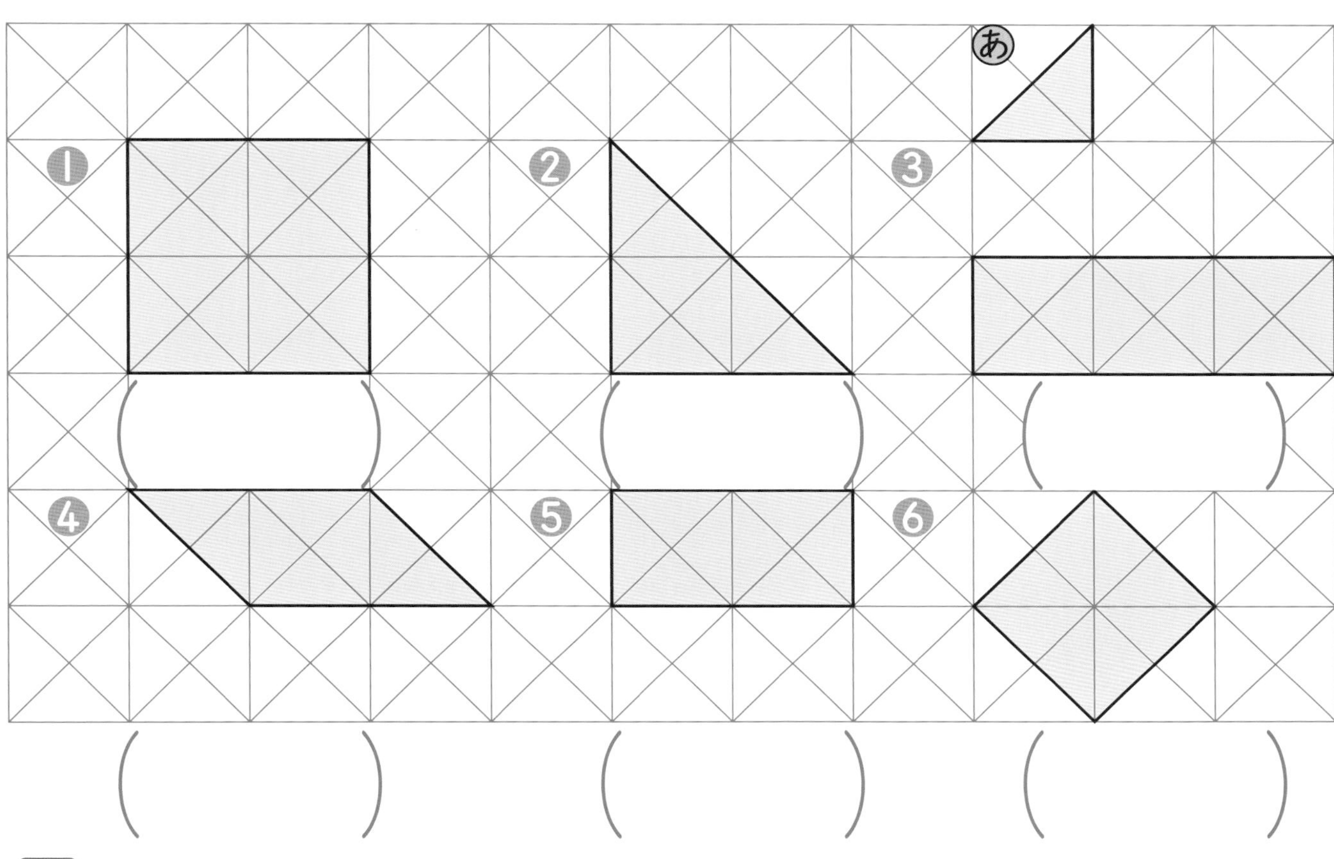

（　　）（　　）（　　）

（　　）（　　）（　　）

2 ・と ・を せんで むすんで、かたちづくりを します。すきな かたちを 1つ つくり、なまえも かんがえましょう。

〔40てん〕

あなたの つくった かたちの なまえは？

（　　　　）

□いろいたを ならべて かたちづくりが できたかな？
□すきな かたちを かく ことが できたかな？

まとめのテスト①

じかん 20ぷん

とくてん /100てん

おわったら シールを はろう

きょうかしょ 184ページ　こたえ 22ページ

1 よくでる □に あてはまる かずを かきましょう。　1つ4〔20てん〕

❶ 67は、10を □ こと、1を □ こ あわせた かずです。

❷ 10が □ こで 100です。

❸ 83の 十のくらいの すう字は □、一のくらいの すう字は □ です。

2 □に あてはまる かずを かきましょう。　1つ5〔40てん〕

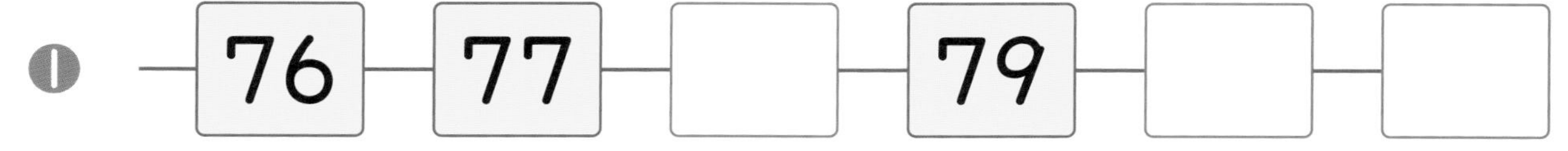

❶ 76 ― 77 ― □ ― 79 ― □ ― □

❷ 115 ― □ ― 117 ― 118 ― □ ― 120

❸ 60 ― □ ― 80 ― 90 ― □ ― □

3 けいさんを しましょう。　1つ5〔40てん〕

❶ $5+9=$ □　　❷ $30+4=$ □

❸ $14+3=$ □　　❹ $30+60=$ □

❺ $16-7=$ □　　❻ $13-6=$ □

❼ $64-4=$ □　　❽ $70-20=$ □

チェック
□ 大きい かずを いえるように なったかな？
□ たしざんや ひきざんが できたかな？

じかん 20ぷん

とくてん　/100てん

おわったら シールを はろう

1 □に あてはまる ＋か －を かきましょう。 1つ10〔20てん〕

❶ 14 □ 6＝8　　❷ 30 □ 7＝37

2 よくでる 赤い(あか)　いろがみが 13まい、青い(あお)　いろがみが 6まい　あります。 1つ10〔40てん〕

❶ あわせて　なんまい　あるでしょうか。

しき　　　こたえ（　　）

❷ ちがいは　なんまいでしょうか。

しき　　　こたえ（　　）

3 どちらに　おおく　入(はい)って　いますか。 〔10てん〕

あ 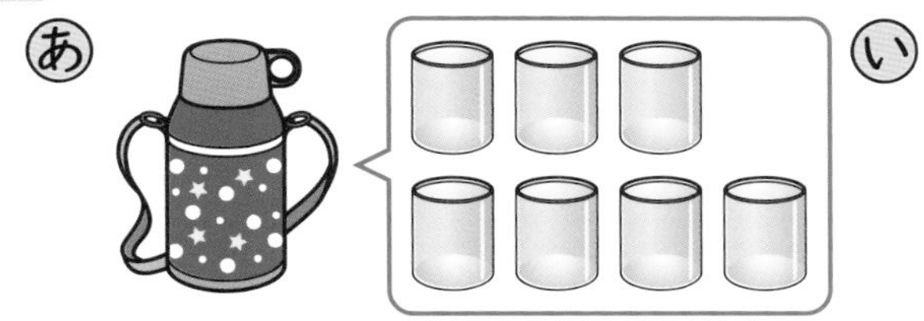

い 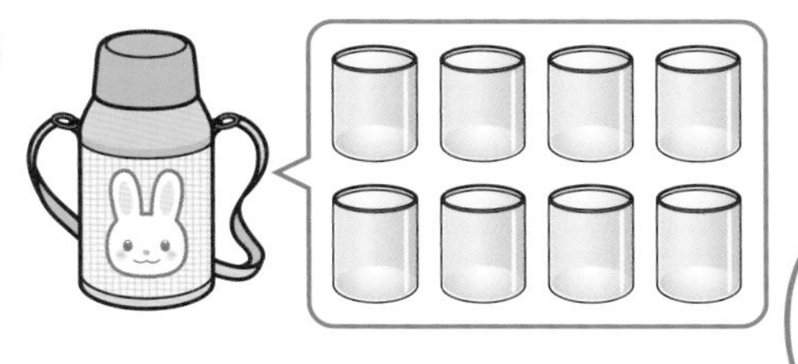

（　　）

4 よくでる とけいを　よみましょう。 1つ10〔30てん〕

❶ 

❷ ❸ 

（　　）（　　）（　　）

ふろくの「計算れんしゅうノート」28・29ページを やろう！

□もんだいを　よんで　しきを　かく　ことが　できたかな？
□水(みず)の　かさを　くらべたり、とけいを　よんだり　することが　できたかな？

おわったら シールを はろう

きょうかしょ 187ページ　こたえ 22ページ

きほん 1　しじを　だして　うごかすことが　できますか。

☆ →□すすむ と ←□もどる などの　カードを　つかって、ロボットを　うごかします。

0 – 1 – 2 – 3 – 4 – 5 – 6 – 7 – 8 – 9 – 10 – 11 – 12 – 13 – 14 – 15

❶ カードを　つかって　ロボットを　15まで　すすめます。
右(みぎ)の □ には、いくつを　入(い)れれば　よいでしょうか。

(　　　　)

❷ カードを　つかって　ロボットを　12まで　すすめます。
右の □ には、いくつを　入れれば　よいでしょうか。

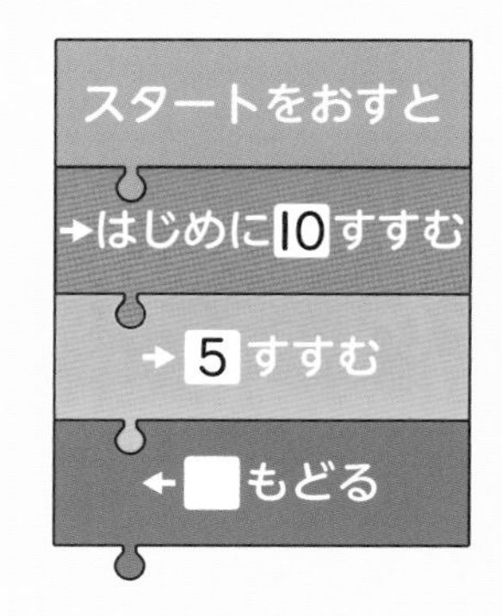

10　すすんで、
5　すすんだら
15だから…。

(　　　　)

おうちのかたへ　カードを使ってロボットを動かす方法を考えることで、プログラミング的思考力を養います。7、14など他のゴールを決めて、指示のしかたを考えてみましょう。

実力はんていテスト

夏休み(なつやす)のテスト(てすと)①

じかん30ぷん

なまえ　とくてん　/100てん

おわったらシールをはろう

きょうかしょ 2～74ページ　こたえ 23ページ

1 えを　みて、かずを　かきましょう。

1つ5〔10てん〕

 □ こ　 □ ぽん

2 □(しかく)に　あてはまる　かずを　かきましょう。

□1つ5〔20てん〕

❶

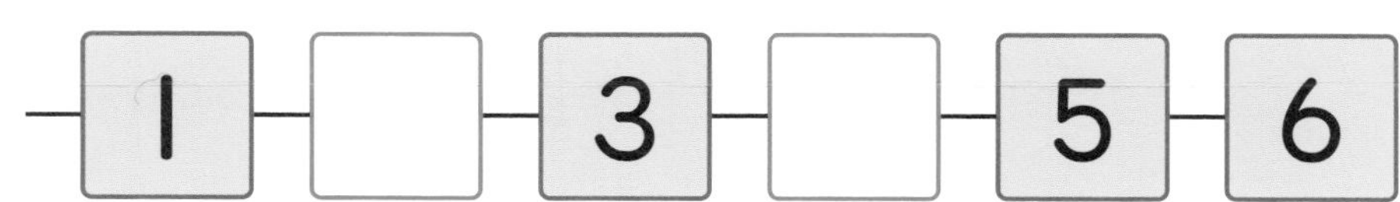

❷

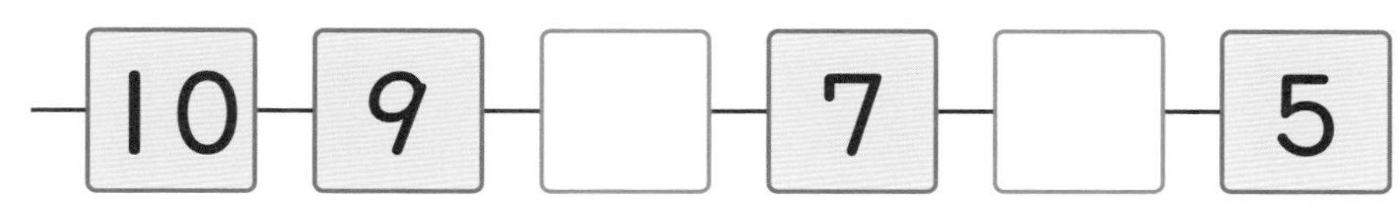

3 かずの　おおきい　ほうに　○(まる)を　つけましょう。

1つ5〔20てん〕

❶

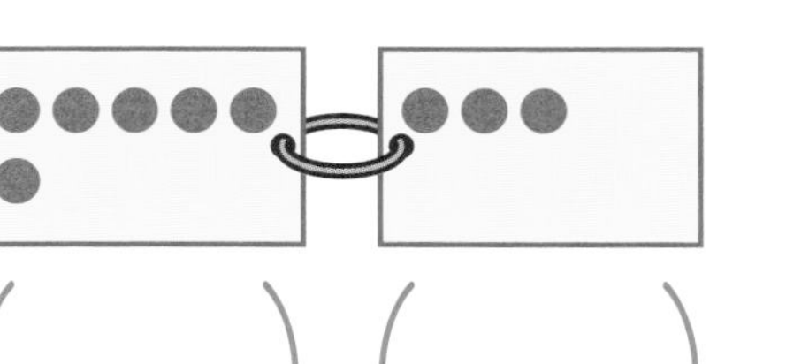

（　　）（　　）

❷

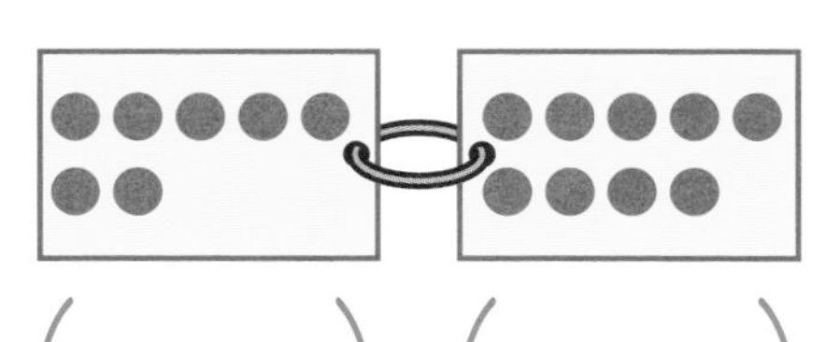

（　　）（　　）

❸

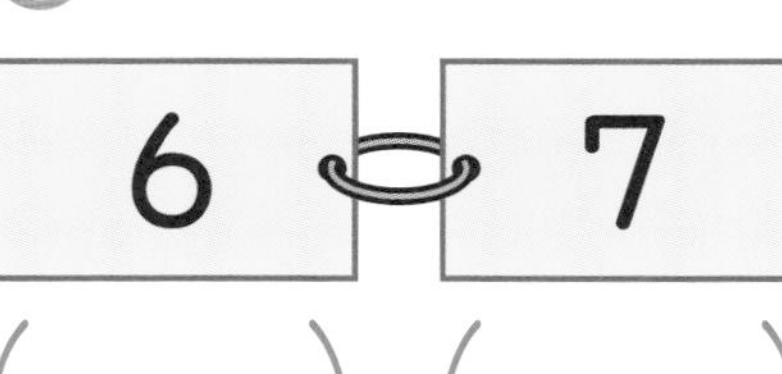

（　　）（　　）

❹

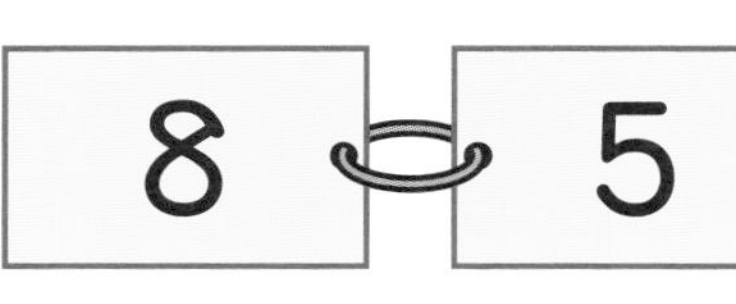

（　　）（　　）

4 ⬭で　かこみましょう。

1つ5〔10てん〕

❶ まえから　3にん

❷ まえから　3ばんめ

5 とけいを　よみましょう。

1つ5〔10てん〕

❶（　　　　）　❷（　　　　）

6 □に　あてはまる　かずを　かきましょう。

1つ5〔30てん〕

❶ 7 は 3 と □

❷ 6 は □ と 4

❸ 2 と □ で 8

❹ □ と 7 で 10

❺ 9 は 3 と □

❻ 10 は □ と 6

●べんきょうした 日　月　日

夏休みのテスト②

じかん 30ぷん

なまえ　とくてん　/100てん

おわったら シールを はろう

きょうかしょ 2〜74ページ　こたえ 23ページ

1 けいさんを　しましょう。　1つ5〔30てん〕

❶ 4＋3＝□

❷ 5＋4＝□

❸ 1＋6＝□

❹ 9＋1＝□

❺ 3＋7＝□

❻ 8＋0＝□

2 けいさんを　しましょう。　1つ5〔30てん〕

❶ 7－3＝□

❷ 9－2＝□

❸ 6－5＝□

❹ 10－3＝□

❺ 8－8＝□

❻ 6－0＝□

3 □に　あてはまる　＋か　－を　かきましょう。　1つ5〔10てん〕

❶ 7□3＝4

❷ 7□3＝10

4 あかい　はなが　3ぼん、きいろい　はなが　5ほん　さいて　います。あわせて　なんぼん　さいて　いるでしょうか。　しき10・こたえ5〔15てん〕

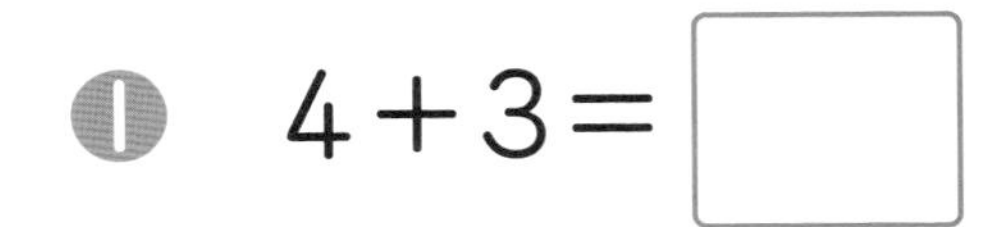

しき

こたえ（　　　）

5 あおい　おりがみが　8まい　あります。みどりの　おりがみが　6まい　あります。あおい　おりがみは　みどりの　おりがみより　なんまい　おおいでしょうか。　しき10・こたえ5〔15てん〕

しき

こたえ（　　　）

●べんきょうした日　　月　　日

実力はんていテスト

冬休みのテスト①

じかん 30ぷん

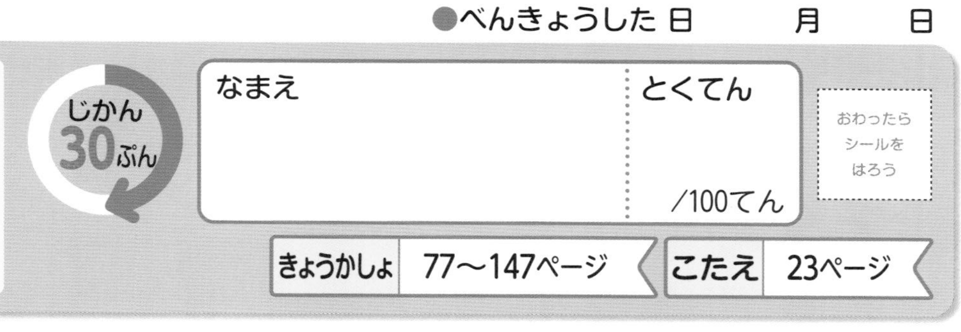

きょうかしょ　77〜147ページ　こたえ　23ページ

1 かずを　すうじで　かきましょう。

1つ5〔10てん〕

❶

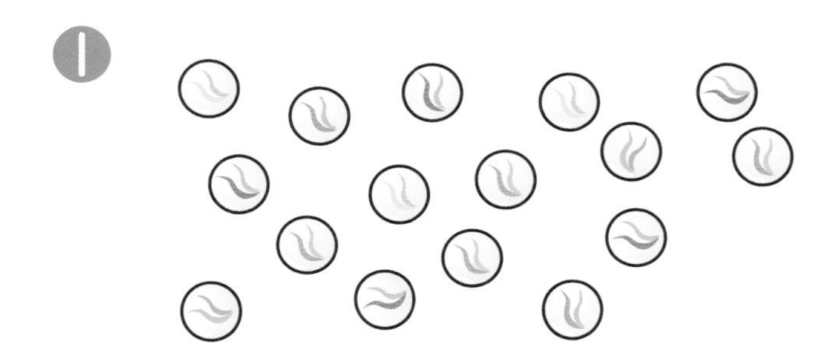

 こ

❷

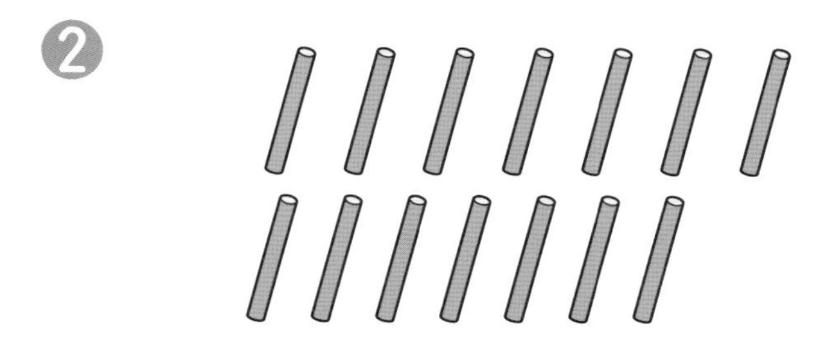

 本

2 ながい　ほうに　○を　つけましょう。ひろい　ほうに　○を　つけましょう。

1つ5〔10てん〕

❶

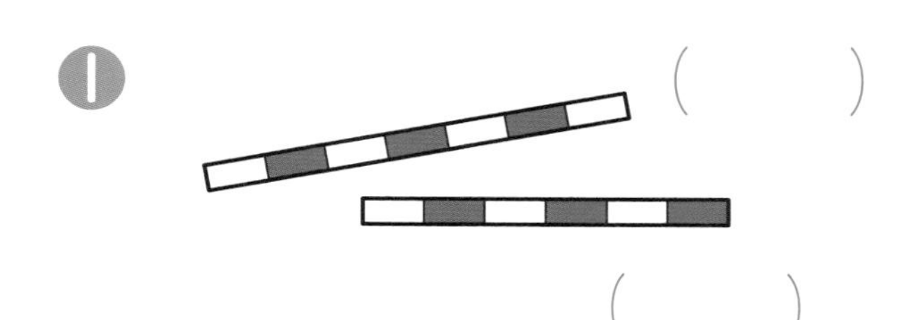

(　　)

(　　)

❷

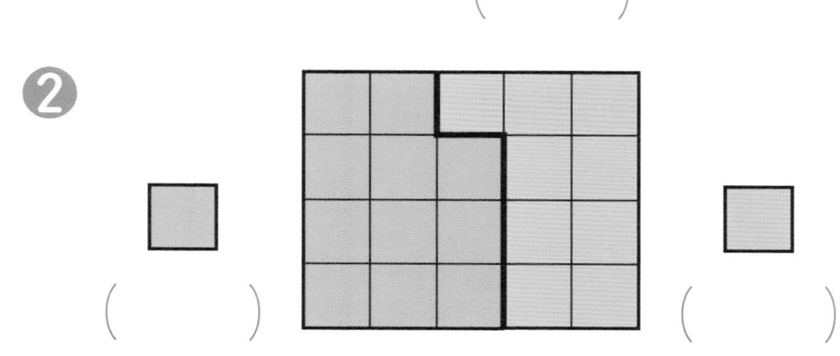

(　　)　(　　)

3 水は　どちらに　おおく　入って　いるでしょうか。

1つ10〔20てん〕

❶

(　　)　(　　)

❷

(　　)　(　　)

4 おなじ　かたちの　なかまを　せんで　むすびましょう。

1つ5〔20てん〕

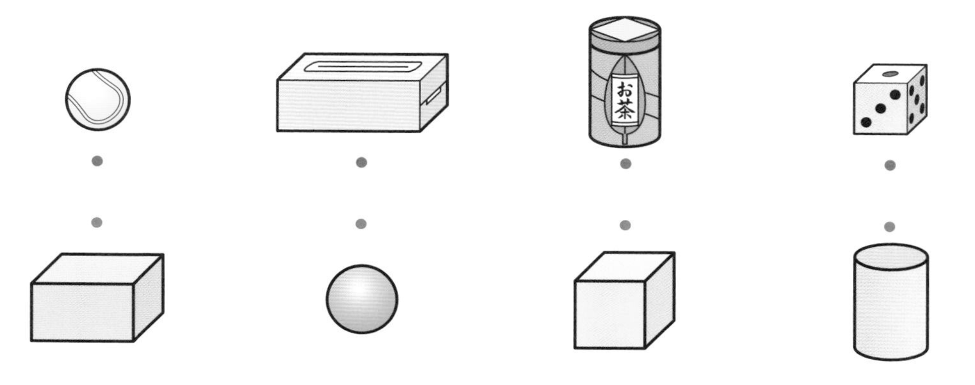

5 □に　あてはまる　かずを　かきましょう。

1つ5〔20てん〕

❶ ❷

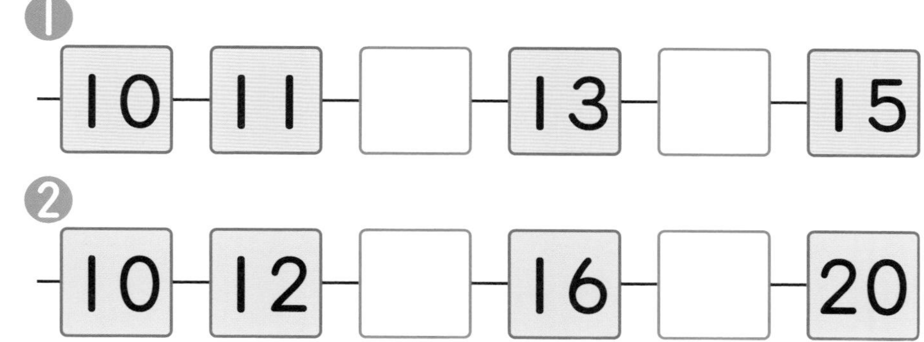

6 くだものの　かずだけ　いろを　ぬりました。

1つ5〔20てん〕

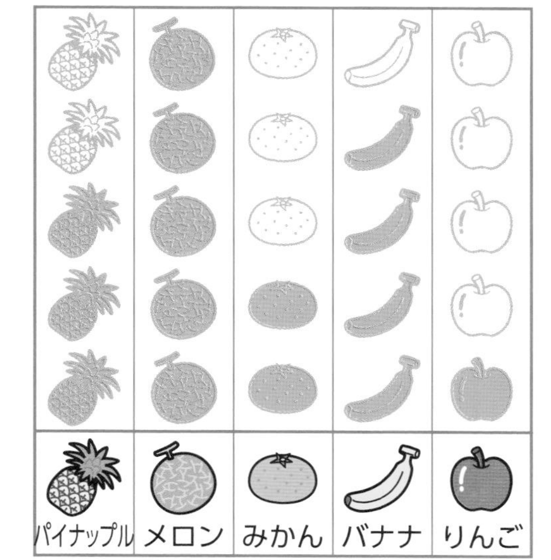

❶ どの　くだものが　いちばん　おおいですか。

(　　)

❷ みかんは　なんこ　ありますか。

(　　)

❸ バナナは　なん本　ありますか。

(　　)

❹ メロンは　りんごより　なんこ　おおいですか。

(　　)

●べんきょうした日　　月　　日

じつりょく はんてい テスト

冬休みのテスト②

なまえ　　とくてん　　/100てん

おわったら シールを はろう

きょうかしょ 77〜147ページ　こたえ 23ページ

1 けいさんを　しましょう。　1つ5〔30てん〕

❶ 10＋6

❷ 12＋5

❸ 14＋4

❹ 5＋6

❺ 4＋8

❻ 8＋9

2 けいさんを　しましょう。　1つ5〔30てん〕

❶ 16－6

❷ 18－3

❸ 19－5

❹ 16－7

❺ 14－8

❻ 12－9

3 けいさんを　しましょう。　1つ5〔20てん〕

❶ 2＋5＋1

❷ 3＋7－5

❸ 16－6－3

❹ 10－9＋4

4 めだかを　8ひき　かって
いました。4ひき　もらいました。
ぜんぶで　なんびきに
なったでしょうか。　しき5・こたえ5〔10てん〕

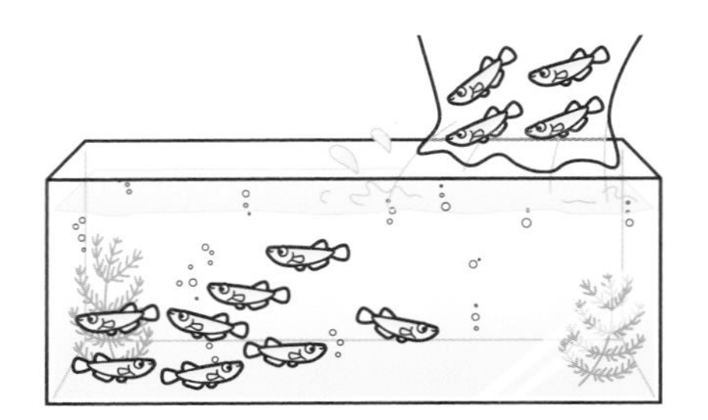

しき

こたえ（　　　　）

5 そうまさんは　カードを　15まい
もって　いました。おとうとに
7まい　あげました。のこりは
なんまいでしょうか。　しき5・こたえ5〔10てん〕

しき

こたえ（　　　　）

じつりょく はんてい テスト 実力はんていテスト

学年末のテスト①

じかん 30ぷん

なまえ　　とくてん　　／100てん

おわったら シールを はろう

きょうかしょ 2～187ページ　こたえ 24ページ

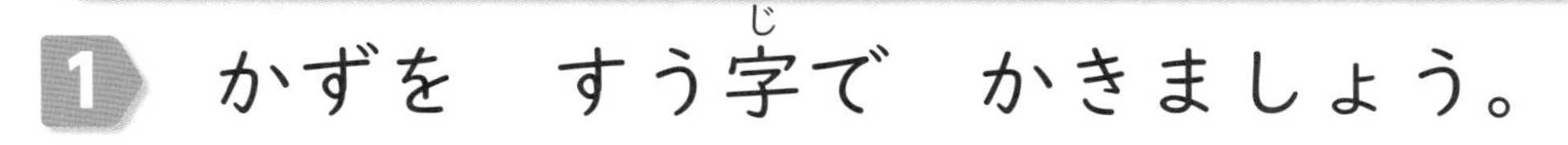

1 かずを　すう字で　かきましょう。

1つ5〔10てん〕

❶

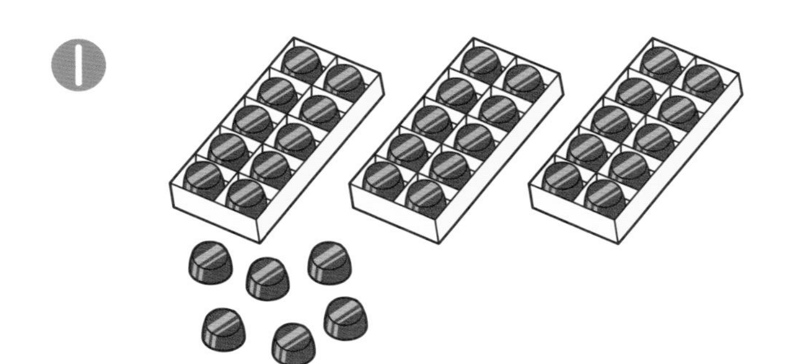

□ こ

❷

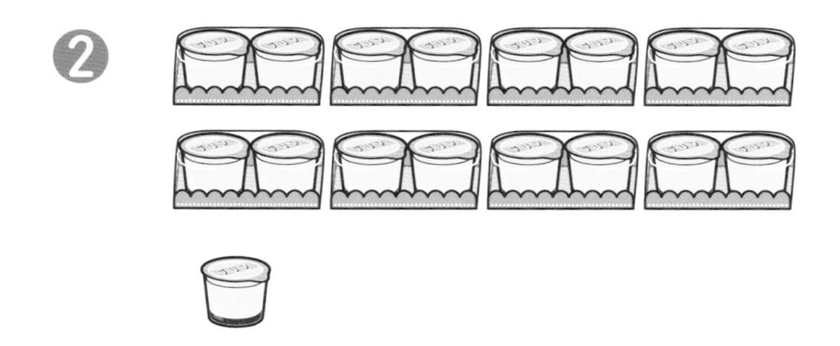

□ こ

2 □に　あてはまる　かずを　かきましょう。

□1つ5〔25てん〕

❶

－92－93－□－95－□－97

❷

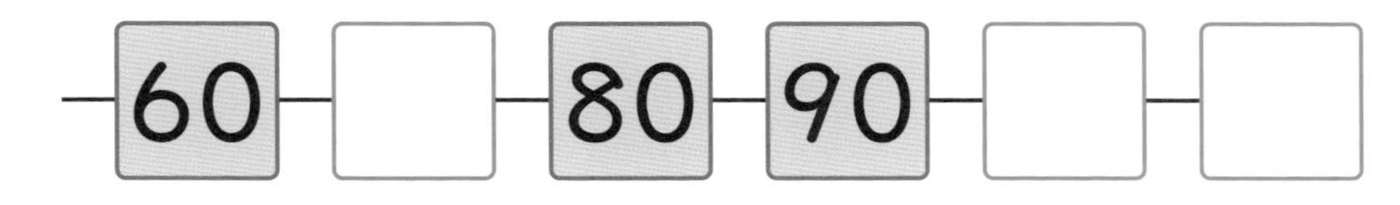

－60－□－80－90－□－□

3 なんじなんぷんでしょうか。

1つ10〔20てん〕

❶

（　　　　）

❷

（　　　　）

4 下の　かたちは、◺の　いろいたが　なんまいで　できるでしょうか。

1つ5〔10てん〕

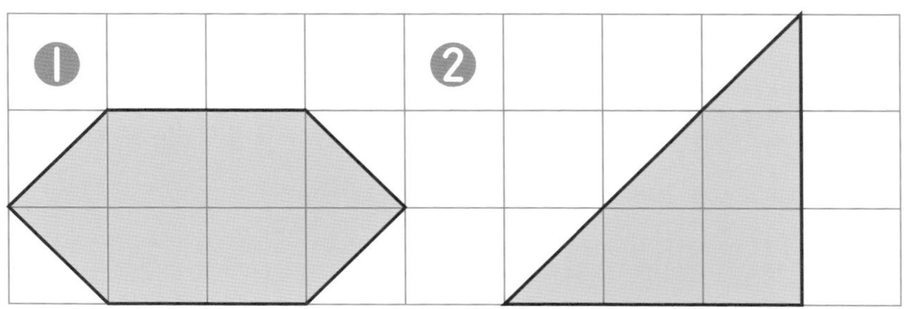

❶ □まい　❷ □まい

5 □に　あてはまる　かずを　かきましょう。

1つ5〔35てん〕

❶ 10を　8こ　あつめた　かずは　□です。

❷ 63は、10を　□こと、1を　3こ　あわせた　かずです。

❸ 一のくらいの　すう字が　4、十のくらいの　すう字が　7の　かずは　□です。

❹ 10が　10こで　□です。

❺ 59より　1　大きい　かずは　□です。

❻ 20は、10を　□こ　あつめた　かずです。

❼ 110より　10　小さい　かずは　□です。

●べんきょうした日　月　日

じかん 30ぷん

なまえ　　とくてん　／100てん

おわったら シールを はろう

きょうかしょ 2〜187ページ　こたえ 24ページ

1 けいさんを　しましょう。 1つ3〔60てん〕

❶ 4＋2　　❷ 8＋7

❸ 17−8　　❹ 13−7

❺ 9＋6　　❻ 20＋5

❼ 0＋0　　❽ 11−8

❾ 13＋3　　❿ 30＋60

⓫ 17−5　　⓬ 68−8

⓭ 7−7　　⓮ 5＋6

⓯ 12−9　　⓰ 90−60

⓱ 4＋2＋4

⓲ 10−2−5

⓳ 16−6＋3

⓴ 12＋5−4

2 子どもが　12人　います。
おとなが　7人　います。

しき5・こたえ5〔20てん〕

❶ あわせて　なん人　いるでしょうか。

しき

こたえ（　　　）

❷ どちらが　なん人
おおいでしょうか。

しき

こたえ（　　　）

3 りんごが　14こ　ありました。
6こ　たべました。のこりは
なんこに　なったでしょうか。

しき　　しき5・こたえ5〔10てん〕

こたえ（　　　）

4 いろがみを　30まい　もって
いました。おとうさんに　40まい
もらいました。ぜんぶで　なんまいに
なったでしょうか。 しき5・こたえ5〔10てん〕

しき

こたえ（　　　）

●べんきょうした 日　月　日

実力はんていテスト まるごと 文章題テスト①

じかん 30ぷん　なまえ　とくてん　／100てん　おわったら シールを はろう

いろいろな 文章題に チャレンジしよう！　こたえ 24ページ

1 バスていに　13人　ならんで　います。けんさんは　まえから　6ばんめです。けんさんの　うしろには　なん人　いるでしょうか。

（　）5・しき5・こたえ5〔20てん〕

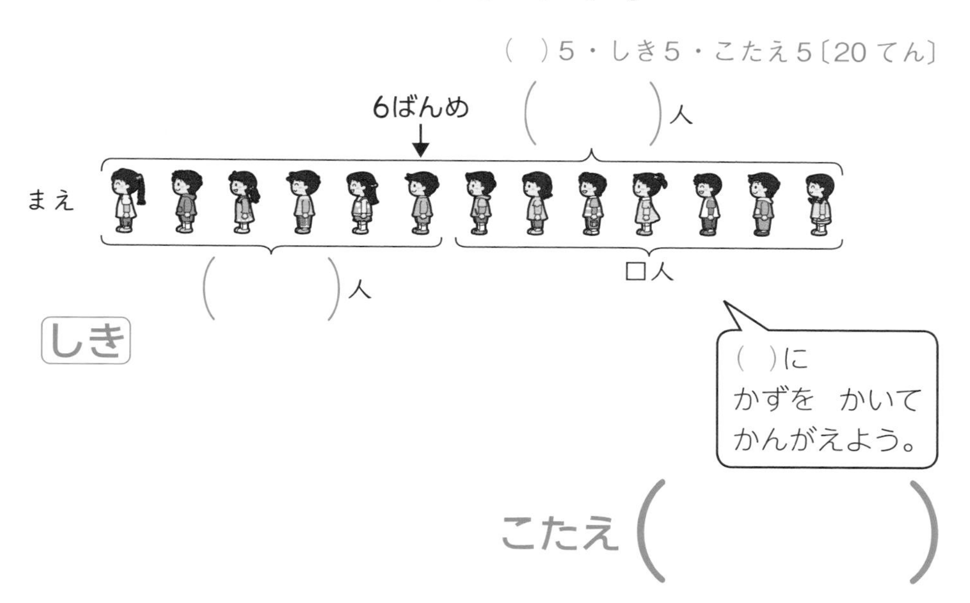

しき

こたえ（　　　）

2 ケーキが　14こ　あります。プリンが　5こ　あります。

しき10・こたえ5〔30てん〕

❶ あわせて　なんこ　あるでしょうか。

しき

こたえ（　　　）

❷ どちらが　なんこ　おおいでしょうか。

しき

こたえ（　　　）

3 子ども　5人が　いちりんしゃに　のって　います。いちりんしゃは、あと　2だい　あります。いちりんしゃは、ぜんぶで　なんだい　あるでしょうか。

（　）5・しき10・こたえ5〔25てん〕

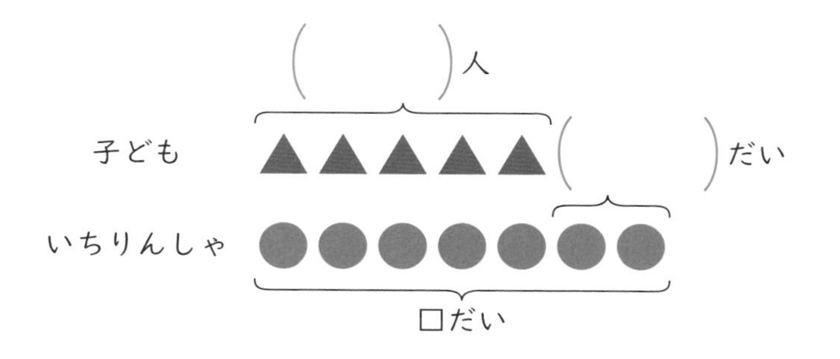

しき

こたえ（　　　）

4 子どもの　いすが　7こ　あります。10人の　子どもが　ひとりずつ　すわります。いすに　すわれない　子どもは　なん人でしょうか。

（　）5・しき10・こたえ5〔25てん〕

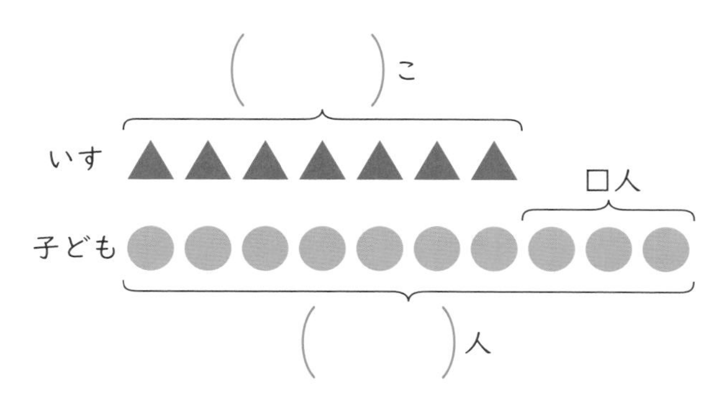

しき

こたえ（　　　）

●べんきょうした日　月　日

実力はんていテスト

まるごと

文章題テスト②

じかん30ぷん

なまえ　とくてん　/100てん

おわったらシールをはろう

いろいろな 文章題に チャレンジしよう！

こたえ 24ページ

1 あめを　12こ　かいました。ガムは　あめより　3こ　すくなく　かいました。ガムは　なんこ　かったでしょうか。

（　）5・しき10・こたえ5〔20てん〕

しき

こたえ（　　　）

2 たま入れを　しました。赤ぐみは　15こ　入りました。白ぐみは　赤ぐみより　7こ　すくなかったそうです。白ぐみは　なんこ　入ったでしょうか。

（　）5・しき10・こたえ5〔20てん〕

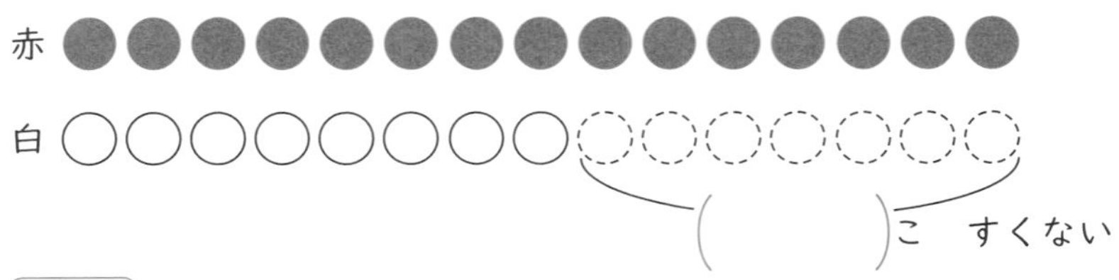

しき

こたえ（　　　）

3 赤い　はなが　9本　あります。きいろい　はなは　赤い　はなより　5本　おおいそうです。きいろい　はなは　なん本　あるでしょうか。

しき10・こたえ5〔15てん〕

しき

こたえ（　　　）

4 れなさんは　カードを　5まい　もって　います。りくさんは　れなさんより　2まい　おおく　もって　います。はるかさんは　りくさんより　1まい　おおく　もって　います。はるかさんは　カードを　なんまい　もって　いるでしょうか。

しき10・こたえ5〔15てん〕

しき

こたえ（　　　）

5 まみさんは　まえから　4ばんめに　います。まみさんの　うしろには　6人　います。ぜんぶで　なん人　いるでしょうか。

（　）5・しき10・こたえ10〔30てん〕

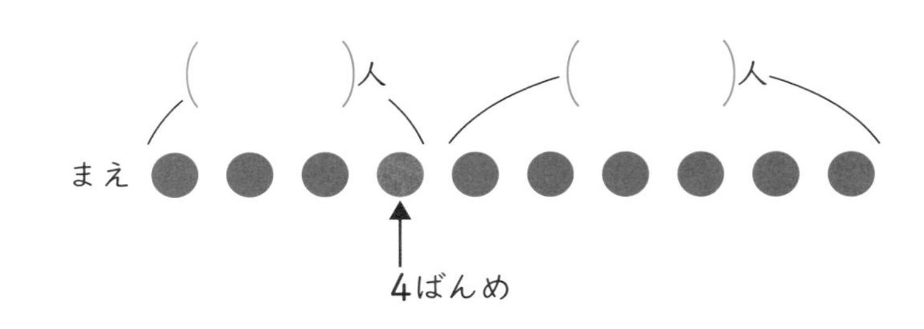

しき

こたえ（　　　）

教科書ワーク

こたえとてびき

「こたえとてびき」は、とりはずすことができます。

教育出版版

さんすう1ねん

つかいかた

まちがえた問題は、もういちどよく読んで、なぜまちがえたのかを考えましょう。正しい答えを知るだけでなく、なぜそうなるかを考えることが大切です。

なかよし あつまれ

2・3ページ きほんのワーク

きほん1

1

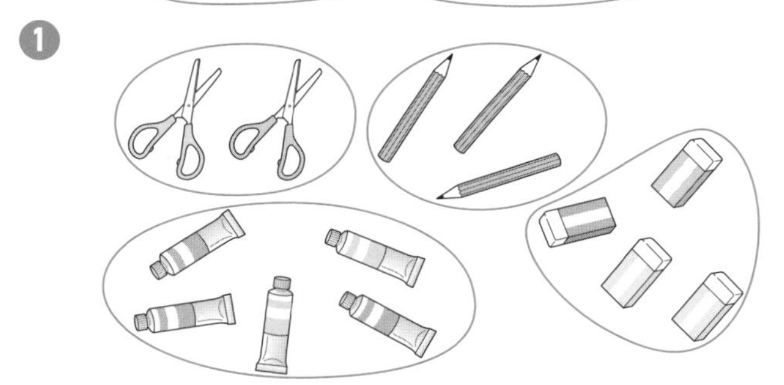

きほん2

2 ❶

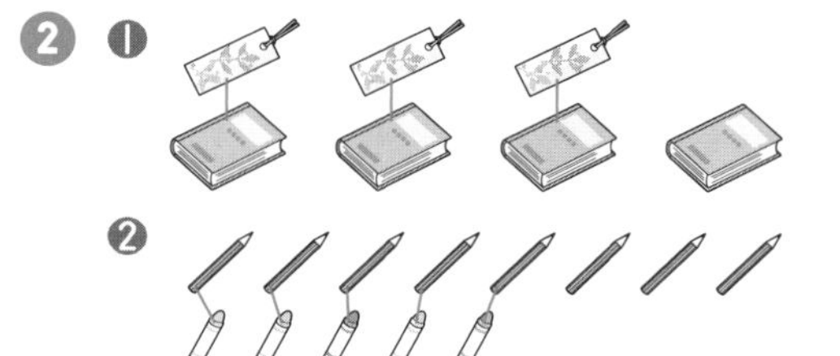

❷

3

てびき お皿とケーキを●におきかえて考えます。「お皿の方が多いから、ケーキをすべて乗せられる。お皿はたりているね。」と確認していくとよいでしょう。親子でいろいろな会話を楽しみましょう。

1 いくつかな

4・5ページ きほんのワーク

きほん1

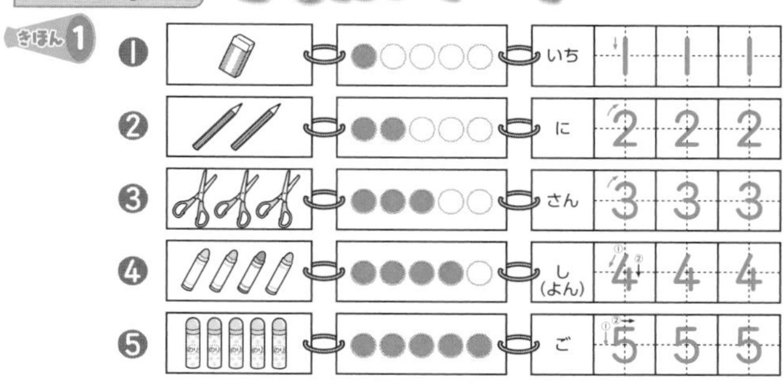

1

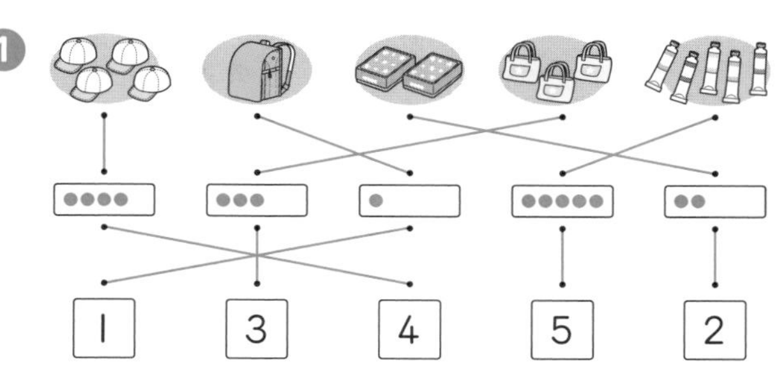

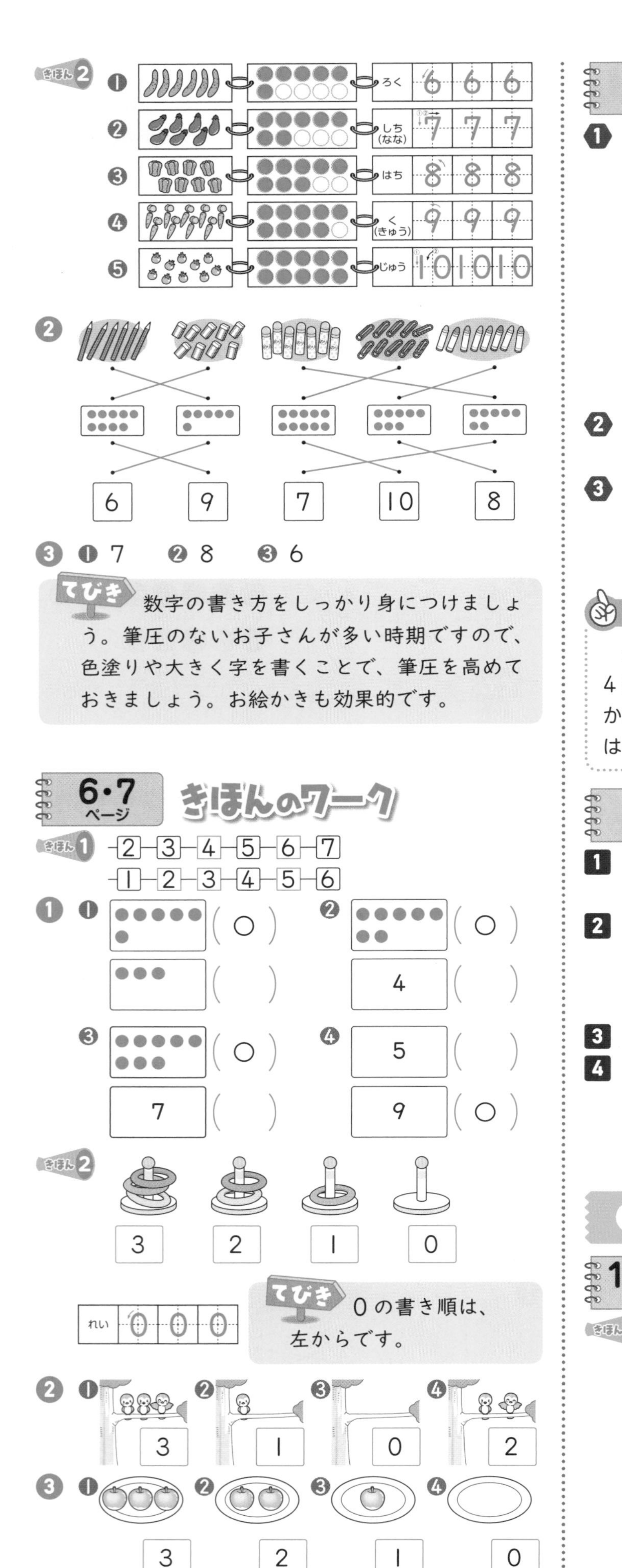

3 ❶ 7 ❷ 8 ❸ 6

てびき 数字の書き方をしっかり身につけましょう。筆圧のないお子さんが多い時期ですので、色塗りや大きく字を書くことで、筆圧を高めておきましょう。お絵かきも効果的です。

6・7 ページ きほんのワーク

てびき 0の書き順は、左からです。

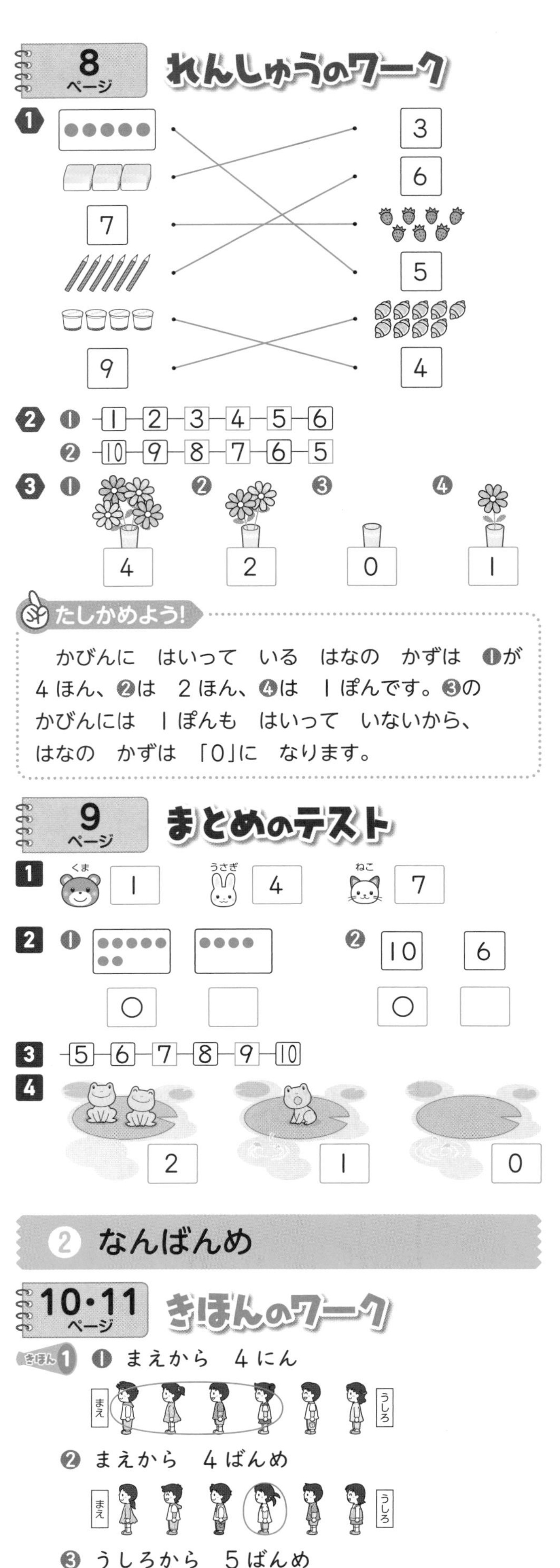

たしかめよう！

かびんに　はいって　いる　はなの　かずは　❶が　4ほん、❷は　2ほん、❹は　1ぽんです。❸の　かびんには　1ぽんも　はいって　いないから、はなの　かずは　「0」に　なります。

9 ページ まとめのテスト

2 なんばんめ

10・11 ページ きほんのワーク

きほん1 ❶ まえから　4にん

❷ まえから　4ばんめ

❸ うしろから　5ばんめ

❶ ❶ まえから　3だい

❷ まえから　3ばんめ

❸ うしろから　4だい

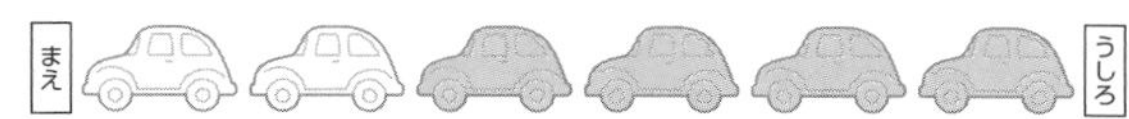

❹ うしろから　4ばんめ

きほん2 ❶ は　うえから　[2]ばんめです。

したから　[5]ばんめです。

❷ は　うえから　[4]ばんめです。

したから　[3]ばんめです。

❷ は　みぎから　[3]ばんめです。

ひだりから　[4]ばんめです。

❸ ❶ まえから　はるとさんまでで　[11]にんです。

はるとさんは　まえから　[11]ばんめです。

❷ まえから　れなさんまでで　[12]にんです。

れなさんは　まえから　[12]ばんめです。

12ページ れんしゅうのワーク

❶ ❶ うえから　2ばんめの　ちょう

❷ したから　2ひきの

❸ みぎから　5ばんめの　はな

❹ ひだりから　4つの

❷ ❶ みおさんは　まえから　[5]ばんめです。

❷ みおさんは　うしろから　[3]ばんめです。

❸ まえから　はるとさんまでで　[7]にんです。

❹ はるとさんは　まえから　[7]ばんめです。

13ページ まとめのテスト

❶ ❶ けんとさんは　まえから　[3]ばんめです。

❷ れなさんは　うしろから　[5]ばんめです。

❷ ひだり ✿ ✿ ✿ ✿ ✿ ✿ ✿ みぎ

❸ ひだり ✿ ✿ ✿ ✿ ✿ ✿ ✿ みぎ

❹ ❶ ぼうしは　うえから　[4]ばんめです。

❷ かさは　したから　[2]ばんめです。

3 いま なんじ

14・15ページ きほんのワーク

きほん1 ㋐8じ　㋑2じはん

❶

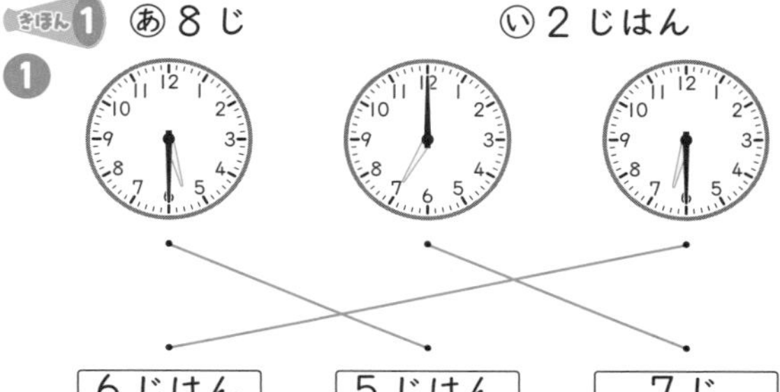

6じはん　5じはん　7じ

❷ ❶ 3じ　❷ 3じはん　❸ 4じ

てびき　この時期から何時何分まで読めるお子さんも多く見られる一方で、まったく時計を読めないお子さんも多いものです。まずは何時、何時半を読めるようにしましょう。

きほん2 ❶

❷

たしかめよう!

「なんじ」は　ながい　はりが　12を　さします。
「なんじはん」は　ながい　はりが　6を　さします。

てびき　置時計などを使い、実際に針を動かして時刻を合わせてみると、理解が進みます。「何時」のときには短針の指す数字がそのまま「何時」を表していること、「何時半」のときには短針が数字と数字の真ん中に来ていることも確認しておくとよいでしょう。

❸ ❶

❷

❸

❹

たしかめよう!

ながい　はりが　12を　さして　いる　ときは「なんじ」、ながい　はりが　6を　さして　いる　ときは　「なんじはん」を　あらわす　ことを　おぼえましたか。あさ　おきた　ときや　ごはんを　たべる　とき、ねる　ときなどに　とけいを　みて、よんで　みましょう。

❹ ㋑

てびき 「何時半」の時計を読むときは、「何時」を読み間違えることがよくあります。

たとえばこの㋑では、短針が1と2の間にあるから「1時半」なのか「2時半」なのか迷うケースが多くあります。

単純に「小さい方の数字を読むんだよ」と伝えてもよいのですが、時計の動き方を確認しながら、「短い針は1を通りすぎて、まだ2になっていないね。だからまだ2時じゃなくて、1時なんだよ。」のように、理由をつけて伝えるとより理解しやすいでしょう。

16ページ れんしゅうのワーク

❶ ❶ 6じ　❷ 10じはん
❸ 2じはん

❷ ❶

❷

❸

❹

❺

❻

てびき 時計の針をかくことは、1年生にとって高度な学習です。「何時」であれば長針が12を指していれば正解、「何時半」であれば長針が6を指していれば正解とします。少しずれていても、12と6を指しているという意識があれば正解としてよいでしょう。❺❻は、長針だけでなく短針もかきます。❺の8時は表せても、❻の9時半はなかなか難しいでしょう。表せない場合は、おうちの方と一緒にかきましょう。その際、「短い針はどこにかけばいいかな？」と問いかけ、「9時半だから9と10の間」という言葉を引き出してください。

17ページ まとめのテスト

1 ❶ 4じはん　❷ 9じ
❸ 11じ　❹ 6じはん

てびき 時計の横にイラストがあります。2年生で学習する午前・午後につなげたり、時刻や時間の正しい感覚を身につけたりするためにも、イラストを見て、何をしているところかな、外で遊んでいるのが4時半だな(❶)、夜の9時にはベッドに入って寝る頃だな(❷)というように、場面をイメージしてみましょう。

2 ❶

❷

てびき 16ページのれんしゅうのワークをやっておけばできる問題です。テストの場合はおうちの方が手出しをせず、まずは自分の力で取り組んでみるとよいでしょう。

3 ㋐

4 いくつと いくつ

18・19ページ きほんのワーク

きほん1
❶ ○　○○○○　1 と 4
❷ ○○　○○○　2 と 3
❸ ○○○　○○　3 と 2
❹ ○○○○　○　4 と 1

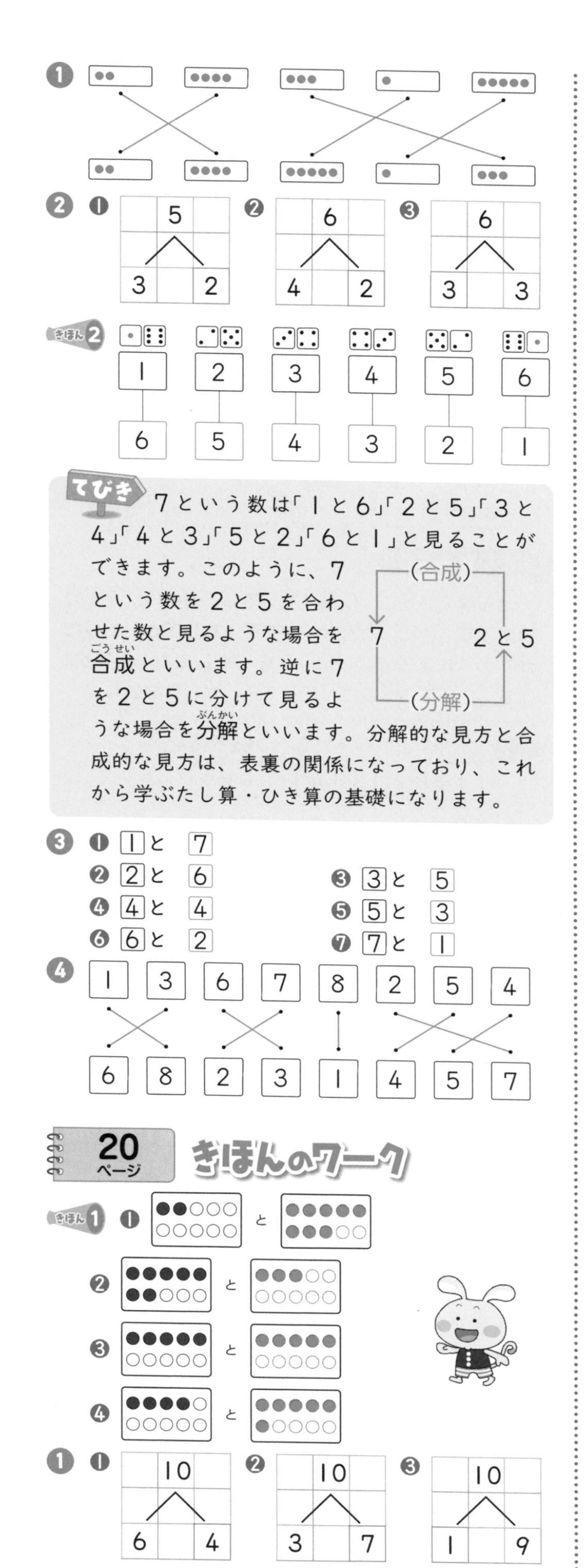

❶

❷ ❶ 5 → 3, 2　❷ 6 → 4, 2　❸ 6 → 3, 3

きほん2

1	2	3	4	5	6
6	5	4	3	2	1

てびき 7という数は「1と6」「2と5」「3と4」「4と3」「5と2」「6と1」と見ることができます。このように、7という数を2と5を合わせた数と見るような場合を合成(ごうせい)といいます。逆に7を2と5に分けて見るような場合を分解(ぶんかい)といいます。分解的な見方と合成的な見方は、表裏の関係になっており、これから学ぶたし算・ひき算の基礎になります。

❸ ❶ 1と 7
❷ 2と 6
❸ 3と 5
❹ 4と 4
❺ 5と 3
❻ 6と 2
❼ 7と 1

❹

1	3	6	7	8	2	5	4
6	8	2	3	1	4	5	7

20ページ きほんのワーク

きほん1 ❶ と
❷ と
❸ と
❹ と

❶ ❶ 10 → 6, 4　❷ 10 → 3, 7　❸ 10 → 1, 9

❹ 1と 9　❺ 5と 5　❻ 8と 2

てびき 10の合成・分解です。これから学ぶ算数の基本となる考え方ですので、確実に押さえましょう。「1と9」「2と8」「3と7」「4と6」「5と5」の組み合わせをすぐに答えられるようにします。この考えは、1年生で学習するくり上がりのあるたし算や、くり下がりのあるひき算の考え方の基本となります。お子さんと一緒に「10づくり」ゲームをしましょう。「1」といったら「9」、「3」といったら「7」と答える数当てゲームを取り入れてみてください。

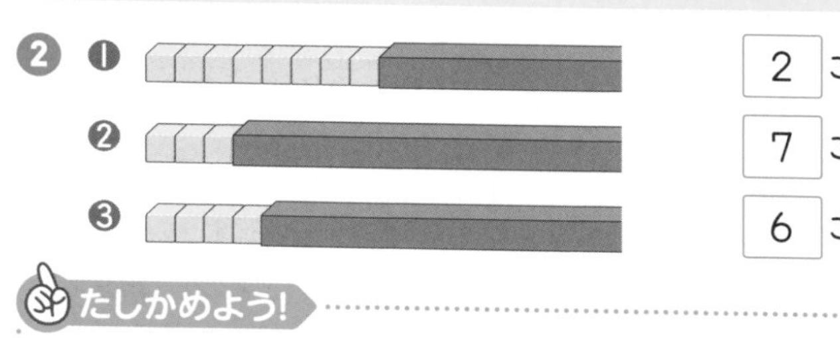

❷ ❶ 2 こ
❷ 7 こ
❸ 6 こ

たしかめよう!

みえて いる ブロック(ぶろっく)の かずを かぞえて、あと いくつで 10こに なるかを かんがえます。
❶は、ブロックが 8こ みえて います。
8は あと 2で 10に なるから、
かくれて いるのは 2こに なります。

21ページ まとめのテスト

1 ❶ 7は 2と 5　❷ 8は 3と 5
❸ 4と 2で 6　❹ 5と 4で 9

てびき 問題の下に○の図をつけてあります。手が止まっていたら、「○に色を塗って考えてごらん」とアドバイスしてください。たとえば❶は7のうちの2つに色を塗り(●●○○○○○)、残りの数を数えます。

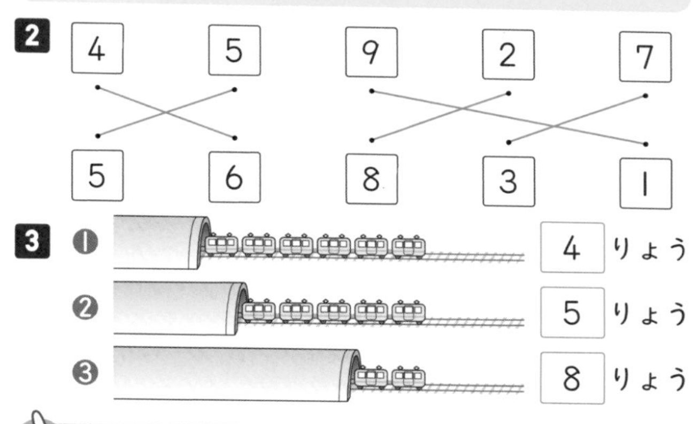

2

4	5	9	2	7
5	6	8	3	1

3 ❶ 4 りょう
❷ 5 りょう
❸ 8 りょう

たしかめよう!

でんしゃの かずを かぞえて、あと いくつで 10りょうに なるかを かんがえます。❶は、トンネル(とんねる)の そとに 6りょう みえて いて、6は あと 4で 10に なる ことから かんがえます。

5 ぜんぶで いくつ

22・23ページ きほんのワーク

きほん1 ❶ いれると 3びき ❷ ふえると 4わ

1 ❶ もらうと 4こ ❷ ふえると 7わ
❸ もらうと 6こ ❹ ふえると 8ひき

きほん2 しき 4＋3＝7 こたえ 7だい
＋ ＝

2 ❶ しき 2＋3＝5 こたえ 5こ
❷ しき 4＋1＝5 こたえ 5ひき

3 はじめに 3こ、2こ もらうと
しき 3＋2＝5 こたえ 5こ

てびき 「増えるといくつ」を学びます。
「りんごが3こあって、あとから1こもらうと、何こになりますか。」というように、初めにある数量に追加したときの大きさを求める場合を「増加（ぞうか）」といいます。
増加では、先にある物に、別の物が加わるような操作となります。図のように、片手で一方から寄せる動きをイメージするとよいでしょう。

24・25ページ きほんのワーク

きほん1 ❶ あわせて 5こ ❷ あわせて 4ひき

1 ❶ あわせて 4ほん ❷ あわせて 5ほん
❸ あわせて 7ひき ❹ あわせて 6わ

きほん2 しき 3＋2＝5 こたえ 5こ

てびき 「合わせていくつ」もたし算を使います。下の絵のように同時に存在する2つの量を合わせた大きさを求める場合を「合併（がっぺい）」といいます。
合併では、2つの物が対等に扱われます。算数ブロックやおはじきの操作では、両手で左右から引き寄せるような操作になります。

2 ❶ しき 4＋3＝7 こたえ 7わ
❷ しき 4＋4＝8 こたえ 8ほん

3 ❶ 2＋1＝3 ❷ 1＋4＝5
❸ 4＋2＝6 ❹ 5＋3＝8
❺ 1＋9＝10 ❻ 3＋4＝7
❼ 5＋5＝10 ❽ 3＋6＝9

てびき 合併と増加を、単に「あわせて」「ぜんぶで」「ふえると」という言葉で区別するのではなく、具体的な物の操作を通して体感しておくと、今後の学習に役立ちます。お話したり、ブロックを動かしたりしてみてください。

26・27ページ きほんのワーク

きほん1 ❶ 1＋2＝3 ❷ 3＋0＝3

1 まな

0＋2＝2

2 ❶ 2＋0 ❷ 0＋0

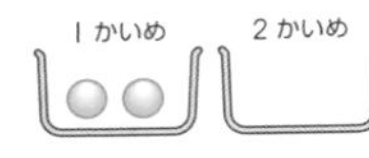

たしかめよう！
どんな かずに 0を たしても、もとの かずの ままです。0に どんな かずを たしても たした かずの ままです。0に 0を たしても、0です。0を たしても、0に たしても かわらないね。

きほん2

こたえが 4	こたえが 5	こたえが 6
1＋3	1＋4	1＋5
2＋2	2＋3	2＋4
3＋1	3＋2	3＋3
	4＋1	4＋2
		5＋1

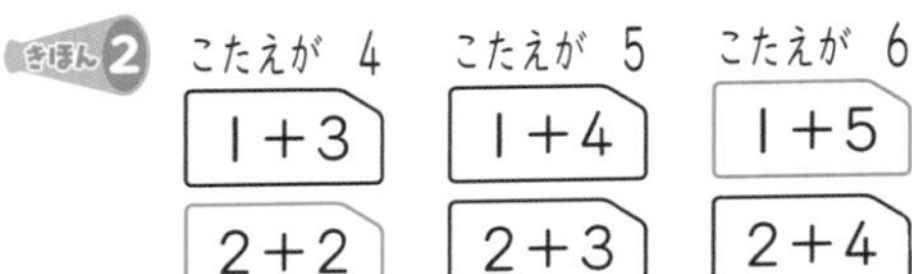

3 ❶ 2＋7（おもて） 9（うら） ❷ 3＋4 7
❸ 5＋1 6 ❹ 5＋3 8
❺ 3＋6 9 ❻ 1＋9 10

てびき たし算のカードを使って、遊んでみましょう。くり上がりの計算に入る前に、まずは合わせて10より小さくなるたし算に自信をつけましょう。カードを使うと、遊びながら多くの計算練習ができます。答えが同じカードを並べたり、答えが小さいものから大きいものへと順に並べたり、カードを使って、楽しく数遊びをしてみてください。画用紙を小さく切って、オリジナルのカードを作ってみてもいいですね。

4 ❶ 3＋7 ❷ 5＋5
❸ 8＋2 ❹ 4＋6

28ページ れんしゅうのワーク

❶

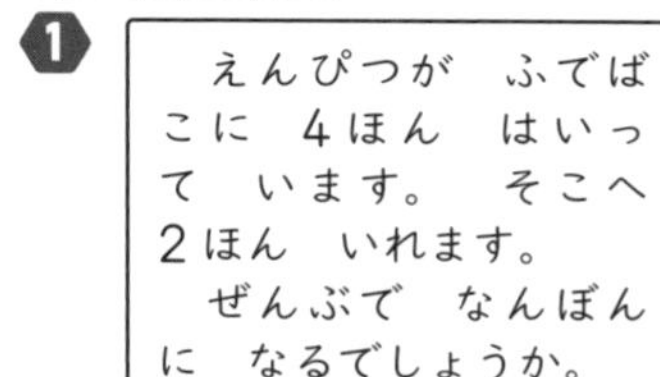
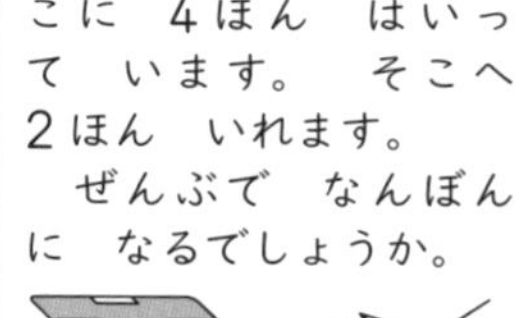

えんぴつが　ふでばこに　4ほん　はいって　います。　そこへ2ほん　いれます。
ぜんぶで　なんぼんに　なるでしょうか。

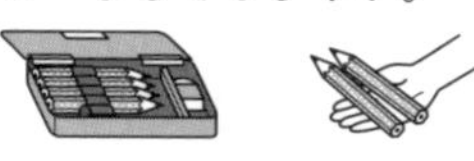

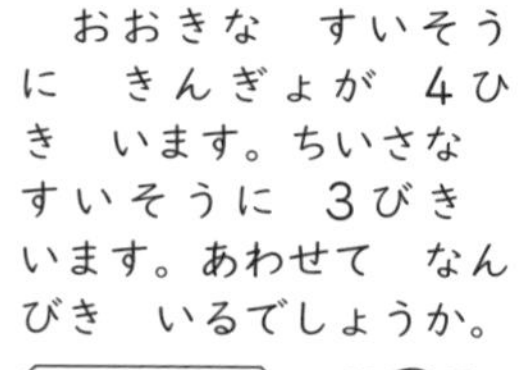

おおきな　すいそうに　きんぎょが　4ひき　います。ちいさなすいそうに　3びき　います。あわせて　なんびき　いるでしょうか。

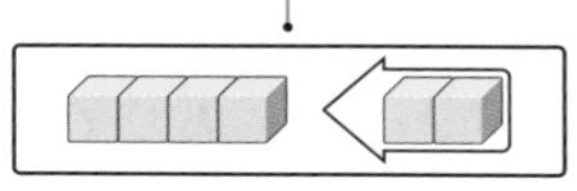

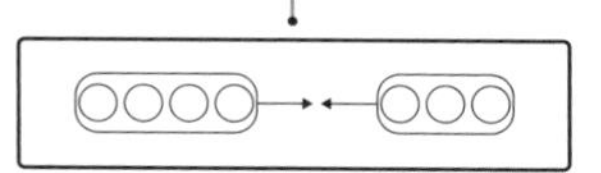

❷

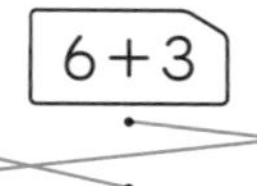
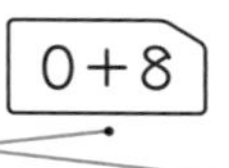
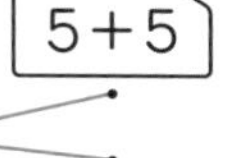

3＋4　6＋3　0＋8　5＋5

4＋4　7＋0　7＋3　4＋5

❸ 〔れい〕 ケーキが　はこに　5こ、
おさらに　3こ　あります。
あわせて　なんこ　ありますか。

29ページ まとめのテスト

1 ❶ 5＋2＝7　❷ 1＋8＝9
❸ 2＋4＝6　❹ 6＋4＝10
❺ 3＋7＝10　❻ 3＋6＝9
❼ 7＋2＝9　❽ 2＋0＝2
❾ 0＋9＝9　❿ 0＋0＝0

2 3＋3　(2＋5)　5＋1　(1＋6)

3 しき 4＋3＝7　こたえ 7こ

4 しき 2＋7＝9　こたえ 9だい

てびき　1年生のうちから問題文をよく読み、式を作る前に場面をイメージする習慣を身につけましょう。高学年になると、文章題が苦手になってしまうお子さんが多いのですが、そうしたお子さんの多くが、低学年のうちに文章をよく理解せずに式を書いているといわれます。「文章に出てきた数字を順番にたせばいい」という思い込みをしないためにも、立式を急がず、場面を想像してから式をつくるように促しましょう。すぐに式を書いて、答えを出すことに執着せず、場面を正確につかむことが大切です。

❻ のこりは　いくつ

30・31ページ きほんのワーク

きほん1 ❶ のこりは 4こ　❷ のこりは 3ぼん

❶ ❶ 3にん　かえると 3にん
❷ 2こ　たべると 5こ
❸ 4まい　つかうと 4まい
❹ 3わ　とんで　いくと 2わ

てびき　ひき算のお話を読んで、場面を理解することが大切です。式に表す前に、場面をイメージできているかどうかを確かめましょう。

きほん2 しき 5－2＝3　こたえ 3だい
－

❷ しき 6－2＝4　こたえ 4ひき

❸ しき 8－3＝5　こたえ 5にん

てびき　ひき算は、たし算に比べてつまずきが多く見られます。－(ひく)の前と後の数の関係をしっかり理解しましょう。31ページの❷には、問題のそばに図を示してあります。これは、計算のフォローをするという意味だけでなく、問題文の場面をイメージする目的もあります。こうした図がない場合でも、下のように自分で図に表して考える習慣を身につけておくと理解が深まります。

32・33ページ きほんのワーク

きほん1 1まい　だすと　4－1＝3
2まい　だすと　4－2＝2
4まい　だすと　4－4＝0
1まいも　だせないと　4－0＝4

たしかめよう!

1まいも　だせないと、てもちの　かずは4まいの　ままです。「1まいも　だせない」のは、いいかえると、「0まい　だす」と　いう　ことです。4まいから　0まい　だしても、4まいの　ままです。

❶ ❶ 1こ　たべると　3－1＝2
❷ 3こ　たべると　3－3＝0
❸ 1こも　たべないと　3－0＝3

❷ ❶ 5－5＝0
❷ 7－0＝7
❸ 0－0＝0

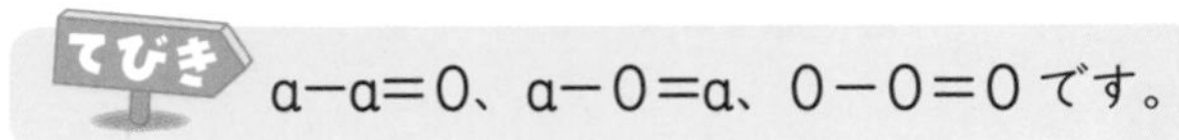

てびき a－a＝0、a－0＝a、0－0＝0です。

きほん2

こたえが 5	こたえが 6	こたえが 7
6－1	7－1	8－1
7－2	8－2	9－2
8－3	9－3	10－3
9－4	10－4	
10－5		

❸ ❶ 4－2（おもて） 2（うら）　❷ 7－5　2
❸ 9－6　3　❹ 6－3　3
❺ 3－1　2　❻ 10－6　4

❹ ❶ 5－3　❷ 10－8
❸ 6－4　❹ 8－6

34ページ れんしゅうのワーク

❶ ひろばに　5にん　います。その　うち　2人（ふたり）は　こどもです。おとなは　なんにん　いるでしょうか。

おかしが　7こ　ありました。2こ　たべました。　のこりは　なんこに　なったでしょうか。

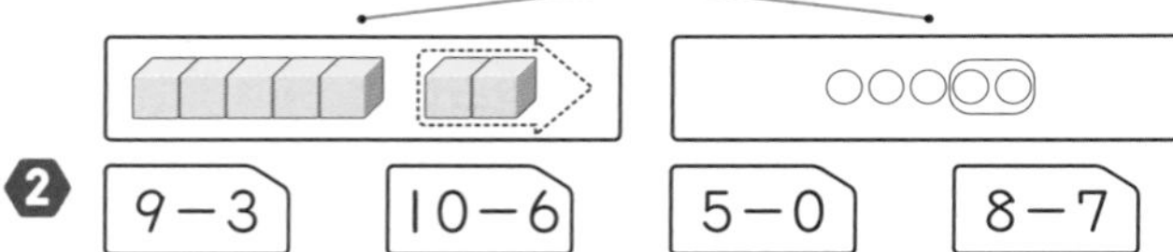

❷ 9－3 — 9－5、10－6 — 7－1、5－0 — 2－1、8－7 — 9－4

❸ 〔れい〕 りんごが　8こ　ありました。3こ　たべました。のこりは　なんこに　なったでしょうか。

たしかめよう！
やじるしの　みぎがわの　りんごは　8この　うち　3こ　たべた　ことを　あらわして　います。

35ページ まとめのテスト

❶ ❶ 3－1＝2　❷ 7－4＝3
❸ 0－0＝0　❹ 9－7＝2
❺ 4－3＝1　❻ 5－4＝1
❼ 8－4＝4　❽ 10－3＝7
❾ 7－6＝1　❿ 10－8＝2

❷ (6－2)　9－4　(7－3)　10－7

❸ しき 8－2＝6　こたえ 6こ

てびき 図に表して考えましょう。

❹ しき 6－4＝2　こたえ 2こ

7 どれだけ　おおい

36・37ページ きほんのワーク

きほん1 しき 7－3＝4　こたえ 4ひき
❶ しき 5－2＝3　こたえ 3わ
❷ しき 9－4＝5　こたえ 5こ
きほん2 しき 7－5＝2
こたえ トラックが　2だい　おおい。
❸ しき 6－4＝2
こたえ りんごが　2こ　おおい。

てびき りんごが6個、みかんが4個あることを数えて確認します。それから、○を使った図で考え、りんごが2個多いことを押さえます。「どちらが　なんこ　おおいか」とたずねられているので、「りんごが　2こ　おおい。」と答えます。「2こ」だけを解答とするお子さんが多いので、ここでは□の中に答えを入れる形式にしています。

❹ しき 8－6＝2
こたえ きいろい　はなが　2こ　おおい。

38ページ きほんのワーク

きほん1 しき 8－5＝3　こたえ 3
❶ しき 10－6＝4　こたえ 4

てびき

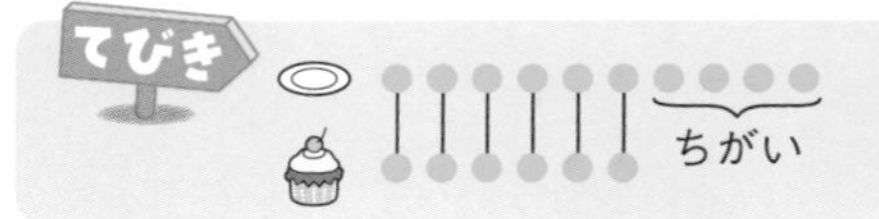

❷ しき 9−7=2　　こたえ 2

てびき　数の多い方から少ない方をひきます。数の違いは、何「こ」、何「本」はつけずに答えます。

39ページ まとめのテスト

1 しき 4−3=1　　こたえ 1こ

2 しき 9−6=3

こたえ えんぴつ が 3ぼん おおい。

てびき　「えんぴつが」を忘れずに書いているかどうかを確かめてください。

3 しき 8−5=3　　こたえ 3

8 10より 大きい かず

40・41ページ きほんのワーク

きほん1

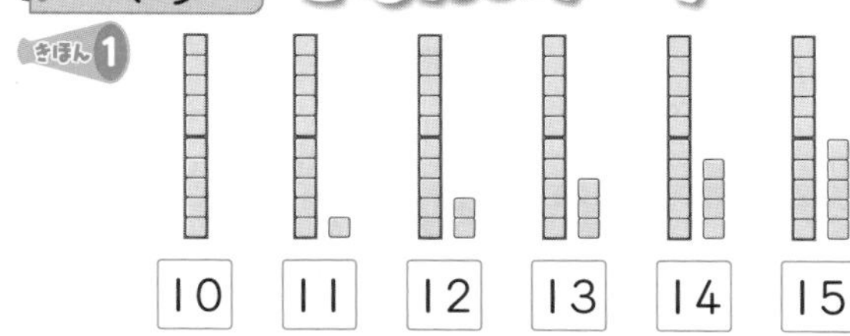

10　11　12　13　14　15

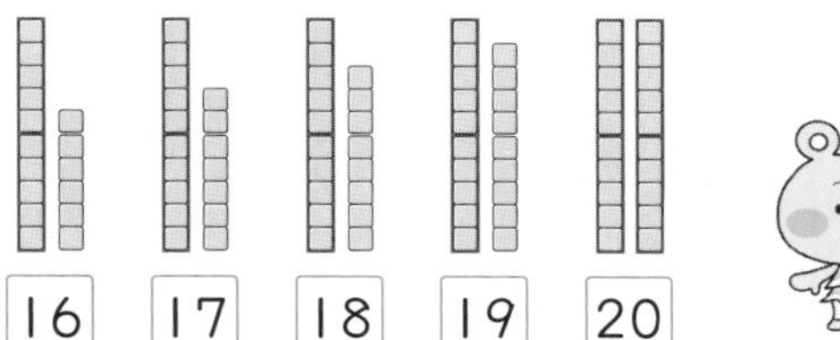

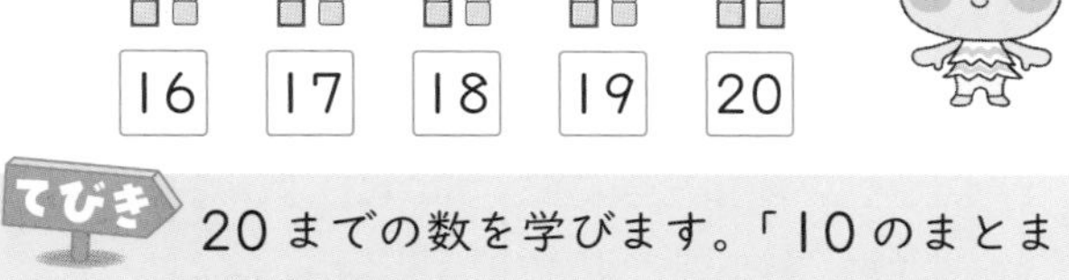

16　17　18　19　20

てびき　20までの数を学びます。「10のまとまり」と、「ばら」がいくつ、に分けて考えることで、数えやすくなります。10のまとまりが2つで20になることも押さえておきましょう。

❶ ❶ 10と 3で 13
❷ 10と 5で 15

てびき　❷ いちごが10個と、5個で 15個。10個を⬭で囲んでから答えるように促します。

きほん2

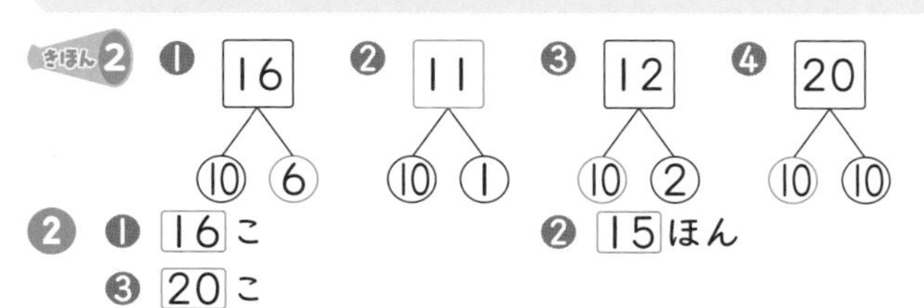

❶ 16 → 10, 6　❷ 11 → 10, 1　❸ 12 → 10, 2　❹ 20 → 10, 10

❷ ❶ 16こ　❷ 15ほん
❸ 20こ

❸ ❶ 10と 7で 17。 ❷ 10と 9で 19。
❸ 14は 10と 4。 ❹ 18は 10と 8。

たしかめよう!

10の まとまりと ばらで かんがえます。わからない ときは 10えんだまが 1まいと 1えんだまが なんまい あるかで かんがえて みましょう。

42・43ページ きほんのワーク

きほん1

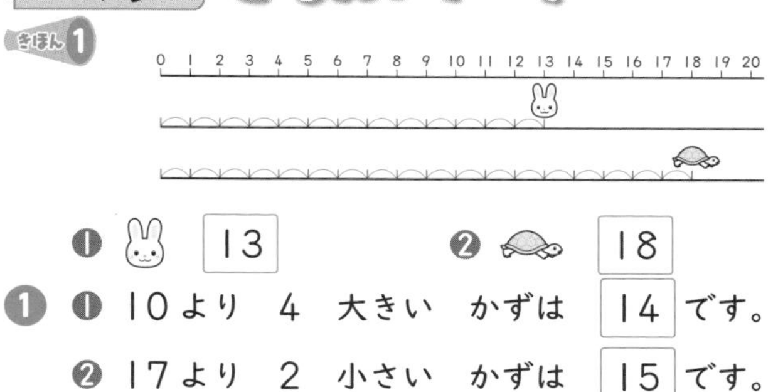

❶ 13　❷ 18

❶ ❶ 10より 4 大きい かずは 14 です。
❷ 17より 2 小さい かずは 15 です。

❷ まえから 11人　まえから 13ばんめ

❸

❶ 9 13（13）　❷ 15 13（15）
❸ 17 14（17）　❹ 18 20（20）

きほん2

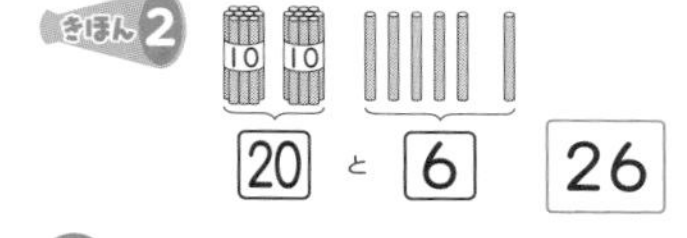

20 と 6　26

❹ ❶

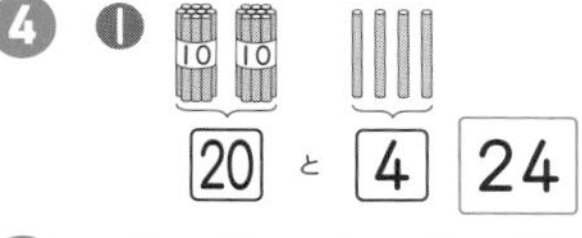

20 と 4　24

❷ 30 と 1　31

❺

日	月	火	水	木	金	土
1	2	3	4	5	6	7
8	9	10	11	12	13	14
15	16	17	18	19	20	21
22	23	24	25	26	27	28
29	30	31				

てびき　カレンダーなど、身のまわりにある数字に目を向けてみましょう。カレンダーでは右にいくと数が1増えます。下にいくと7増えます。右斜め下にいくと8増え、左斜め下にいくと6増えます。大人にとっては当たり前のことでも、1年生にとっては大発見です。カレンダーを見ていて、お子さんが数の並び方の秘密に気づいたら、大いにほめてあげましょう。

44・45 ページ　きほんのワーク

きほん1 ❶ 14は [10]と [4]です。

❷ [10]に [4]を　たした　かず

10＋4＝[14]

❸ [14]から [4]を　ひいた　かず

14－4＝[10]

1 ❶ 10＋6＝[16]　❷ 16－6＝[10]

2 ❶ 10＋2＝[12]　❷ 10＋9＝[19]

❸ 5＋10＝[15]　❹ 17－7＝[10]

❺ 18－8＝[10]　❻ 13－3＝[10]

てびき 10＋いくつ、10いくつ－いくつ＝10の計算です。2けたの数を10といくつと考えることができているかどうかを確認してください。ここでつまずくと、くり上がりのあるたし算、くり下がりのあるひき算の理解ができません。理解がしにくい場合は、具体的な物や数の線を使ってみましょう。

きほん2 ❶ 13＋2＝[15]　❷ 15－2＝[13]

3 ❶ 12＋4＝[16]　❷ 16－4＝[12]

4 ❶ 13＋4＝[17]　❷ 14＋3＝[17]

❸ 12＋6＝[18]　❹ 14＋5＝[19]

❺ 18－3＝[15]　❻ 17－4＝[13]

❼ 16－10＝[6]　❽ 19－10＝[9]

てびき たし算もひき算も、10をひとまとまりと考えることが基本です。10といくつになるかを意識しましょう。数直線を使って考えてもよいでしょう。

❶ 13に4をたすと17

❻ 17から4をひくと13

46 ページ　れんしゅうのワーク

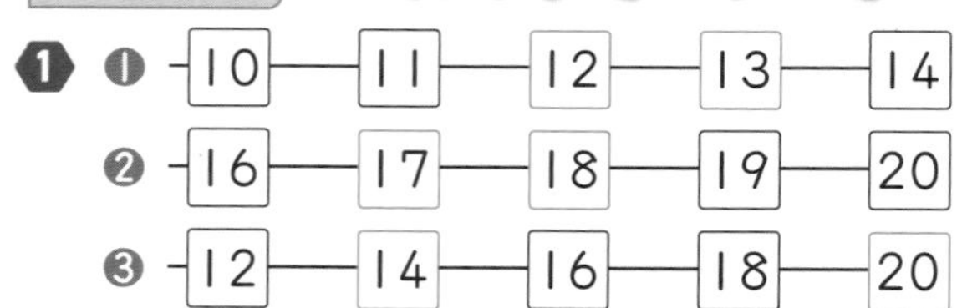

❶ ❶ [10]－[11]－[12]－[13]－[14]

❷ [16]－[17]－[18]－[19]－[20]

❸ [12]－[14]－[16]－[18]－[20]

❷ ❶ いちばん　大きい　かずは [20]の　カード

❷ いちばん　小さい　かずは [11]の　カード

❸ ❶ 15より　4　大きい　かずは [19]

❷ 17より　3　小さい　かずは [14]

たしかめよう!

かずのせんで　たしかめて　おきましょう。

❶ 15

❷ 17

47 ページ　まとめのテスト

1 ❶ [14]こ　❷ [12]こ　❸ [15]ほん

2 ❶ [16]－[17]－[18]－[19]－[20]

❷ [15]－[14]－[13]－[12]－[11]

❸ [3]　[12]　[18]

3 ❶ [13] [15]（15に○）　❷ [19] [17]（19に○）

4 ❶ 10＋3＝[13]　❷ 14＋5＝[19]

❸ 17－7＝[10]　❹ 19－4＝[15]

9 かずを　せいりして

48 ページ　きほんのワーク

きほん1

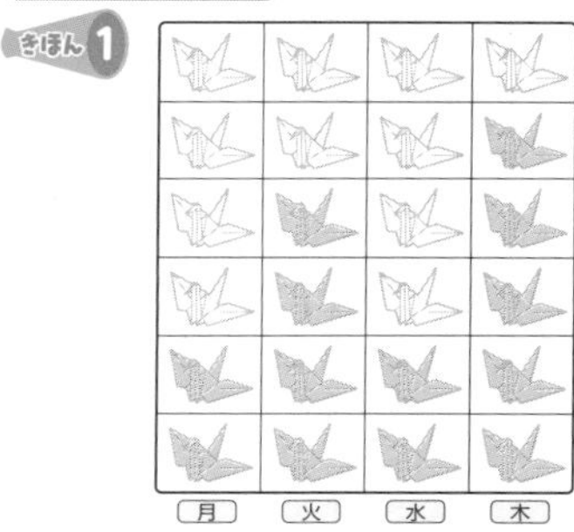

てびき 2年生で学習する表とグラフの単元につながる内容です。バラバラなものをこのように整理すると、数を比べやすくなります。

1 ❶ 木(よう日)

❷ 火(よう日)

❸ 月(よう日と)　水(よう日)

49 ページ　まとめのテスト

1 ❶

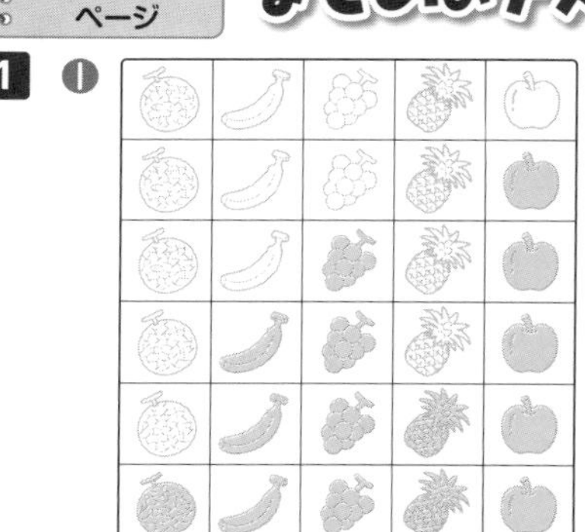

❷ 3(ぼん)

❸ りんご

❹ ぶどうが 2こ　おおい。

❺ りんご、ぶどう、バナナ、パイナップル、メロン

てびき　くだものの数を数えながら、チェック印(✓)や×をつけることで、重複して数えたり、数えもらしたりすることが減ることをアドバイスしてあげましょう。また、細かいところに色を塗るという作業は、１年生にとっては難しいものです。細かい作業で集中力を高めることもねらいのひとつです。１年生のうちは筆圧が低いお子さんが多いので、筆圧を高めるために、塗り絵などをご家庭でも取り入れてください。

理解度に応じて、次のような問題を投げかけてみるといいでしょう。

・２番目に数の多いくだものは？
・２番目に数の少ないくだものは？
・全部でいくつ？　　など

⑩ かたちあそび

50・51ページ　きほんのワーク

きほん１

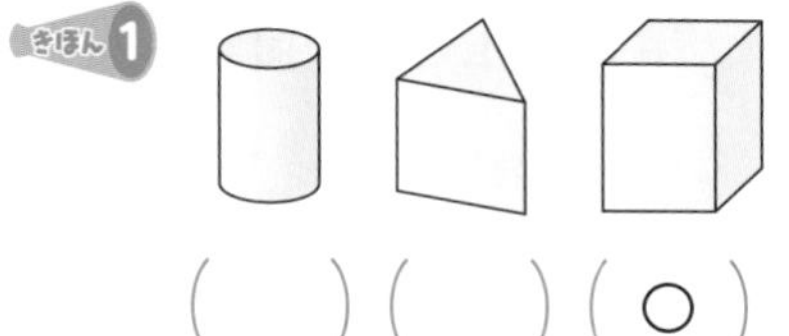

きほん２

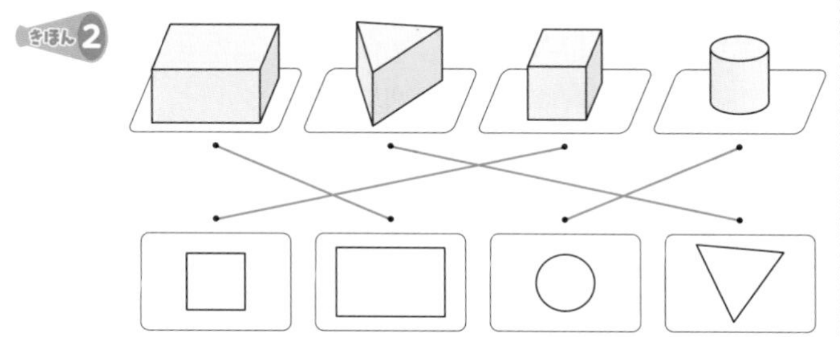

② あ、う
③ あ、い、え

てびき　２年生の箱の形につながる学習です。身のまわりにある、いろいろな入れ物の形に興味、関心を持てるように心がけましょう。ご家庭の中にあるものを使って、工作してみることも、興味、関心を引き出すことに役立ちます。

52ページ　れんしゅうのワーク

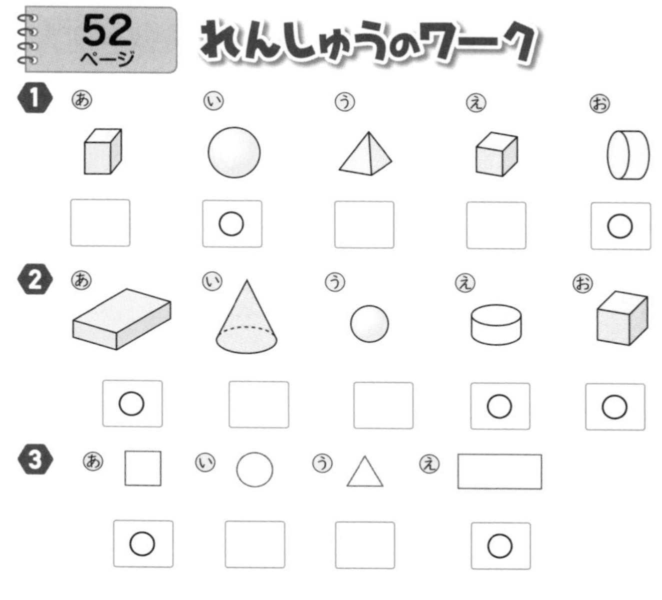

53ページ　まとめのテスト

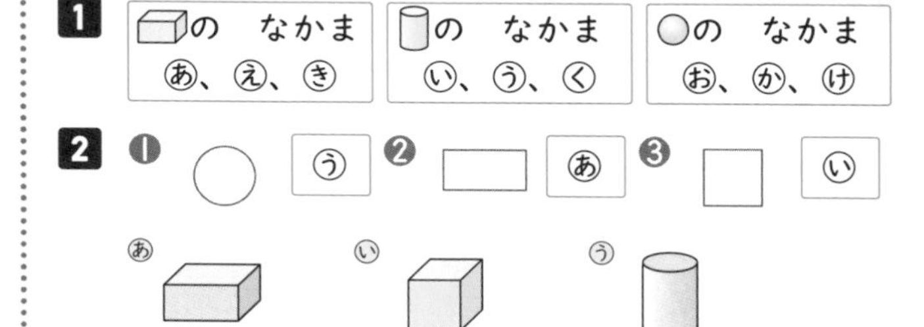

1 □の なかま あ、え、き ／ ○の なかま い、う、く ／ ○の なかま お、か、け

2 ❶ う　❷ あ　❸ い

3 い、え

てびき　丸、三角、四角の特徴を知り、それらを使って、いろいろな絵をかきます。低学年の頃には、筆圧を高める意味からも、絵をかくことをおすすめします。手を動かしながら考える習慣を身につけましょう。

また、積み木１つとっても、見る角度によって見える形が異なります。たとえば円柱は、上から見ると円に見えますが、横から見ると長方形(もしくは正方形)に見えます。お子さんの理解度に応じて、下のように少し発展的な問いかけをしてもよいでしょう。

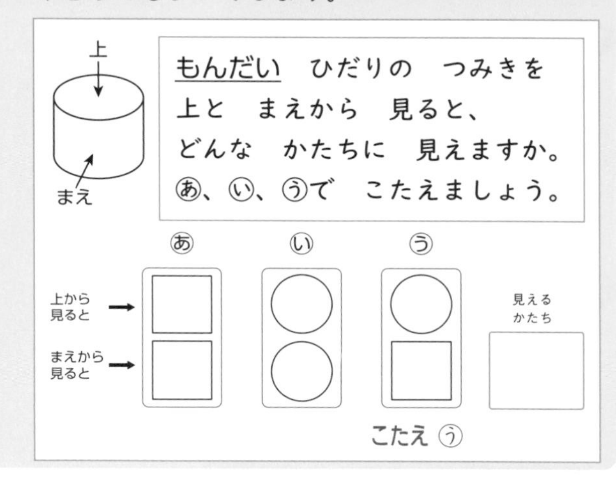

⑪ 3つの かずの たしざん、ひきざん

54・55ページ きほんのワーク

きほん1 しき 3+2+1=6　こたえ 6 わ

1 しき 2+1+4=7　こたえ 7 ひき

2 ❶ 3+4+1=8
❷ 4+2+1=7
❸ 9+1+2=12
❹ 8+2+3=13

たしかめよう!

❶ 3＋4の　こたえの　7に、1を　たして　8と　かんがえます。3つの　かずの　けいさんも　まえから　じゅんに　けいさんすれば　できますね。

きほん2 しき 7−2−1=4　こたえ 4 ひき

3 しき 8−3−2=3　こたえ 3 わ

4 ❶ 7−3−1=3
❷ 10−2−3=5
❸ 13−3−4=6
❹ 17−7−3=7

てびき ❶ 7−3の答えから1をひきます。7−3=4、4−1=3と考えればよいことを押さえましょう。
❷ 10−2=8、8−3=5
❸ 13−3=10、10−4=6
❹ 17−7=10、10−3=7
} と考えます。
声に出して計算するとよいでしょう。

56ページ きほんのワーク

きほん1 しき 4−2+3=5　こたえ 5 ひき

てびき たし算とひき算の混ざった計算も、前から順に計算すればよいことを確認しましょう。算数ブロックなどの具体的な物をつかってみましょう。

1 しき 5+2−3=4　こたえ 4 こ

てびき 初めに5個あって、2個もらったら7個、そこから3個あげたから、残りは4個。
5+2=7、7−3=4
5+2−3=4
} 上と下は同じ

2 ❶ 7−3+4=8
❷ 10−4+3=9
❸ 10+8−5=13
❹ 13+5−6=12

てびき たし算とひき算の混ざった計算は＋や−に気をつけることが大切です。計算は必ず前から順に行います。声に出して計算すると計算のしかたが頭の中で整理できます。

57ページ まとめのテスト

1 しき 3+1−2=2　こたえ 2 ひき

2 しき 10−2−3=5　こたえ 5 こ

3 ❶ 3+2+4=9
❷ 8+2+7=17
❸ 9−3−2=4
❹ 16−6−3=7
❺ 10−7+5=8
❻ 1+9−6=4

てびき ❶ 3+2=5、5+4=9と考えます。
❷ 8+2=10、10+7=17
8+2+7=17
} 上と下は同じ
❸ 9−3=6、6−2=4
9−3−2=4
} 上と下は同じ
❹ 16−6=10、10−3=7
16−6−3=7
} 上と下は同じ

⑫ たしざん

58・59ページ きほんのワーク

きほん1 ❶ 9は　あと 1 で　10

❷ 3を　1と 2 に　わける。

❸ 9と　1で 10

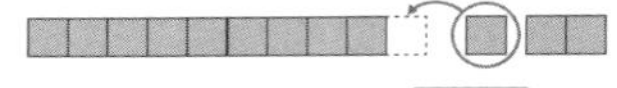

❹ 10と　2で 12

たしかめよう!

9は　あと　1で　10に　なる　ことを　つかって　こたえが　10より　おおきな　たしざんを　します。10の　まとまりと　ばらが　いくつに　なるかを　かんがえます。ずを　つかうと　わかりやすいです。

1 ❶ 9+5=14　・9と 1 で　10
(10) 1 4　　10と 4 で　14

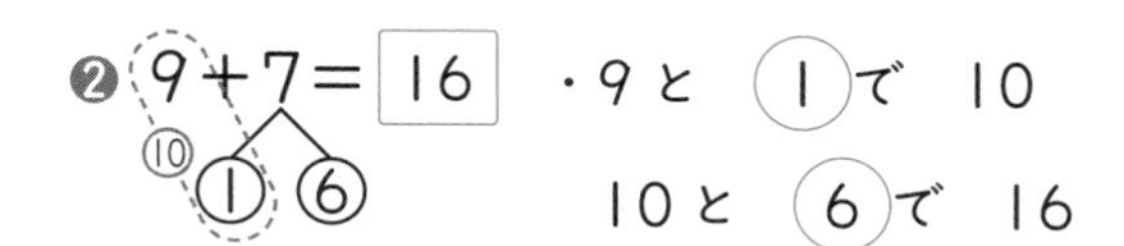

② 9+7=16　・9と 1で 10
10と 6で 16

てびき　9+(1けた)では、たす数を「1といくつ」に分けて計算します。下の図のように、

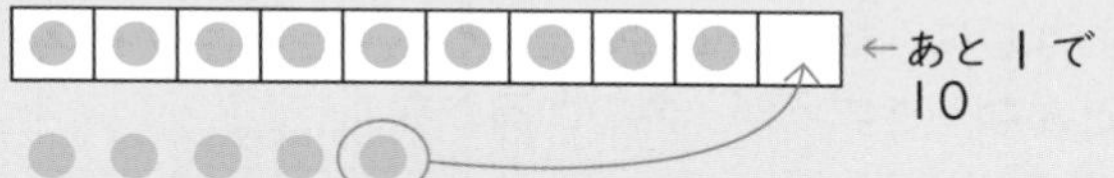

9に1をたして10のまとまりをイメージすると理解が進みます。

きほん2 ① 8+5=13　・8と 2で 10
10と 3で 13

② 7+4=11　・7と 3で 10
10と 1で 11

てびき　2つの数㋐と㋑のたし算「㋐+㋑」で、前の数㋐のことを被加数(ひかすう)といい、うしろの数㋑のことを加数(かすう)といいます。8+5の計算を、

8+5
②③

5を2と3に分解して、
8に2をたして10
10と3で13

のように計算する方法を加数分解(かすうぶんかい)といいます。加数を分解して、10のまとまりをつくる方法は、1年生にも理解しやすいといわれます。そこで、教科書でも学校の授業でも加数分解から教えることがほとんどです。

最初は被加数が9の場合を学び、つぎに被加数が8の場合を考えます。8はあと2で10ですから、加数を「2といくつ」に分けて計算します。理解のしにくいお子さんには、下のように、10の入れ物をイメージさせ、図に示すとよいでしょう。

〔8+5の　図〕
←あと2で
10

② ① 9+4=13　(10) ① ③
② 8+6=14　(10) ② ④
③ 8+4=12　(10) ② ②
④ 7+5=12　(10) ③ ②

③ ① 9+6=15　② 8+3=11
③ 9+2=11　④ 8+7=15
⑤ 8+8=16　⑥ 7+6=13

てびき　計算のしかたを声に出して説明してみると理解が進みます。

① 9+6=15（1 5）　② 8+3=11（2 1）
③ 9+2=11（1 1）　④ 8+7=15（2 5）
⑤ 8+8=16（2 6）　⑥ 7+6=13（3 3）

60・61ページ　きほんのワーク

きほん1 ① 4を 10にする。

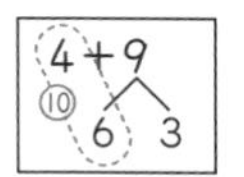

4に 6を たして 10
10と 3で 13

② 9を 10にする。

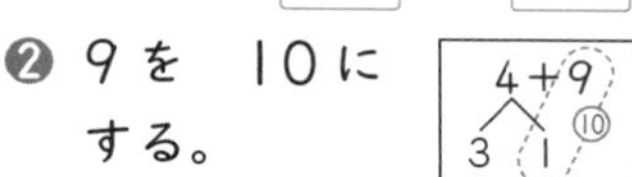

9に 1を たして 10
10と 3で 13

① ① 3+8=11（7 ①）　② 3+8=11（1 ②）

てびき　これまでは、+(たす)の後の数を2つに分けて10をつくる方法(加数分解)を学んできました。ここでは、+の前の数を2つに分けて10をつくる方法(被加数分解(ひかすうぶんかい))を学びます。

一般的に、+の前の数(被加数)が小さく、くり上がりのある計算の場合は、被加数分解の方が計算しやすいといわれますが、お子さんによっては、あくまでも加数分解で計算する場合も多いです。計算のしかたはどちらでも構いません。お子さんのしやすい方法で大丈夫です。

加数分解、被加数分解の他にも、加数・被加数とも5といくつに分解して、その5同士で10をつくるという方法もあります。

7 + 6 = 13
5 2 5 1
10 3

7は5と2
6は5と1 → 13
10 3

また、素朴に、たとえば7+4を、8、9、10、11と数えたしによって求める方法もあります。

初めは、どの方法でも構いません。何度もくり返すうちに、慣れてきて、状況に応じて使い分けするようになります。

❷ ❶ 2+9=11　❷ 3+9=12　❸ 4+8=12　❹ 5+8=13　❺ 4+7=11　❻ 7+6=13

てびき　1年生のくり上がりのあるたし算で、つまずきやすいのは、「6＋いくつ」「7＋いくつ」の計算といわれています。何度も声に出しながら計算してみましょう。お子さんによっては、「6＋いくつ」「7＋いくつ」以外にも苦手な計算がある場合がありますから、チェックしてみてください。ご家庭でもゲーム感覚で問題を出し合い、計算に強くなりましょう。お子さんの苦手を知った上で、出題してください。

ミスの出やすい計算	
6+5	7+4
6+6	7+5
6+7	7+6
6+8	7+7
6+9	7+8
	7+9

きほん2

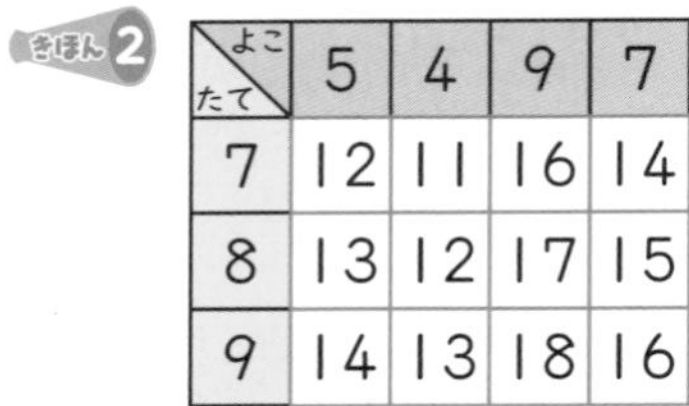

たて＼よこ	5	4	9	7
7	12	11	16	14
8	13	12	17	15
9	14	13	18	16

❸ ❶ 7+8　8+8　❷ 7+4　10+4

❹ しき 8+5=13　こたえ 13こ

❺ 〔れい〕 大きな　水そうに　めだかが　8ひき　います。小さな　水そうに　めだかが　6ぴき　います。めだかは　あわせて　なんびき　いるでしょうか。

62ページ きほんのワーク

きほん1

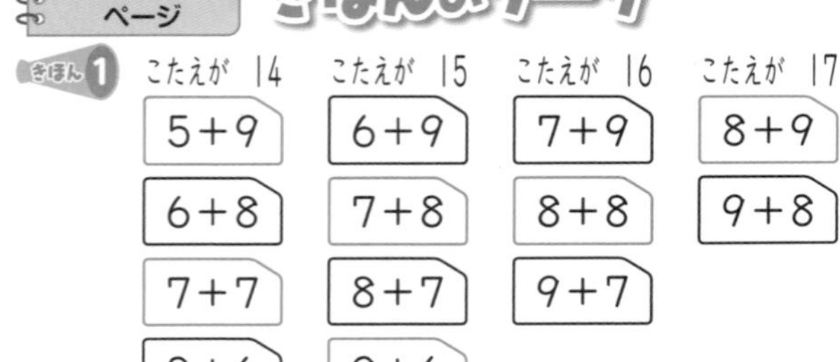

こたえが 14	こたえが 15	こたえが 16	こたえが 17
5+9	6+9	7+9	8+9
6+8	7+8	8+8	9+8
7+7	8+7	9+7	
8+6	9+6		
9+5			

❶ ❶ 7+7（おもて）　14（うら）　❷ 8+4　12

❸ 5+7　12　❹ 9+8　17

❷ ❶ 9+4　❷ 5+8

❸ 7+6　❹ 6+7

たしかめよう!

たしざんの　カードを　つかって、こたえが　おなじに　なる　しきを　ならべて　みましょう。どんな　きまりが　見つかるかな。

てびき　たし算のカードを使って、答えが同じになる式を見つけます。ぜひご家庭でも、たし算のカードを作って遊んでみてください。

63ページ れんしゅうのワーク❶

❶

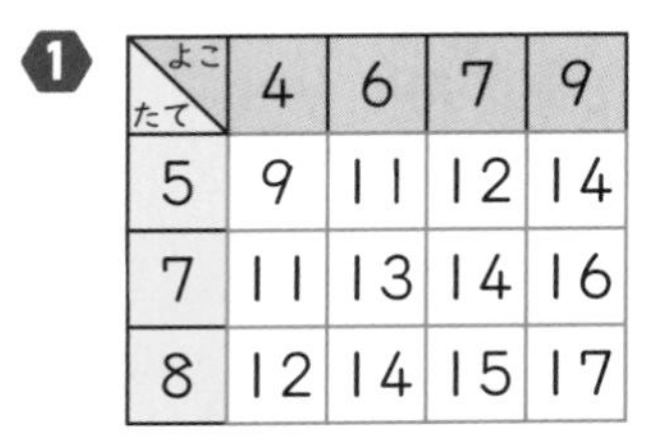

たて＼よこ	4	6	7	9
5	9	11	12	14
7	11	13	14	16
8	12	14	15	17

❷ ❶ 5+6　❷ 3+8

❸ 7+4　❹ 2+9

❸ しき 8+7=15　こたえ（15人）

❹ しき 9+5=14　こたえ（14人）

64ページ れんしゅうのワーク❷

❶

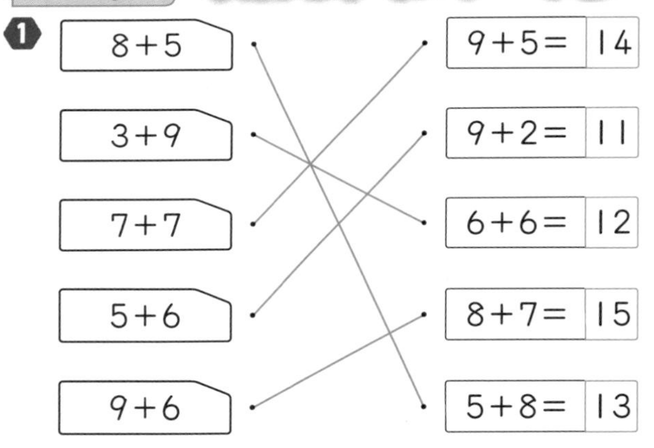

カード		式と答え
8+5		9+5=14
3+9		9+2=11
7+7		6+6=12
5+6		8+7=15
9+6		5+8=13

❷ れい

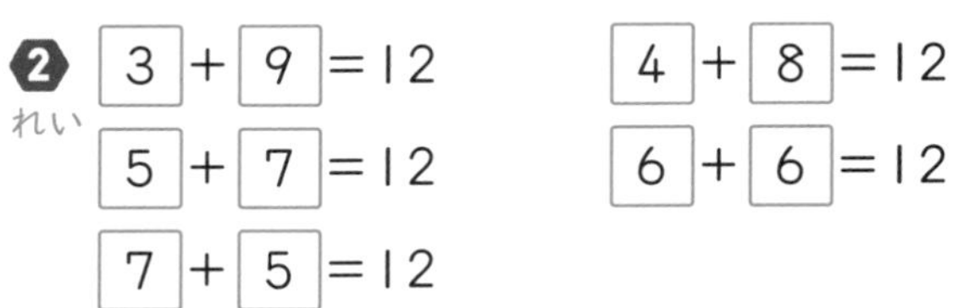

3+9=12　4+8=12

5+7=12　6+6=12

7+5=12

てびき　例のほか、8+4、9+3などもあります。答えが12のたし算が5つできたら、答えが11、13、14もつくってみましょう。たし算のカードを使って、遊びながら式をつくってみましょう。

65ページ まとめのテスト

1
❶ 2+9=11　❷ 7+8=15
❸ 6+5=11　❹ 8+3=11
❺ 6+9=15　❻ 3+8=11
❼ 5+9=14　❽ 6+7=13
❾ 4+7=11　❿ 8+9=17
⓫ 9+4=13　⓬ 7+6=13

2 しき 4+8=12　こたえ（12 とう）

3 しき 7+4=11　こたえ（11 ぴき）

⑬ ひきざん

66・67ページ きほんのワーク

❶ 14 は 10 と 4
❷ 10 から 9 を ひいて 1
❸ 1 と 4 で 5

14−9=5
（10）（4）

てびき くり下がりのあるひき算の学習が始まります。まず、（10いくつ）−9 の計算のしかたを考えましょう。14−9 の計算は
・14 を 10 と 4 に分ける。
・10 から 9 をひいて 1（10−9=1）
・1 と 4 で 5（1+4=5）
のように考えます。ひいてからたすので、減加法（げんかほう）といいます。くり下がりのあるひき算は、この減加法から学びます。くり上がりのあるたし算を 10 のまとまりを使って考えたのと同様に、くり下がりのあるひき算では、−（ひく）の前の数を 10 といくつかに分け、10 のまとまりからひいて、その答えと残りの数をたします。

1
❶ 12−9=3　（10）（2）
・12 は 10 と 2
10 から 9 を ひいて 1
1 と 2 で 3

❷ 15−9=6　（10）（5）
・15 は 10 と 5
10 から 9 を ひいて 1
1 と 5 で 6

きほん2
13−8=5　（10）（3）
・13 は 10 と 3
10 から 8 を ひいて 2
2 と 3 で 5

2
❶ 13−9=4　（10）（3）
❷ 16−8=8　（10）（6）
❸ 14−8=6　（10）（4）
❹ 11−7=4　（10）（1）

3
❶ 16−9=7　❷ 11−8=3
❸ 12−7=5　❹ 12−8=4
❺ 11−9=2　❻ 15−8=7

てびき 計算のしかたをお子さんに説明させてみましょう。理解が深まります。
❶ 16−9=7（10 6）　10 から 9 をひいて 1　1 と 6 で 7
❷ 11−8=3（10 1）　10 から 8 をひいて 2　2 と 1 で 3
❸ 12−7=5（10 2）　10 から 7 をひいて 3　3 と 2 で 5
❻ 15−8=7（10 5）　10 から 8 をひいて 2　2 と 5 で 7
10 からひいて残りをたすことを意識します。

68・69ページ きほんのワーク

きほん1
❶ 11 を 10 と 1 に わける。（11−3 / 10 1）
10 から 3 を ひいて 7
7 と 1 で 8

❷ 3 を 1 と 2 に わける。
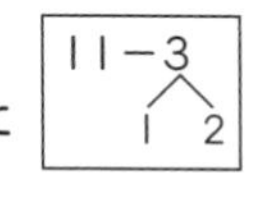

11 から 1 を ひいて 10
10 から 2 を ひいて 8

1
❶ 13−5=8　10（3）
❷ 13−5=8　3（2）

てびき くり下がりのあるひき算には、2 通りの方法があります。
13−5 の計算のしかたを考えます。
❶ 13−5（10 3）　10 から 5 をひいて 5　5 と 3 で 8
❷ 13−5（3 2）　13 から 3 をひいて 10　10 から 2 をひいて 8
❶はこれまで学習した減加法です。❷は、ひいてからひくので減減法（げんげんほう）といいます。ここでは、おもに❶の減加法を学びますが、❷の減減法が便利なこともあります。状況に応じて使い分けましょう。

2
❶ 12−3=9　❷ 11−4=7
❸ 12−4=8　❹ 16−7=9
❺ 14−6=8　❻ 13−8=5

てびき ❶ 12−3=9（10 2） 10から3をひいて7　7と2で9
または、12−3=9（2 1） 12から2をひいて10　10から1をひいて9
❸ 12−4=8（10 2） 10から4をひいて6　6と2で8
12−4=8（2 2） 12から2をひいて10　10から2をひいて8
❹ 16−7=9（10 6） 10から7をひいて3　3と6で9
16−7=9（6 1） 16から6をひいて10　10から1をひいて9
どちらのやり方でも構いません。やりやすい方で計算しましょう。

きほん2

たて＼よこ	6	7	8	9
12	6	5	4	3
15	9	8	7	6
14	8	7	6	5

❸ ❶ 11−2（○）　11−4　❷ 15−9（○）　14−9

❹ しき 12−8=4　こたえ 4本

てびき 場面をしっかりイメージできていますか？

❺ 〔れい〕 りんごが　13こ　ありました。
4こ　たべました。のこりは
なんこに　なったでしょうか。

70ページ きほんのワーク

きほん1

こたえが 3	こたえが 4	こたえが 5	こたえが 6
11−8	11−7	11−6	11−5
12−9	12−8	12−7	12−6
	13−9	13−8	13−7
		14−9	14−8
			15−9

❶ ❶ 13−5（おもて） 8（うら）　❷ 11−4　7
❸ 15−6　9　❹ 17−9　8

❷ ❶ 12−5　❷ 14−7
❸ 15−8　❹ 13−6

てびき ご家庭でもカード遊びを取り入れてみるとよいでしょう。同じ答えになる式のカードを集めたり、問題を出しあったりして、楽しみながら、計算に強くなることができます。

71ページ れんしゅうのワーク❶

❶

たて＼よこ	5	7	8	9
12	7	5	4	3
15	10	8	7	6
14	9	7	6	5

❷ ❶ 11−2　❷ 13−4
❸ 18−9　❹ 12−3

❸ しき 12−4=8　こたえ（8こ）

てびき 場面を図に表してみましょう。
（図：12こ　4こ　たべた　のこりは？）

❹ しき 11−7=4
こたえ（まみさんが　4こ　おおく　おった。）

てびき りょう　まみ　おおい

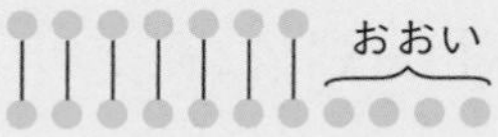

72ページ れんしゅうのワーク❷

❶

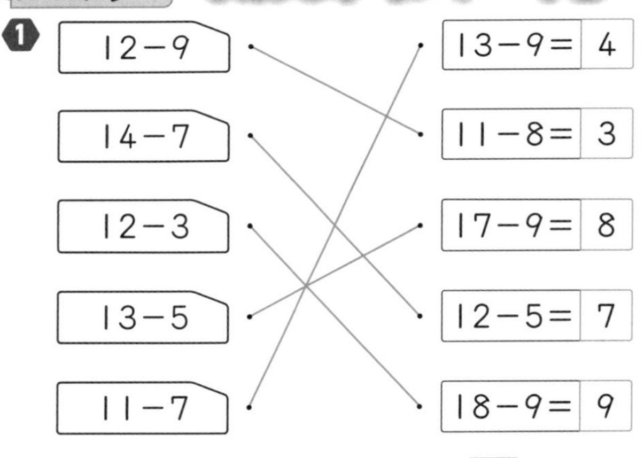

12−9 → 13−9=4
14−7 → 11−8=3
12−3 → 17−9=8
13−5 → 12−5=7
11−7 → 18−9=9

（線：12−9—18−9=9、14−7—12−5=7、12−3—13−9=4? ）

❷ 12−4=8　11−3=8
15−7=8　13−5=8
17−9=8

てびき 答えが8になる2けた−1けたの計算には、14−6、16−8などもあります。答えが7や9になる計算も考えてみましょう。

73ページ まとめのテスト

1 ❶ 11−4=7　❷ 14−6=8
❸ 13−7=6　❹ 11−6=5
❺ 17−8=9　❻ 14−5=9
❼ 12−8=4　❽ 16−9=7
❾ 15−6=9　❿ 13−6=7
⓫ 16−7=9　⓬ 14−8=6

2 しき 12−4=8　こたえ（8本）

3 しき 16−8=8
こたえ（赤い　いろがみが　8まい　おおい。）

⑭ くらべかた

74・75ページ きほんのワーク

きほん1 ❶ いちばん　ながい　もの　㋓
❷ いちばん　みじかい　もの　㋑

❶ ㋑

てびき ㋑の方がテープがたるんでいることに注目しましょう。たるんでいるということは、まっすぐにのばしたら、㋑の方が長くなることを理解できたでしょうか。テープや糸などを使って、たるみをもったものをまっすぐにのばすと長くなることを確認しましょう。

❷ ❶ ㋑　❷ ㋐

きほん2 ㋐

てびき 長さを比べるとき、直接並べたり重ねたりできないときには、テープなどを使って間接的に比べます。2年生で学習する物差しを使った長さの測り方のもとになる考えです。「机の幅の方がドアの幅よりも長いから、このままでは机を通すことはできない。」「机をななめにすれば通せるのではないか？」などと論理的な思考につながっていく問題です。

❸ ❶ ㋐　❷ ㋑

❹（㋒）→（㋐）→（㋑）

76・77ページ きほんのワーク

きほん1 ❶ ㋐に○　❷ ㋓に○

てびき ❶ ㋐の水を㋑に入れたら、入りきらずにあふれたので、㋐の方が多く入ります。

❶（㋑）→（㋒）→（㋐）

てびき 同じ大きさの入れ物で、水の高さが違うので、高さの高い物が多く入っていることがわかります。

❷ ㋐

てびき 入れ物の大きさが異なっていて、水の高さは同じなので、底がいちばん広い㋐の入れ物に多く入っていることがわかります。

❸ ㋑

てびき ㋐と㋑の箱は、高さも㋐が低いことに注目しましょう。

きほん2 ㋐は 5 はい　㋑は 9 はい
おおく　入って　いたのは ㋑。

てびき コップに水を移しかえて、かさを比べます。このように身近なものを用いて、そのいくつ分で比べる方法を任意単位による比較といいます。量の感覚を持てないお子さんが増えているといわれています。ぜひ、お風呂場などで、コップいくつ分、ペットボトル何本分というように、水をはかる体験をしてみましょう。2年生の「かさの単位」の学習にもつながります。

❹ ❶ ●なべ 5 はい
●ポット 9 はい
❷ なべ

78ページ きほんのワーク

きほん1 ひろいのは→㋑

❶（㋑）→（㋒）→（㋐）

❷ ㋐

てびき 同じ広さの絵が何枚あるかで比べます。㋐は9枚、㋑は8枚あります。

79ページ まとめのテスト

1 ❶ ㋒　❷ ㋓

2（㋐ → ㋒ → ㋑）

3 ❶ 青　❷ 赤

⑮ 大きな　かず

80・81 ページ　きほんのワーク

きほん1 10が　4こで　40。
40と　3で　よんじゅうさん

十のくらい	一のくらい
4	3

1 ❶

十のくらい	一のくらい
5	5

❷

十のくらい	一のくらい
6	0

2 ❶ 65　❷ 53

てびき　10のまとまりごとに数えます。❶は10個入りの箱が6箱、ばらが5個で65個。❷は10のまとまりを⬭で囲んで数えます。

きほん2 ❶ ▯を　3こと、▫を　9こ　あわせた　かずは　39です。
❷ 53は、10を　5こと、1を　3こ　あわせた　かずです。

3 ❶ 10を　7こと、1を　4こ　あわせた　かずは　74です。
❷ 10を　5こ　あつめた　かずは　50です。
❸ 62は、10を　6こと、1を　2こ　あわせた　かずです。
❹ 一のくらいの　すう字が　6、十のくらいの　すう字が　3の　かずは　36です。

4 ❶ 53 → 50　3　❷ 85 → 80　5　❸ 47 → 40　7

82・83 ページ　きほんのワーク

きほん1 100
10が　10こで　百と　いい、100と　かきます。
100は、99より　1　大きい　かずです。

1 99こ

きほん2 74と　49は　十のくらいの　すう字で　くらべます。
十のくらいの　すう字は　7と　4だから、大きいのは　74に　なります。

2 ❶ 72　❷ 86

3 ❶ (98)と89　❷ (84)と81　❸ (66)と56

4 ❶ 71　72　73　74　75　76　77　78
❷ 30　40　50　60　70　80　90　100

84・85 ページ　きほんのワーク

きほん1 ❶ 114本　❷ 120本

1 113まい

2 ❶ 110まい　❷ 121まい

3

90	91	92	93	94	95	96	97	98	99
100	101	102	103	104	105	106	107	108	109
110	111	112	113	114	115	116	117	118	119
120	121	122	123	124					

きほん2 ❶ 115　❷ 100　❸ 121

4 ❶ 100より　19　大きい　かず　119
❷ 120より　8　小さい　かず　112
❸ 120より　3　大きい　かず　123

5 ❶ 102と(110)　❷ 112と(121)　❸ (101)と99

86・87 ページ　きほんのワーク

きほん1 ❶ 40＋30＝70
❷ 70－20＝50

1 ❶ 20＋30＝50
❷ 50＋30＝80
❸ 30＋40＝70
❹ 50＋40＝90
❺ 20＋60＝80
❻ 70＋30＝100

2 ❶ 50－30＝20
❷ 70－30＝40
❸ 80－50＝30
❹ 60－40＝20
❺ 90－30＝60
❻ 90－60＝30

きほん2 しき　23＋4＝27　こたえ　27まい

3 ❶ 32＋3＝35
❷ 42＋6＝48
❸ 4＋63＝67
❹ 70＋8＝78
❺ 50＋6＝56
❻ 3＋70＝73

4 ❶ 57－3＝54
❷ 68－7＝61
❸ 94－2＝92
❹ 87－4＝83
❺ 96－6＝90
❻ 58－8＝50

❺ ❶ 36＋20＝56
❷ 45＋30＝75

88ページ れんしゅうのワーク

❶ ❶ 84－85－86－87－88－89
❷ 50－60－70－80－90－100
❸ 60　❹ 89

❷ 100→81→73→69→23

❸ しき 30＋40＝70　こたえ（70 円）

89ページ まとめのテスト

1 ❶ 62本
❷ 90まい
❸ 108こ

てびき　10のまとまりごとに数えることができているかどうか、確認してください。1年生の時期は声に出して算数の勉強をすることが効果的だといわれています。
❶「10のたばが6個と、ばらが2本だから、あわせて62本」のように、声に出して説明してみてください。お子さんの理解度がよくわかり、また、説明することを通して、お子さんの理解が深まっていくことを実感できるはずです。

2 ❶ 10が 4こと 1が 9こで 49
❷ 80は、10が 8こ
❸ 十のくらいが 9、一のくらいが 7の かずは 97
❹ 106　116

3 ❶ 40＋60＝100
❷ 9＋90＝99
❸ 60－50＝10
❹ 87－7＝80

16 なんじなんぷん

90・91ページ きほんのワーク

きほん1 7じ15ふん

❶ ❶ 3じ40ぷん
❷ 9じ10ぷん
❸ 6じ25ふん
❹ 5じ45ふん

てびき　短針で何時を、長針で何分を読むことが理解できていますか。日常生活で時計を読む場面をつくり、確実に読めるようになりましょう。

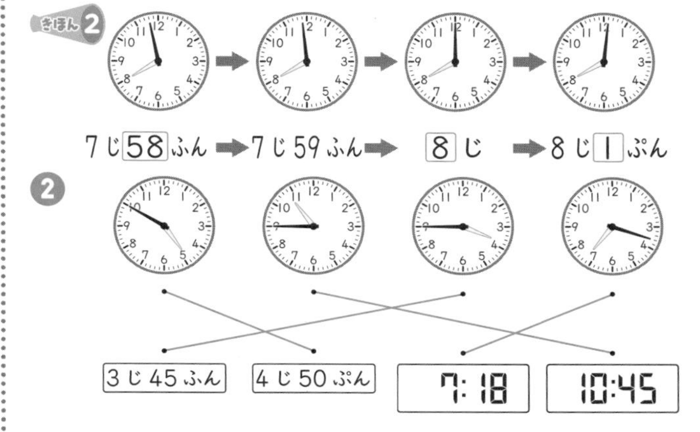

❸ ❶ 11じ25ふん
❷ 5じ52ふん

92ページ れんしゅうのワーク

❶ ❶ 10じ21ぷん
❷ 7じ9ふん
❸ 2じ35ふん

❷ ❶ 1じ45ふん ❷ 9じ20ぷん ❸ 6じ3ぷん

❸

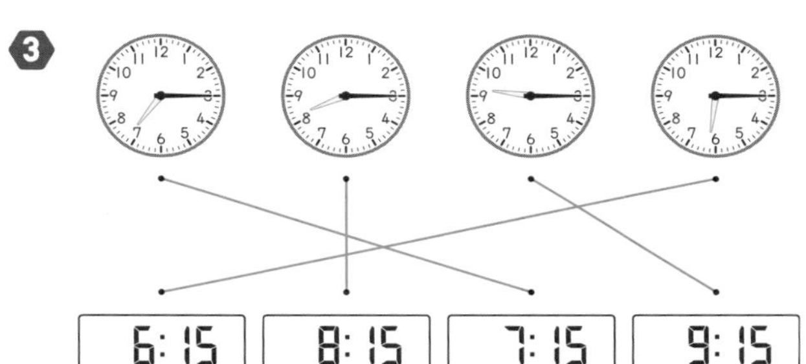

てびき　日常生活では、針のある時計の他に、デジタル時計もよく使われます。両者の時間の表し方を比べてみましょう。

93ページ まとめのテスト

1

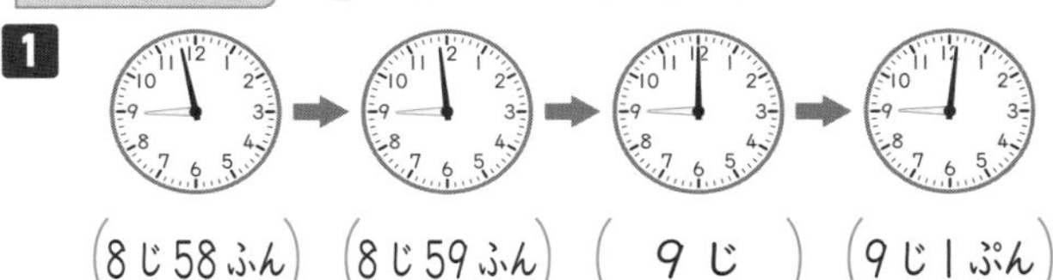

2

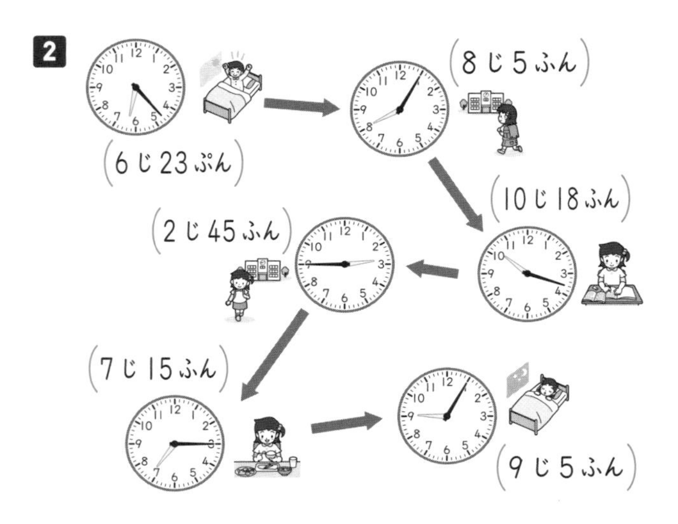

17 どんな しきに なるかな

94・95ページ きほんのワーク

きほん1

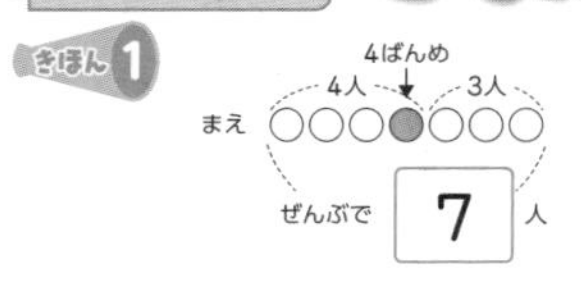

しき 4＋3＝7　　こたえ 7人

1

しき 8＋4＝12　　こたえ 12人

てびき　だいすけさんは前から８番目にいます。８番目とは、前に７人いて、その次にいることを指します。１年生の段階では、何人目と何人の違いをうまく理解できていないお子さんが多く見られます。つまずきを見つけたら、10ページに戻って確認しておきましょう。

前から５番目

○○○○●○○

前から５人

●●●●●○○

前から、後ろからだけでなく、上から、下から、右から、左からも復習しておきましょう。

きほん2

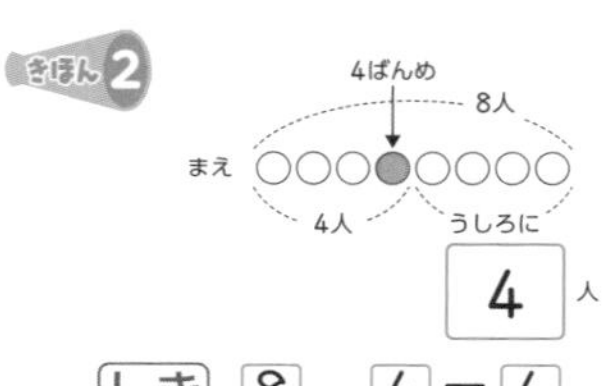

しき 8－4＝4　　こたえ 4人

たしかめよう!

４ばんめの　けんとさんも　いれて　４人だから、うしろには　８－４で　４人　います。

てびき　大人にとっては当たり前であっても、１年生には身近に感じられない場合もあります。問題の意味がわかっていないようであれば、絵や図にかいて考えるといいでしょう。その際、具体的に名前をつけて、問題を考えやすくするといいでしょう。たとえば、８人を○でかき、

○	○	○	○	○	○	○	○
1	2	3	4	5	6	7	8
まみ	れな	もえ	けんと	たくみ	はやと	りん	かいと

上のように、番号と名前をつけてみます。お子さんの知っている子の名前にすると、ぐっと身近な問題として考えることができます。

「けんとさんの前には、まみさん、れなさん、もえさんがいるでしょ？ けんとさんの後ろには、何人いる？」というように持ちかけると、子どもの頭の中でイメージがわきやすくなります。このように具体例を示しておくと、次に同じような問題を目にしたときに、自分でわかりやすいものにおきかえることができるようになります。お子さんがイメージをもって文章題に取り組んでいるかどうか確かめておくとよいでしょう。とくに、順番を問う問題では、考えることが面倒と思うお子さんが多く見られます。知っている子の名前をつけて、考えることで算数の勉強が楽しくなることもあります。高学年になってから算数嫌いにならないためにも、「考えるって楽しい！」「文章題っておもしろい！」と思えるように促してください。

2

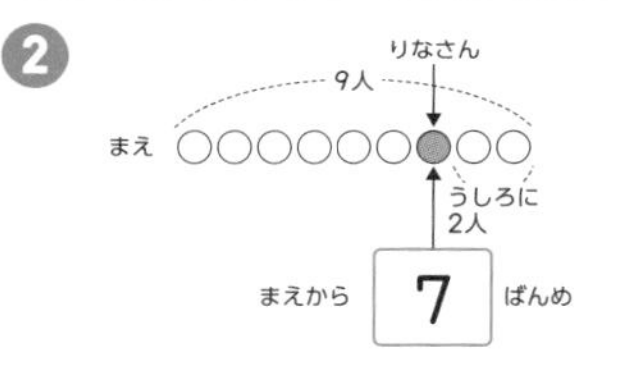

しき 9－2＝7　　こたえ 7ばんめ

てびき　問題を見て、すぐにイメージがわきましたか？　問題文の下に、子どもが並んだ様子をイラストで表しています。理解ができていないようであれば、図ではなく、イラストの方を使って、お子さんと会話をしてみるとよいでしょう。「どの子がりなさんかな？」

「りなさんは、前から何番目？」「後ろには何人いるの？」などと問いかけ、お子さんから話をひき出してみます。人は話をすることで考えがまとまることがよくあるものです。お子さんが「わからない！」といったときに、すぐに答えを教えるのではなく、「本当だ、むずかしい問題ね。どんな問題なの？」と質問してみます。すると、お子さんは教えようとして、自分の言葉で話始めるかもしれません。

お子さんの説明が拙いものであっても、大人がわかりやすく言い直すことをせず、「うん、うん。それって、こういうことかな。」などとつぶやきながら、お子さんの話を聞いてあげてください。子どもは自分で説明しながら、自分で理解するようになります。

96・97 ページ　きほんのワーク

きほん 1

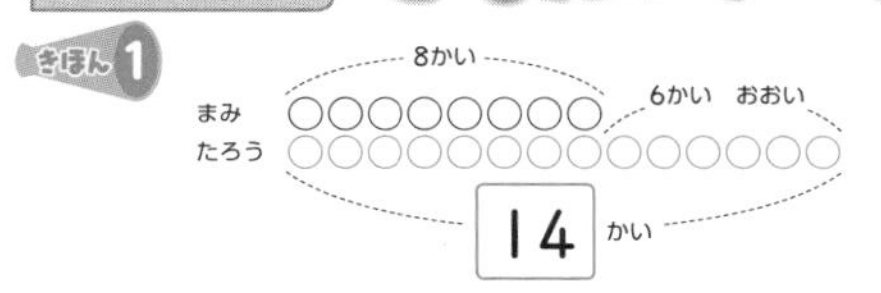

しき 8 + 6 = 14　　こたえ 14 かい

①

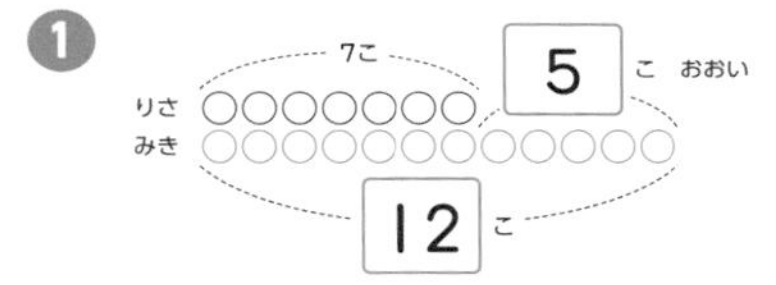

しき 7+5=12　　こたえ 12 こ

きほん 2

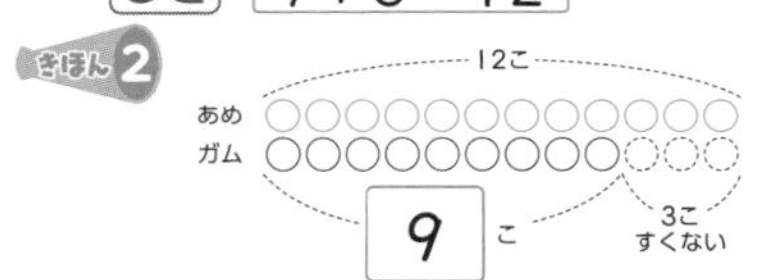

しき 12 − 3 = 9　　こたえ 9 こ

②

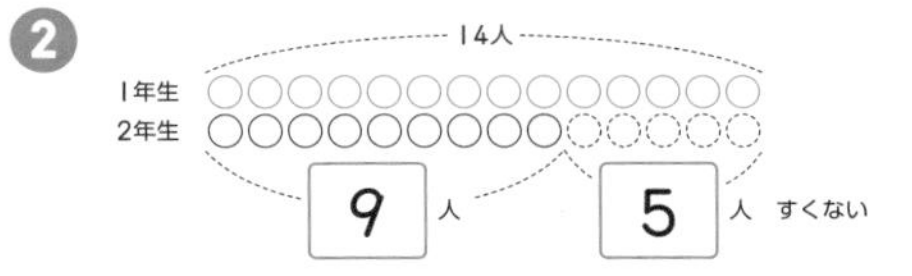

しき 14−5=9　　こたえ 9 人

てびき　14+5=19(人)と答える間違いが目立ちます。1年生のお子さんにとって、何個多い、何個少ないという差を使って考えることはなかなか難しいようです。とくに、「何個少ない」という問題に間違いが多く見られます。図に表し、正しく理解した上で、式をつくる習慣を身につけましょう。

98 ページ　れんしゅうのワーク

❶

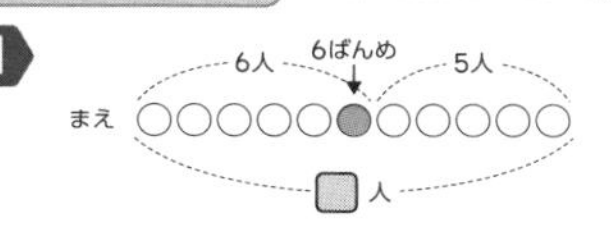

しき 6+5=11　　こたえ（ 11 人 ）

❷

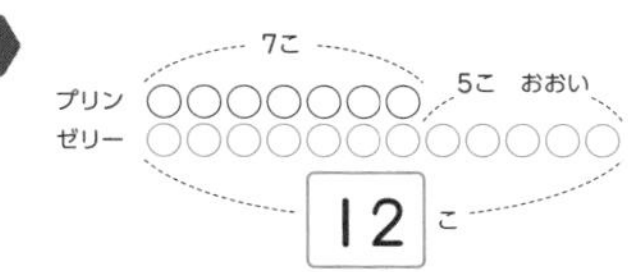

しき 7+5=12　　こたえ（ 12 こ ）

❸

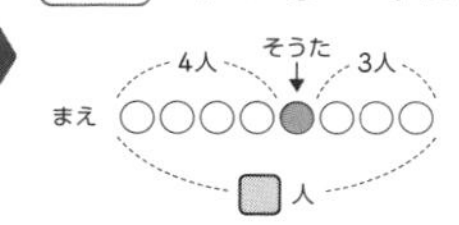

しき 4+1+3=8　　こたえ（ 8 人 ）

てびき　そうたさんのまえに4人、うしろに3人いるから、式を4+3=7としてしまうお子さんが多く見られます。そうたさんを表す1をたすことを、図をよく見て、理解しましょう。

99 ページ　まとめのテスト

1 しき 9−5=4　　こたえ（ 4 人 ）

てびき　りなさんは、まえから5ばんめなので、りなさんを含んで5人になります。

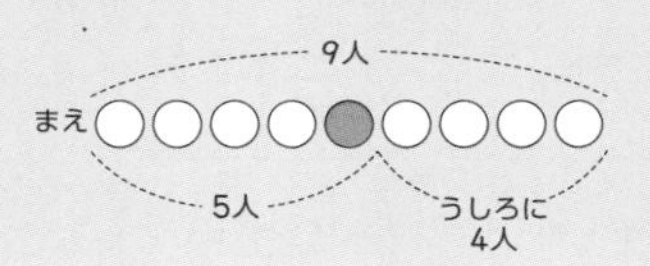

2 しき 13−4=9　　こたえ（ 9 こ ）

りんごは、13この　みかんより　4こ　すくないから、しきは　13−4です。13+4では　ありません。

3 ず

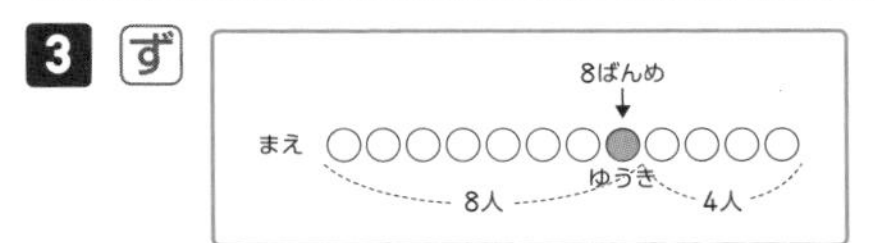

しき 8+4=12　　こたえ（ 12 人 ）

てびき　難しそうに見える問題でも、図に表して考えれば、見方は整理され、式をつくりやすくなります。

問題文を読んだら、すぐに式に書くのではなく、図や絵に表して、場面をしっかりと理解した上で式をつくるようにしましょう。

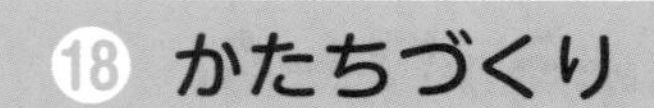

⑱ かたちづくり

100ページ きほんのワーク

きほん1 ❶ 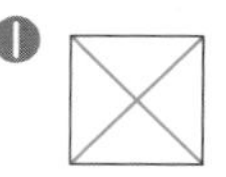 ❷ 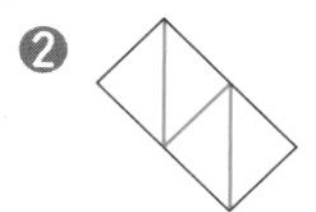 ❸ 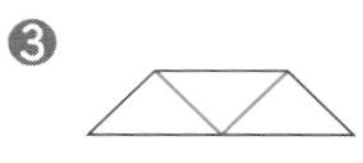

4 まい　4 まい　3 まい

てびき 上の図は区切り方の例です。上の図のように、分けて考えましょう。

1 ❶  ❷ 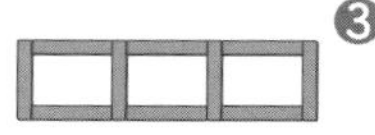 ❸ 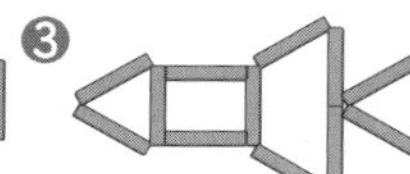

7 本　10 本　13 本

2 〔れい〕　〔れい〕

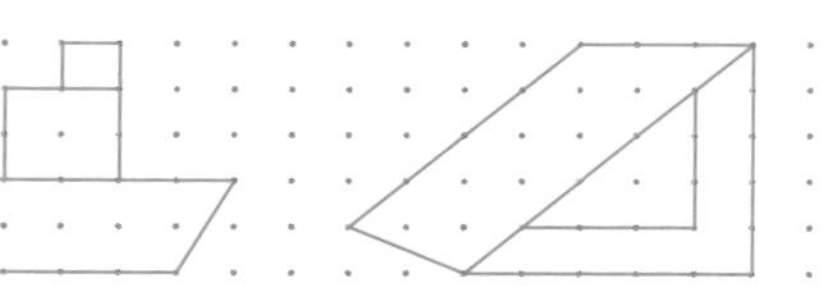

101ページ まとめのテスト

1 ❶ 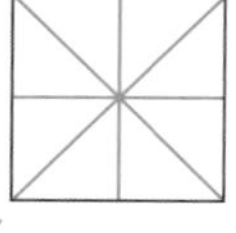 ❷ 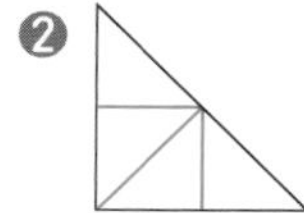 ❸ 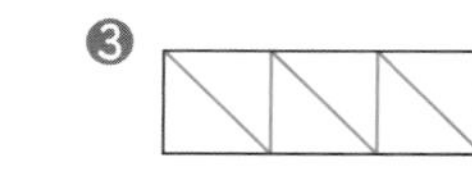

（8 まい）（4 まい）（6 まい）

❹ 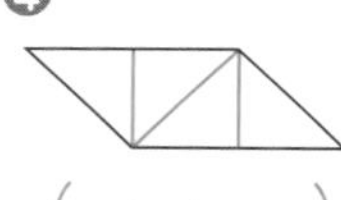 ❺ 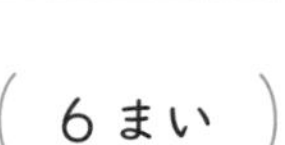 ❻ 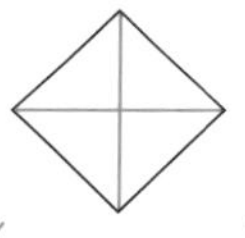

（4 まい）（4 まい）（4 まい）

2 〔れい〕

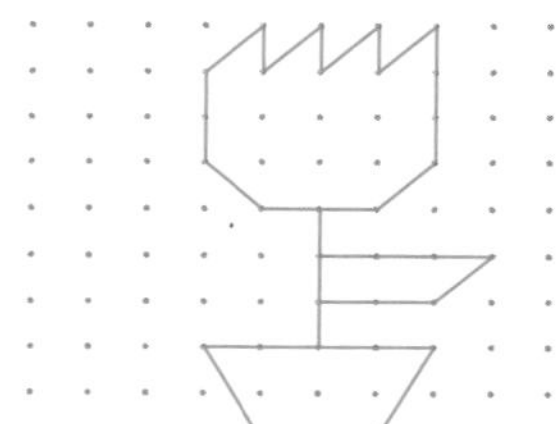

あなたの つくった かたちの なまえは？

（チューリップの はな）

● 1年の まとめ

102ページ まとめのテスト❶

1 ❶ 67は、10を 6 こと、1を 7 こ あわせた かずです。

❷ 10が 10 こで 100です。

❸ 83の 十のくらいの すう字は 8 、一のくらいの すう字は 3 です。

2 ❶ 76－77－78－79－80－81

❷ 115－116－117－118－119－120

❸ 60－70－80－90－100－110

てびき ❸は10ずつ増えているので70、100、110が入ります。

3 ❶ 5＋9＝14

❷ 30＋4＝34

❸ 14＋3＝17

❹ 30＋60＝90

❺ 16－7＝9

❻ 13－6＝7

❼ 64－4＝60

❽ 70－20＝50

103ページ まとめのテスト❷

1 ❶ 14 － 6 ＝ 8

❷ 30 ＋ 7 ＝ 37

2 ❶ しき 13＋6＝19　こたえ（19 まい）

❷ しき 13－6＝7　こたえ（7 まい）

3 ㋑

4 ❶  ❷  ❸ 

（8じ15ふん）（2じ45ふん）（7じ5ふん）

● プログラミングに ちょうせん

104ページ まなびのワーク

きほん1 ❶ 10　❷ 3

てびき 小学校では「プログラミング的思考」を身につけることや、生活にコンピュータの仕組みが利用されていることを学びます。

プログラミング的思考とは、自分が意図する動きをコンピュータにさせるには、どんな命令をどんな順序で行えば良いのかを論理的に考えることです。

本書でも、1年生の段階からプログラミング的思考に触れることで、論理的思考力を身につけることをねらっています。

実力(じつりょく)はんていテスト　こたえとてびき

夏休(なつやす)みのテスト(てすと)①

1  4 こ　 6 ぽん

2 ❶ 1－2－3－4－5－6

❷ 10－9－8－7－6－5

3 ❶ 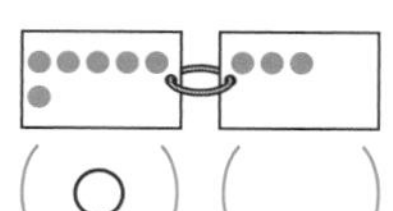
（○）（　）

❷ 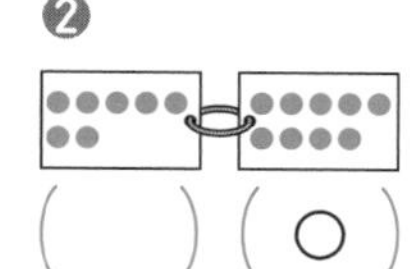
（　）（○）

❸ 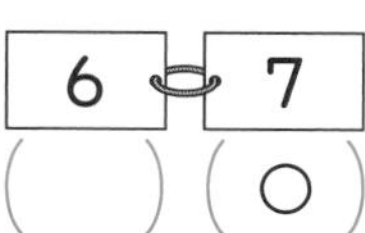
6　7
（　）（○）

❹ 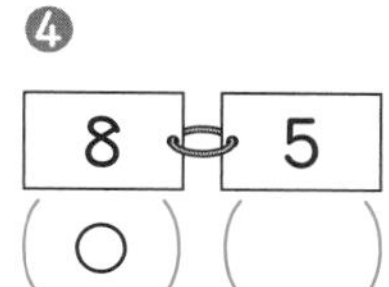
8　5
（○）（　）

4 ❶   

❷    

5 ❶ 4 じ　❷ 10 じはん

6 ❶ 7 は 3 と 4
❷ 6 は 2 と 4
❸ 2 と 6 で 8
❹ 3 と 7 で 10
❺ 9 は 3 と 6
❻ 10 は 4 と 6

てびき　10までの数の合成・分解は、たし算ひき算のもととなる大切な考え方です。つまずきが見られたら、確実にできるように、声に出して練習しておきましょう。

夏休みのテスト②

1 ❶ 7　❷ 9　❸ 7
❹ 10　❺ 10　❻ 8

2 ❶ 4　❷ 7　❸ 1
❹ 7　❺ 0　❻ 6

3 ❶ 7 － 3＝4
❷ 7 ＋ 3＝10

4 しき　3＋5＝8　こたえ 8 ほん

5 しき　8－6＝2　こたえ 2 まい

冬休(ふゆやす)みのテスト①

1 ❶ 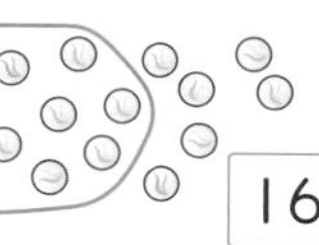 16 こ　❷ 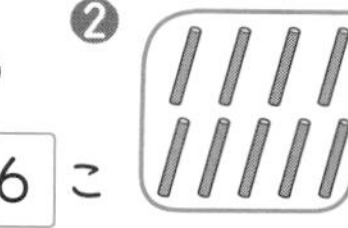 14 本

てびき　10のまとまりを線で囲んで、10といくつかを考えます。

2 ❶ 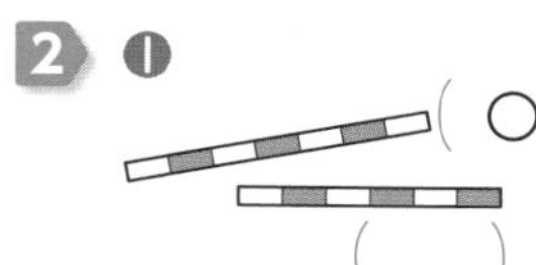
（○）
（　）

❷ 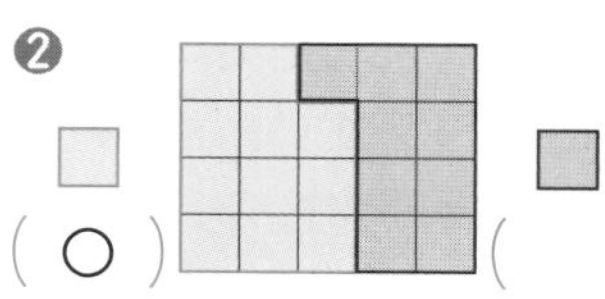
（○）（　）

3 ❶ 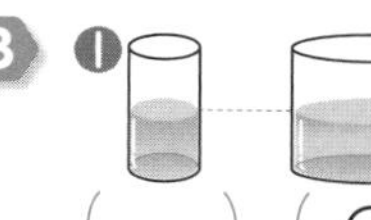
（　）（○）

❷ 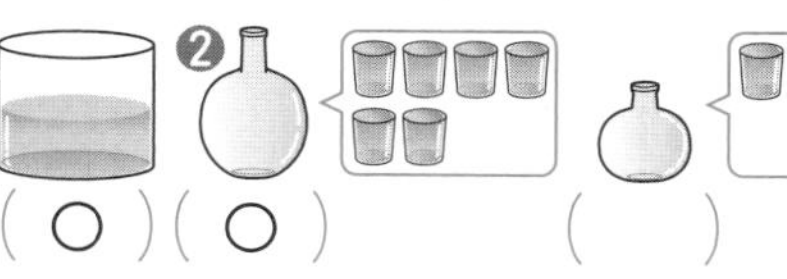
（○）（　）

4 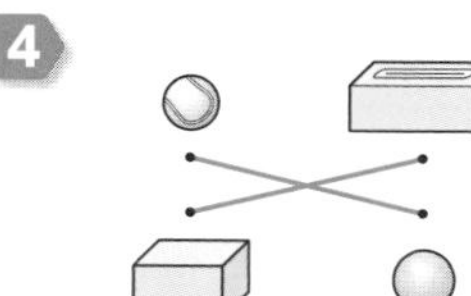 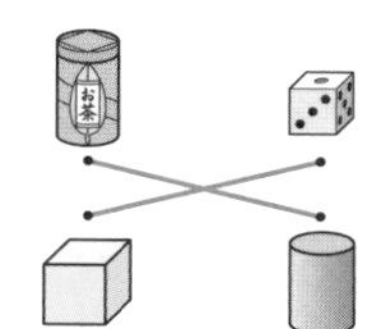

5 ❶ 10－11－12－13－14－15
❷ 10－12－14－16－18－20

6 ❶ メロン　❷ 2 こ
❸ 4 本　❹ 4 こ

冬休みのテスト②

1 ❶ 16　❷ 17　❸ 18
❹ 11　❺ 12　❻ 17

2 ❶ 10　❷ 15　❸ 14
❹ 9　❺ 6　❻ 3

3 ❶ 8　❷ 5　❸ 7　❹ 5

てびき　くり上がり、くり下がりのある計算は、1年生でもっとも間違いが多い分野です。間違えた問題は、きちんとやり直しておきましょう。

4 しき　8＋4＝12　こたえ 12 ひき

てびき　初めに8匹いて、あとから4匹もらったので、たし算になります。

5 しき　15－7＝8　こたえ 8 まい

てびき　弟にあげて、残りを求めるから、ひき算になります。

学年末（がくねんまつ）のテスト①

1 ❶ 36 こ　❷ 17 こ

てびき ❶ 10 個入りの箱が 3 箱と、ばらが 6 個で 36 個。
❷ プリン 2 個で 1 パックが 8 パックと、ばらが 1 個で 17 個です。2、4、6、…と数えます。

2 ❶ 92－93－94－95－96－97
❷ 60－70－80－90－100－110

3 ❶ 7 じ 25 ふん　❷ 2 じ 57 ふん

4 ❶ 12 まい　❷ 9 まい

〔れい〕

たしかめよう!

せんで　くぎって　かんがえましょう。

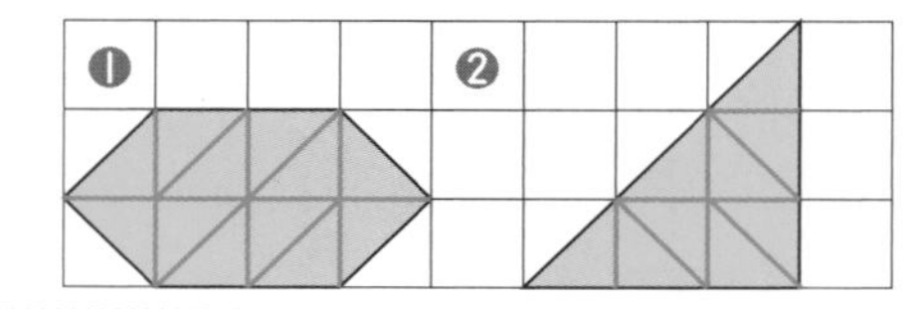

5 ❶ 80　❷ 6
❸ 74　❹ 100
❺ 60　❻ 2
❼ 100

学年末のテスト②

1 ❶ 4+2=6　❷ 8+7=15
❸ 17−8=9　❹ 13−7=6
❺ 9+6=15　❻ 20+5=25
❼ 0+0=0　❽ 11−8=3
❾ 13+3=16　❿ 30+60=90
⓫ 17−5=12　⓬ 68−8=60
⓭ 7−7=0　⓮ 5+6=11
⓯ 12−9=3　⓰ 90−60=30
⓱ 4+2+4=10　⓲ 10−2−5=3
⓳ 16−6+3=13　⓴ 12+5−4=13

てびき 1 年生で学ぶたし算、ひき算をまとめています。くり上がり、くり下がりの意味を理解しているかどうかをチェックしてください。

2 ❶ しき 12+7=19　こたえ 19 人
❷ しき 12−7=5
こたえ 子どもが　5 人　おおい。

3 しき 14−6=8　こたえ 8 こ

4 しき 30+40=70　こたえ 70 まい

てびき 問題を正しく読み、式をつくることができるかどうかを見る問題です。

まるごと 文章題（ぶんしょうだい）テスト①

1

6ばんめ　(13)人
まえ
(6)人　□人

しき 13−6=7　こたえ 7 人

2 ❶ しき 14+5=19　こたえ 19 こ
❷ しき 14−5=9
こたえ ケーキが　9 こ　おおい。

3

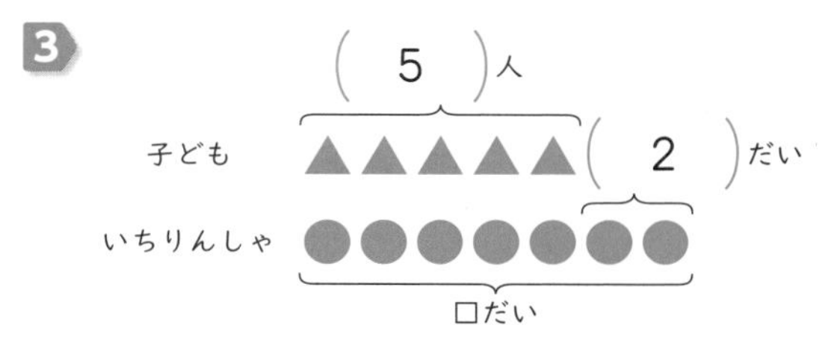

しき 5+2=7　こたえ 7 だい

4

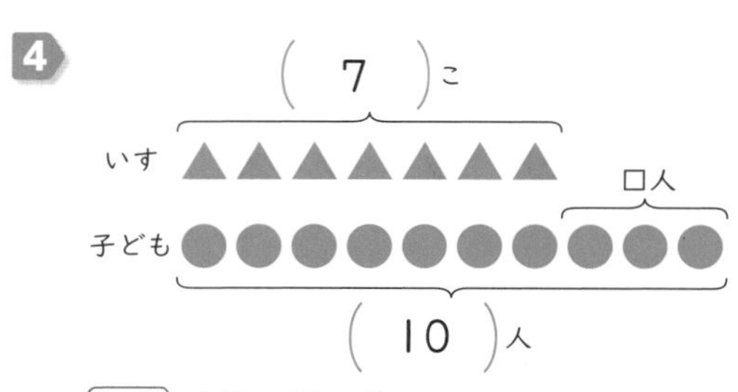

しき 10−7=3　こたえ 3 人

まるごと 文章題テスト②

1

(3)こ　すくない

しき 12−3=9　こたえ 9 こ

2 赤
白
(7)こ　すくない

しき 15−7=8　こたえ 8 こ

3 しき 9+5=14　こたえ 14 本

4 しき 5+2+1=8　こたえ 8 まい

5

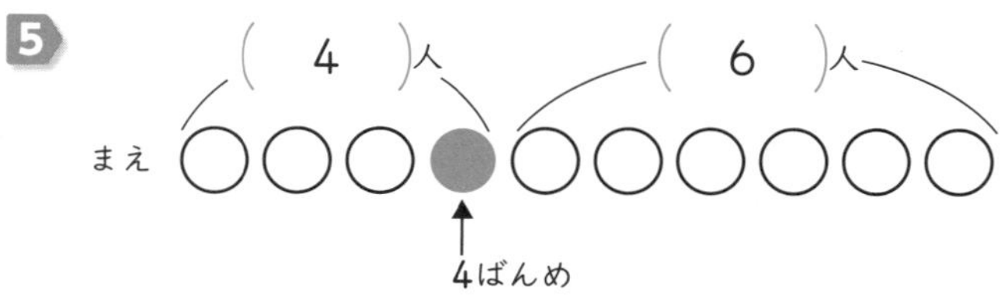

しき 4+6=10　こたえ 10 人

3 2 1 0 9 8 7 6 5 4
＊ ＊ D C B A